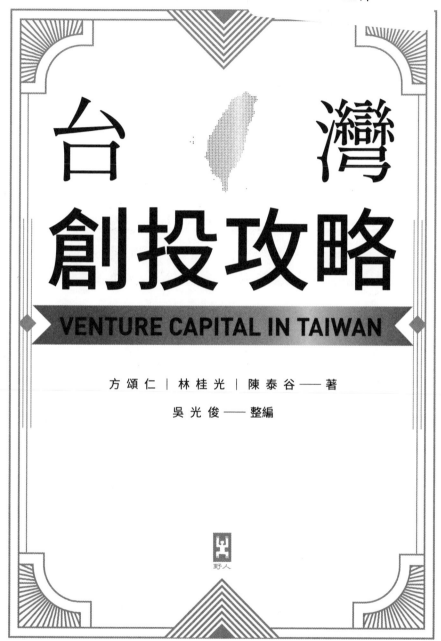

# 台灣創投攻略

## VENTURE CAPITAL IN TAIWAN

方頌仁｜林桂光｜陳泰谷——著

吳光俊——整編

野人

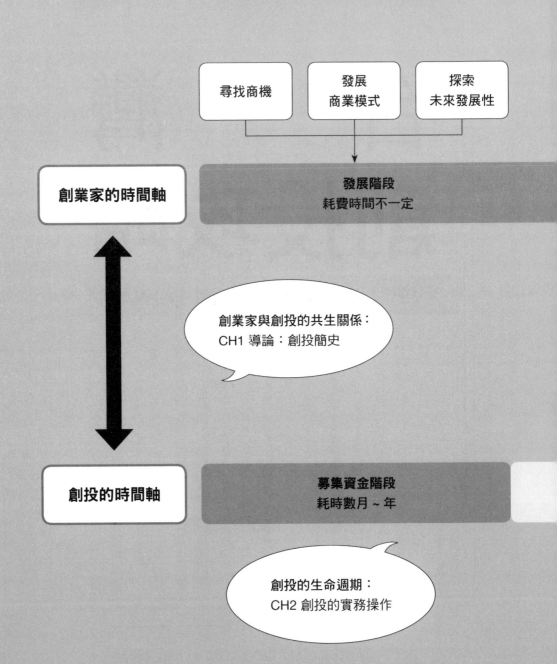

什麼時候開始募資：
CH3 新創公司的設立
CH4 撰寫商業計畫書
CH7 可轉換公司債

募資時間（約 6~12 個月）

創業成功，出場

創業家與創投的交流攻防：
CH5 創投的投資決策與核實調查
CH6 投資條件與估值

投資階段
約 2~4 年

出場，再募集新資金

其實創投最在意的是出場：
CH8 出場
CH9 結語：獨角獸現象的迷思

# 前言

這本書是寫給想了解創投產業，或想進入創投產業的人士，包括創業者在內，都可以把本書視為一本入門書。特別是當創業者在尋找資金時，往往因為不了解創投產業，而存有許多幻想或猜疑。撰寫這本書的最終目的，是希望讓創業者在籌資時有對等的知識，能夠與創投業者以同樣的語言溝通，降低籌資的障礙。

創投產業是第二次世界大戰之後從美國開始發展的，它真正成為一個產業，是在 1970 年之後。與其他金融機構相比，創投在現代金融業的發展歷史相當短，不像銀行或保險領域已經運作十分成熟，而且已進入學院成為一門正式的學科。

即便是現在，創投產業仍在因應現實環境而演變，並未完全發展成熟；例如加速器（Accelerator）與早期孵化器（Incubator），就是近 10 年才發展出來的新型態投資機構。正因為創投的發展仍屬進行式，目前華文領域仍缺乏系統性的論述，英文的資料雖然相對豐富成熟，但不一定適合台灣讀者所處的創業環境。

本書雖是為台灣讀者撰寫，但作者群也收集了台灣以外的資料，尤其是境外公司的運作與國際創投的概況。台灣人在海

外創業者向來不少，不管是傳統產業的台商或是矽谷的新創公司，多數對設立境外公司並不陌生。尤其自從政府開放境外公司在台掛牌之後（即股票代號以 KY 開頭的個股，表示在開曼群島設立的公司）新創公司雖在海外設立，但將來也有機會在台灣上市，導致許多新創公司在成立初期就將公司設在境外。

海外設立公司的成本雖高，但英美法系對投資條件有極大的彈性，英美系統只要法律沒有規定的都可以做；反觀大陸法系，法律沒規定可以做的都不可做。屬於大陸法系的台灣，對公司法令規範相對較嚴格，以致許多創業者主觀上認為，境外公司會有比較好的投資條件與估值。

然而較高估值的背後，隱藏著許多偏向保護投資人的特別條款，彈性的投資條件也帶來相對應的投資風險。實務上，常常遇到創業家要求把公司設在境外的同時，卻對境外公司特別股在投資條件上的含義與陷阱一無所知；本書也會針對可能的投資陷阱一一說明。

舉個最簡單的例子，境外公司的投資人會要求優先清算權（Liquidation Preference），意即在併購時，投資人可優先回收若干比例的資金，然後再參與剩下資金的分配權；最後投資人拿到的總金額一定大於原來的股權比例。如果併購的金額低於上一輪的估值，創業家最後分到的錢可能很有限，與原先預期的控股比例期望相差許多。

我們在實務上常常遇到許多根本不了解這些條款的創業家，卻堅持把公司設在境外，而且創業家認為，這些條款委任律師就可以處理了。然而實務上，許多本地執業律師對估值與

後續融資的影響也不甚了解，創業家必須自己能夠掌握這些條款的內涵，不能完全委託創投或律師來提示或把關。

　　為了避免流於個人的主觀經驗或成為投資回憶錄，本書以引述各類數據與圖表方式來撰寫，以佐證實際案例，也會標註引用資料以期嚴謹；雖不是純學術性的書籍，但也不是以說故事的風格來呈現。我們會配合案例說明，幫助讀者了解實務上所遭遇的問題。

　　本書雖由三位作者共同撰寫，但因為作者群都在同一個投資機構服務，相信可以維持一致的理念與書寫風格。

　　是為誌。

# 台灣創投攻略 目錄

# 1

# A BRIEF HISTORY OF VENTURE CAPITAL

# 導論：創投簡史

“創投是私募基金嗎？

私募基金是「私下募集」的投資嗎？

跟公募基金有什麼不同？

創投跟併購之間的差別是什麼？……

本章介紹創投的歷史，從創投產業在全球的發展開始，

由遠至近，再聚焦在中國與台灣的狀況，

為你勾勒創投產業的大致外貌。”

# **1 創投的定義**

**創投**（Venture Capital）其實就是廣義私募基金（Private Equity）的一個分支。私募的定義，是指未在股票市場上交易的私人公司股權，這種類型的股權因為缺乏流通性，與一般公開市場上市的股票性質不同，擁有該私人股權的投資人如果要出售股份的話，必須在沒有集中交易市場的情況下尋找買家；因流動性較差，且交易資訊也不透明，投資回報週期會比上市公司股權長很多，所以私募投資比較適合有一定財富基礎的投資人。

由於高財富門檻的限制，長期以來，私募基金多被視為社會頂尖富人和權貴間的遊戲，升斗小民往往以為這個領域隱藏神祕巨大利益。在一些詐欺案中，常常有騙徒利用私募基金與私募股權的名義進行詐欺，其本質其實完全無關私募，只是借用這些名詞進行犯罪行為。

中文將 Private Equity 翻譯成「私募」，尤其易誤導外界，常被誤以為「私下募集」之意。事實上，絕非經人私自收款就叫私募。金融市場成熟的國家，對於有資格進行私募和有資格投資私募的主體，都有金融法規的嚴格限制，必須取得許可或經過特定程序，在有法定效力的契約規範和特定金融機構下運

作。所以外界的各種傳說與印象，多半只是一知半解。詐欺案的成功，多半是建立在民眾對於私募知識的缺乏。一般而言，私募基金回報率與風險都相對高，不適合開放給一般小額投資人參與。

簡言之，私募基金與公募基金的明顯區別，在於投資標的與募集對象。公募基金向一般大眾籌資，國家法令規範為保護眾多中小投資人的權益，對公開募集行為（無論是股票或基金），都實施較嚴格的監管措施，及更詳細的資訊披露。私募基金的投資者是部分特定的群體，風險承受度比較高，而且可以個別參與不同層次的投資活動，法規的限制也相對有彈性。

舉例來說，投資單一股票的限制放寬（台灣現行公募基金——即共同基金，對單一個股的投資上限為 10%，私募基金則無限制）；某一投資者持有基金份額可以超出一定比率（公募基金根據投資者的不同，有不超過若干比率的要求）；私募基金的最低規模限制較低（現行共同基金規模下限為 2 億元）；不必每季公布投資組合（現行公募基金需要每季公布）。簡言之：

- 私募基金是向少數特定對象募集，因此其投資標的可能會更具針對性、更能滿足客戶特殊的投資要求。
- 相較於公募基金，政府對私募基金的監管相對寬鬆，因此私募基金的投資方式更為靈活。
- 私募基金不必像公募基金那樣定期披露詳細的投資組合，因此其投資更具隱蔽性，市場追蹤的難度較高，相對地投資收益可能會更高。

我們在電視、平面媒體或公車廣告，常常會看到有關於基金的廣告，這些都是公募基金，私募基金是不可以公開向社會大眾募集的。台灣本土有許多投信所管理的基金都屬於這個範疇，而國際上有許多大型基金公司在台灣也十分活躍，常見的有富達集團（Fidelity）、富蘭克林坦伯頓集團（Franklin Templeton）……等。

一般而言，科技事業的風險性非常高，在上市前也很難有股權的交易管道，自然不容易找到投資人；於是投資科技事業的私募基金便被歸類在所謂的「創投基金」；中國則稱為「風投基金」（即風險投資）。

實務上，狹義的私募基金往往是指所謂的「併購基金」（Buy-Out Fund），與專注在科技業投資的創投基金有所區隔。併購基金的投資標的，絕大部分有穩定的現金流與財務預測，而且私募投資往往透過財務槓桿來拉高回報率。

然而，科技新創公司初期無法有穩定的現金流與財務預測，以致創投的風險容忍度必須比傳統的併購基金高，投資人對創投回報率的期待也更高，才能平衡相對應的風險。

通常併購基金的金額比創投基金至少大上十倍或百倍，國際知名的私募基金管理規模動輒數十億或上百億美元；美國的創投基金平均管理金額在 5,000 萬美元左右，而且創投基金鮮少有財務槓桿（即舉債投資）。雖然同樣是私募基金，但創投基金與併購基金在實務操作上已經脫鉤，差異極大，各自形成獨立的產業。

# 公募基金 vs. 私募基金

| | 公募 | 私募 |
|---|---|---|
| 募集方式 | 透過公開發售募集資金，發行過程較複雜，登記核准所需時間較長，發行費用也較高，可以對一般大眾籌資。 | 透過非公開發售來募集資金；法律嚴格規定，私募不能公開宣傳募集資金。 |
| 募集對象及門檻 | 募集對象為社會大眾，無人數限制，投資人也無投資門檻。 | 募集對象為少數的合格投資者（Acredited Investor），擁有一定程度資產證明；每檔基金都有人數上限，個人投資門檻也有規範。 |
| 信息披露 | 正面表列：關於投資標的、投資組合、產品淨值等，都要求進行嚴格的披露。 | 負面表列：只對購買該產品的投資者進行適當的淨值披露，保密性較強。 |
| 投資限制 | 無論是投資品種與投資比率的匹配，都有較嚴格的限制；基金除不得投資於未上市／櫃股票或私募之有價證券外，放款、提供擔保、信用交易亦在禁止之列。並且針對每一基金之流動準備、投資於任一上市／櫃公司股債總額、股份總額、承銷股票總數等，皆有個別之金額或數量限制，也不得從事非避險之證券相關商品交易。 | 投資方面相對比較靈活，可空倉也可滿倉，也可參與股票、股指期貨、商品期貨等多種金融品種的投資；投資組合不受公募股票型或平衡型基金投資股票之上下限比率等限制，得辦理借款、提供擔保，及從事證券信用交易；無保持最低流動比率之限制。 |
| 流動性 | 高：投資人可隨時向投信公司提出贖回申請，買回價金應自受益人買回受益憑證請求到達之次一營業日起五個營業日內給付，不得遲延。 | 低：部分私募基金因投資標的之公平價格提供週期較長，致無法每日接受受益人贖回申請；投資人承諾投資金額若日後無法履行（Default），基金管理人可以沒收之前的投資。 |
| 追求目標 | 主要靠收取基金管理費維持運作，收益固定。 | 基金經理主要是靠「績效獎金」（Carried Interest）獲利，與投資者共進退。 |

雖然私募基金一般比較低調，但國際上仍然有許多規模龐大的併購型私募基金，例如凱雷集團（Carlyle Group）、KKR集團（Kohlberg, Kravis Robers & Co, 簡稱 KKR）、黑石集團（BlackStone Group）等，這些基金公司所管理的資金動輒數百或千億美元，透過財務槓桿的操作，實際影響的經濟層面則更大，一般創投基金的規模完全無法與私募併購基金相比。

# 2 創投發展歷史

私募基金的發展歷史比多數的金融機構來得晚，而創投的發展又更晚了。在有專業的創投之前，所謂高風險投資，往往是由富有的家族參與 [1]，新創業者很少有其他資金管道。在近一個世紀以來，美國的金融創新一直居全球領導地位，現代創投的發軔也要從美國說起。

1946 年，全球第一家非家族的創投在波士頓成立，即美國研發公司（ARDC，American Research & Development Corporation）。在 ARDC 之前，只有少數大家族的基金投資科技事業。ARDC 是由喬治・杜利奧特（George Doriot）、雷夫・富蘭德斯（Ralph Flanders）與卡爾・康普頓（Karl Compton）共同創立。

喬治・杜利奧特被稱為「現代創投之父」，創立 ARDC 前，曾擔任哈佛商學院院長，日後又創立知名商學院「歐洲工商管理學院」（INSEAD，Institut Européen d'Administration des Affaires）。ARDC 最初成立的宗旨，是讓參加二次大戰返

---

1 美國富有家族並未因為獨立私募基金的出現而停止投資。例如至今仍十分活躍的文洛克創投（Venrock Venture），是勞倫斯・S・洛克斐勒（Laurance S. Rockerfeller，約翰・洛克斐勒的第六個兒子）於 1969 年所創立。

鄉的軍人能夠成立新事業。最有名的事蹟是 ARDC 於 1957 年以 7 萬美元投資迪吉多（Digital Equipment），占股 78%。迪吉多於 1968 年上市，當時的市值已超過 3,500 萬美元，獲利近 5,000 倍。

日後 ARDC 開枝散葉，許多優秀的員工成立更多成功的創投，如 Greylock Partner（查爾斯・韋特〔Charles Waite〕與比爾・艾爾佛〔Bill Elfers〕於 1965 年創立）、Flagship Venture（由詹姆斯・摩根〔James Morgan〕所創立）等。喬治・杜利奧特一直到 1971 年仍在持續投資，ARDC 在 1972 年與德士隆（Textron）合併，總計投資超過 150 家的新創公司。

## 美國引領現代創投產業發展

早期美國創投以東岸為主，西岸一直要到 1960 年代之後，才出現第一家專業投資新科技的投資機構。1962 年成立的 Draper and Johnson 投資公司，是西岸創投的先鋒，創辦人之一比爾・德雷珀（Bill Draper），更是矽谷創投的傳奇人物。他的兒子提摩西・德雷珀（Timothy Draper）日後創辦了知名創投「德豐傑投資」（DFJ，Draper Fisher Jurveston）與著名創業學院德雷珀大學（Draper University）。提摩西的兒子亞當・德雷珀（Adam Draper）於 2012 成立加速器 Boost VC，三代都在矽谷從事創投工作。德雷珀可能是創投從業人員中最「古老」的家族，但至今也不過三～四代而已，可見創投仍是一個很年輕的產業，經營形態仍在不斷演變。

# 聯邦政府提供民間創投資金，激勵創投產業

可以這麼說，現代創投是由美國開始發展的；同時美國在金融法規上的創新，對創投產業帶來很大的影響，也引導全球創投基金的發展。以下舉幾個顯著的例子：

- 1958 年通過《小型企業投資法》（Small Business Investment Act）並成立「中小企業處」（Small Businesses Administration）。當時為了刺激經濟與鼓勵創業，聯邦政府讓符合資格的民間業者申請成立「中小企業投資公司」（Small Business Investment Companies，簡稱 SBICs），並由聯邦政府提供資金給民間創投基金，官民共同投資比例最高可達 4:1，因而引導許多民間資金流入私募基金，直接激勵了創投產業，培養出許多日後成功的創投公司。這個計畫一直到 2005 年才大幅縮減。

- 1959 年，DGA（Draper, Gaither & Anderson）在美國西岸成立，是第一個採行「有限合夥人制」（Limited Liability Partner）的創投。**有限合夥人制提供了更好的投資公司組織方式，不須再透過私營企業投資公司，這也是目前全球創投的主流營運模式。**這個制度的運作方式是：典型基金的普通合夥人，要向有限合夥人收取募集基金總額的 1 ～ 2% 作為營運管理費用（包含員工薪資、公司開銷等等）。另外，普通合夥人也能從基金的獲利中，收取

大約 20％的紅利，也就是所謂的**「績效獎金」**（Carried Interest）。

- 1978 年，美國修法讓退休基金可以投資有限合夥人組織，防洪閘打開，讓創投可以獲得長期資金；美國許多大學的校友基金，也積極投資私募或創投基金。這些所謂的「基金中的基金」（Fund of Fund，簡稱 FOF），本身不做直接的個案投資，只投資各類型的基金，是所有私募基金投資機構的最上游。

　　美國雖然是發達的經濟體，但是在創投萌芽期的激勵政策仍十分有效，許多後進國家也模仿了「中小企業處」的做法，

激勵新興產業的成長。台灣中小企業的發展軌跡與美國十分類似，會在下一節詳述。

　　政策只能提供創投萌芽期的誘因，創投產業要能夠永續發展，關鍵還是在於長期穩定的財務回報，經歷了幾十年的驗證，長期投資的報酬率確實讓創投產業更加茁壯。

　　創投基金的長期績效遠高於其他主要的證券指數（如：道瓊指數、那斯達克指數等），十年期的績效也許還相去不遠，差異不明顯，但 15 年到 30 年的年化數據，創投的投報率都是主要指數的一倍左右。（投資機構 Cambridge Associates 的網站內長期追蹤這些績效數字，讀者有興趣可以在網路上找到這些數據。）

http://www.
cambridgea
ssociates.
com/

# 3 全球創投產業的發展趨勢

美國是近代金融創新的領頭羊，創投產業在二戰後先從美國萌芽，接著擴散到其他發達經濟體如西歐與日本，然後繼續拓展到開發中國家；台灣與以色列是創投發展的兩個亮點。上世紀 80 年代，台灣與以色列曾一度成為新興的產業重鎮，這兩地的創投能量一度與矽谷相提並論。而後，90 年代末期，中國的創投產業開始蓬勃發展，現在中國創投產業整體投資量能僅次於美國，比歐洲與日本都來得大。

根據美國創投協會 2017 年的統計數字，美國與中國的創投總投資金額約為 8,500 億與 3,000 億美元，而歐洲與日本則只有 720 億與 18 億美元。美國與中國在 2017 年的總投資家數為 8,295 與 4,822 家公司；歐洲雖然投資金額遠低於美中兩國，但也有 4,084 家，日本也有 1,561 家公司獲得投資；實際上，日本與歐洲公司平均獲得的金額遠低於美中兩國。由此可見，創投的資源並非平均分配，而是非常集中與寡占的，因此我們不能以美國與中國的數據，作為台灣公司估值的參考。關於估值，我們會在第八章深入討論。

## 創投能量從東岸轉向西岸，矽谷憑優勢躋身創投重鎮

　　創投的資源是寡占的，即便在美國國內，其分配也極為不平均。下圖為美國各地區的創投資源分配，可以看到資源高度集中在西岸（即矽谷），西岸吸納了近半數的創投資金。

　　雖然美國第一家專業創投 ARDC 成立於波士頓，早期創投也多集中在東岸，西岸（或矽谷）是在二戰後才嶄露頭角；

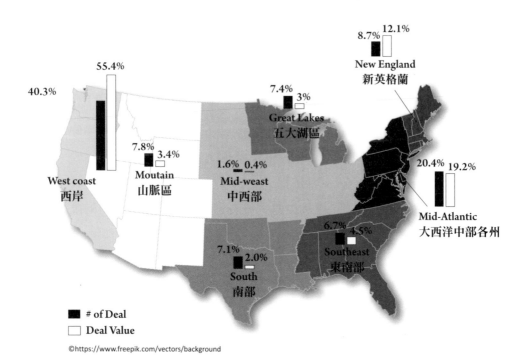

美國創投分布概況

West coast 西岸 40.3% 55.4%
Moutain 山脈區 7.8% 3.4%
Mid-weast 中西部 1.6% 0.4%
Great Lakes 五大湖區 7.4% 3%
New England 新英格蘭 8.7% 12.1%
Mid-Atlantic 大西洋中部各州 20.4% 19.2%
South 南部 7.1% 2.0%
Southeast 東南部 6.7% 4.5%

■ # of Deal
□ Deal Value

©https://www.freepik.com/vectors/background

但至上個世紀末期，矽谷已經是科技重鎮，美國其他地區望塵莫及。儘管新英格蘭地區一流大學雲集，有哈佛（Harvard）與麻省理工學院（MIT）等名校，加州不見得在高等教育上有絕對優勢，可見大學或研究機構不是影響創業環境的唯一要素，還要有其他許多條件的搭配。

目前整個泛波士頓地區（即新英格蘭），創投的總量只有西岸的 1/5 左右。矽谷對美國經濟有多重要呢？矽谷人口不到全美的 2%，但是 GDP 占了約 5%，而矽谷全體上市公司的市值占比則接近 13%。

事實上，1960 年代，新英格蘭地區無論是在技術或政經上的影響力，皆遠高過矽谷，即使在新英格蘭地區之外，南加州與德州也都是二戰後產生的區域科技重鎮。當時波士頓地區有各種科技產業茁壯的要素：技術、創業資本、基礎建設，以及臨近大學所延伸的研發聚落；矽谷的整體資源在當時都遜於波士頓地區。

在迷你電腦時代，除了惠普（HP）之外，幾乎絕大部分的品牌皆出於東岸[2]。1960～70 年間，僅僅波士頓一地就成立了 35 家電腦公司；但是到了 80 年代末期，波士頓地區始終無法由迷你電腦的衰退後復甦，矽谷逐漸成為獨霸全美的科技重鎮。

---

2　迷你電腦（Minicomputer）時代的主要企業，如迪吉多（DEC）、通用資料（Data General）、王安電腦（Wang Laboratory）、Apollo Computer、Prime Computer 等，幾乎皆出於波士頓 128 號公路，但這些公司絕大部分已經消失，今天年輕一代幾乎沒有人聽過這些公司。

薩克瑟尼安（Anna Lee Saxenia）曾在 1994 年出版《區域優勢：矽谷與 128 號公路的文化與競爭》（Regional Advantage: Culture and Competition in Silicon Valley and Route 128）[3] 一書，是對矽谷競爭優勢研究中的扛鼎之作。

　　128 號公路環繞波士頓地區的幾個城鎮，象徵新英格蘭地區的科技聚落。傳統研究區域經濟的學者，大多以外部經濟要素來評估個別地區的相對優勢。矽谷與 128 號公路都有各種成功要素，例如：技術、創業資本、完整供應鏈、基礎建設、大量相關人才，以及臨近大學與非正式資訊流通所組成聚落。然而，這些有形的外部經濟要素卻無法解釋，為何矽谷可以歷經產業更替而不斷創造產業優勢，卻給 128 號公路帶來停滯。薩克瑟尼安很明白地指出，矽谷之所以能夠超越 128 號公路，文化才是最關鍵的因素。

　　近十年全球創投資金的分布日益集中與寡占，全球創投資金超過一半的能量在美國，而矽谷單一地區則吸納了美國近一半的創投金流，創投資源十分寡占。

　　再舉個例子，近年來新興的金融科技（FinTech）帶來金融產業的革命，紐約與倫敦雖然是傳統的金融中心，但兩地在金融科技的投資皆遠不及矽谷，可見矽谷在全球創新產業的影響力。

---

3　薩克瑟尼安（Anna Lee Saxenia）目前是加州大學柏克萊分校資訊學院（UC Berkeley School of Information）院長，曾多次拜訪台灣。該書繁體中文版由天下文化出版。

# 4 中國創投的發展歷史

中國本土私募股權市場的發展，最初是由政府主導，由國家科委和財政部聯合幾家國企的大股東，於1986年共同投資設立「中國創業風險投資公司」[4]，成為中國第一家專營風險投資（簡稱「風投」）的股份制公司，創立的目的是扶植各地高科技企業的發展。

1989年天安門學運後，外資一度觀望，當時多數外資機構因為中國的經濟環境而卻步，直至1992年才有外資風險投資機構進入中國探路。1992年，美國的國際數據集團（IDG，International Data Group）投資成立第一家外資風險投資公司「美國太平洋風險投資公司」。值得注意的是，IDG在美國並不是以創投聞名，而是以市場分析、科技媒體與會展業務起家，並非主流的風險投資機構。IDG也因為最早進入中國並發跡，目前已是國際知名的投資機構。

---

4 台灣將 Venture Capital 翻譯為創投，中國則稱為「風險投資」，簡稱風投。

## 互聯網泡沫破滅，
## 中國本土創投公司紛紛抬頭

1995 年，中國互聯網投資機會湧現。當年中國通過設立《境外中國產業投資基金管理辦法》，鼓勵中國境外非銀行金融機構、非金融機構，以及中資控股的境外機構在境外設立基金，投資於中國境內的產業項目，基本以美元基金為主。隨著中國 IT 和互聯網的快速發展，大批投資機構開始進入中國投資，並藉著如新浪網、搜狐、網易等入口聯站在美國成功上市，獲取豐厚回報。

2000 年前後，互聯網泡沫破裂，大批投資機構虧損而撤出中國。同時期，中國本土有了最早的公司風險投資（Corporate VC），最具代表性的是聯想創投。聯想是中國 PC 時代的領頭羊，經過近二十年的發展，仍是目前中國做得最好的公司風險投資，也就是今天的君聯資本。

2001 年是中國創投界的一個重要年份，一是那斯達克（NASDAQ）在 2000 年下半年開始下跌，同時也給中國新一代互聯網公司帶來第一個寒冬。也正是在這個時候，一批新的本土創投公司初生萌芽，那就是深創投，闞治東是創始人之一。深創投之所以成為中國本土創投界最好的幾家機構之一，最主要的因素，就是它誕生得早。

這個時期，很多本土創投成立，是因為市場傳聞中國即將開放創業板（「板」即證券交易市場，早年股票報價都以人工手寫在黑板上，故名之。），使許多新創公司有希望能夠進入

市場交易，為人民幣基金提供可投資變現的出場管道。中國利用政策來導引投資，從政策面的效果來看十分成功。然而創業板由於種種原因大幅延遲，一直到 2009 年才正式開放。因此，中國本土創投業一起步就面臨寒冬，而且持續了很多年，在 21 世紀初的前十年，中國創投仍以境外美元基金為主。

2003 年，指標性的事件就是携程（Ctrip）上市，帶動中國互聯網的新一波高峰，也帶動了其背後新一輪投資高潮。2004 年盛大網絡的上市，造就當年的中國首富陳天橋，同時也成就了中國的風投教父閻焱[5]。當初由於盛大網絡的遊戲版權不在自己手中，在閻焱團隊內部有很大的爭議，後來閻焱力排眾議決定投資盛大，在僅僅 18 個月後，盛大就成功赴美上市。

這個時期「中概股」紛紛在美國上市，也引發了另一波海歸人馬進入中國創投界；鄧鋒是當時中國在矽谷創業最成功的一批人士之一，他創立的網屏（NetScreen），以 40 億美元的價格賣給了當時美國的網路設備商瞻博網路（Juniper Networks），他跟著恩頤投資（New Enterprise Associates, NEA）一起回中國成立北極光創投（Northern Light）。與他同時期的還有朱敏，回中國成立了賽伯樂；沈南鵬從携程離開，與來自聯想投資的周逵成立了紅杉資本。中國第一波成功的創業者也開始相繼成立新的創投基金。

---

5　閻焱算是中國最早的 PE 代表，他最初是在軟銀旗下的軟銀亞洲基礎設施基金公司（Softbank Asia Infrastructure Fund，簡稱 SAIF）工作，後來成立的創投取其諧音為「賽富」。

## 與國際接軌──矽谷投資機構錢進中國

2005 年也是 Google 進入中國的時間，凱鵬華盈（KPCB，Kleiner Perkins Caufield & Byers）和紅杉資本（Sequoia Capital）這兩家矽谷最老牌和最有名的投資機構，也在這一年進入中國，此時的中國創投產業已經與國際接軌。

2007 年，中國市場又迎來另一波上市高潮，阿里巴巴在香港上市，同時雷軍奮鬥八年的金山軟件上市。在每一波股市大好的時候，都會誕生一批新的投資機構，也是因為資本市場的繁榮，創投與新創公司的募資都比較容易。

2006 年中國《新合夥企業法》通過，法令的頒布與實施，使得國際私募基金普遍採用的有限合夥組織形式得以實現，可以在中國落地，大力推動了私募基金的發展。台灣在 2015 年才通過類似的法案，可見在金融制度改革上，中國比台灣跑得更快。《新合夥企業法》通過的同一年，同洲電子上市，是中國本土私募基金首個成功出場案例，標誌著本土投資機構的崛起。

2009 年深圳創業板上路，企業上市門檻降低，加上科技類股的本益比非常高，為股權投資提供了絕佳的退出平台，一批投資機構透過創業板平台獲取高額的回報。加上此時美國發生次貸危機，整個歐美資本市場凍結，中國適時推出 4 萬億人民幣刺激政策，使得私募基金手中資金充足，大批本土人民幣

的私募基金成立，行業呈現井噴式增長，形成所謂「全民 PE
（私募）」的時代來臨，此時中國的創投總能量開始超越日本
與歐洲。最早成立的本土基金如深創投和達晨，在這一年也都
有了豐厚的收穫，成為中國新一輪本土基金的代表。

到了 2010 年，中國新創公司在中國境內境外的上市案都
突飛猛進，當年共有 43 家企業赴美首次公開募股（IPO，Ini-
tial Public Offerings）；深創投早期投資的 26 家企業 IPO 上市，
至今這個紀錄仍沒有被打破。

## 資金緊縮，創投業漸退燒！企業創投基金獨領風騷

2011 年下半年開始，通貨膨脹和持續緊縮的貨幣政策，
使得資金募集出現困難，新創公司出場管道受限，私募基金行
業進入調整期。2013 年 A 股 IPO 暫停一年，透過上市出場的
模式嚴重受阻，併購遂成為退出首要方式。整個私募基金行業
透過調整期重新洗牌，開始重視差異化投資和投後的管理工
作。

2013 年底，新三板（店頭撮合交易，類似台灣的興櫃市
場）擴大至全國，私募基金有了新的退出通道。新三板首批有
近 300 家企業集體掛牌，掛牌企業達到 621 家，超過創業板，
與中小板企業數量旗鼓相當，當年新三板有 71 檔股票漲幅超
過 10 倍。

2014年，A股重啟IPO，私募基金透過上市打開退場通道，

又帶動了另一批創投基金的成立，創投業達到歷史高峰。

整體而言，從 2008 到 2013 年這五年間，中國私募與創投基金市場共有 2,069 支基金完成募資，募資規模達 1,933.1 億美元。中國狹義的風險投資市場投資規模總計 327.41 億美元，投資案件數量超過 4,400 個，投資行業主要集中於軟體／互聯網、電信、IT 行業。中國私募基金市場投資規模總計 1,313.62 億美元，投資案例數量超過 2,000 個，投資行業集中在製造業、互聯網、房地產、醫療健康、文化傳媒等行業，其類別比創投基金還廣。

進入 2016 年，中國資金緊縮，中國的創投業開始退燒，投資人回歸理性，進入所謂創業者的資本寒冬；此時獨領風騷的投資人是企業創投（Corporate Venture Capital，簡稱 CVC），互聯網公司「BAT」（指百度 Baidu、阿里巴巴 Alibaba 及騰訊 Tencent，取其英文名稱第一個字母）的投資部門在國內與國外都十分活躍，其中企業創投表現最好的就是騰訊。騰訊搭建了非常好的生態鏈，與之對應的就是小米。老字號的君聯資本不只從聯想內部籌資，更多的錢是從全球募集來的，美元和人民幣都有，而且包含了早期的創投與後期的併購基金。今日的中國創投產業，無論在整體規模或基金的管理模式，已完全與國際接軌。

# 5 台灣創投的發展歷史

台灣的創投發展比中國稍早，1982 年自美國引進的創投制度，在 80 年代中帶動許多新興產業；根據創投公會的統計數字，30 多年來投資超過 16,000 家公司，經由創投業投資所帶動的總資本形成約 3 兆新台幣。**台灣上市上櫃公司中，每三家就有一家接受過創投資金的協助；這個比例在科技業更高，幾乎每兩家公司，就有一家接受過創投資金的協助** [6]。尤其台股的總市值中，科技類股比重長年超過 50％，而鄰近的股票市場如香港、新加坡、日本，科技類股的比率均不到 10％，甚至更低，台灣資本市場的氛圍明顯向科技產業傾斜。

## 政府政策鼓勵高科技產業，台灣產業成功轉型

30 多年前，政府政策是推動台灣創投蓬勃發展的主要原因，當年的《獎勵投資條例》，一方面提供了 20% 投資抵減

---

6　來自台灣創投公會的統計（http://www.tvca.org.tw/information/situation_domestic）。

優惠給參與創業投資公司的股東，另一方面又規定只有在創投資金投資於高科技產業時，才可以適用這項投資抵減的優惠，同時又禁止創投公司投資上市或上櫃公司的股票。

政策成功地將市場資金導引向高科技產業，協助台灣產業轉型。政府也在創投事業發展時期，提供創業投資的種子基金，並自 1985 年起執行加強推動創業投資事業政策，委由行政院國發基金開辦三期創業投資計畫，合計投資新台幣 102.6 億元於創業投資事業，引導創業投資事業走過早期的摸索。到目前為止，國發基金仍然是台灣創投基金最主要的投資人（即 Fund of Fund）。

創業投資公司自各界募集了龐大的資金，集中火力投資於高科技產業；創投基金對早期發展之科技團隊之資金挹注，好比打通了台灣高科技產業的任督二脈，科技創業團隊因而可以放手一搏。更由於台灣以中小企業為主的特有產業型式，沒有大型企業的壟斷與過度無效率的垂直整合，中小型高科技公司以極具競爭力的垂直分工經營型態，開闢了極佳的生存發展空間，成功切入全球科技產業的供應鏈。目前台灣多家科技大廠**如宏碁、鴻海、華碩等**，多是當時透過創投資源培養茁壯的。

同時政府積極發展高科技的產業政策，以工研院為產業科技研發搖籃與人才庫，以新竹科學園區為科技公司生根發展基地，孕育了台灣高科技公司發展的溫床。再加上逐步健全與活絡的資本市場，早期、中小型科技公司申請股票上市櫃的門檻大幅降低，使台灣中小型高科技公司可以提早進入資本市場，創投也有出場的管道。

台灣科技產業的快速發展，也促使台灣創投業更加蓬勃。1990 年代，美國、台灣、以色列並列為全球最活躍的三大創投市場；包括日本、韓國、馬來西亞、泰國、新加坡、澳洲、紐西蘭、加拿大、以色列、德國、瑞典、法國及中國，皆對台灣創投業的成功模式感到高度興趣；中國、新加坡、澳洲、紐西蘭等國亦有意模仿台灣的獎勵投資制度，頻頻向台灣取經。台灣中小企業以堅韌的基礎，挺過 1997 年的亞洲金融風暴，也令各國刮目相看。

## 科技類股占總資本市場一半，本土基金為多數

中小企業需要創業投資的資金挹注，雙方具有相輔相成的功能。比對中國創投發展的歷史，中國早期的創投幾乎都是美元基金，退場方式以境外 IPO 為主流（大部分赴那斯達克 IPO）。反之，台灣創投產業即使在鼎盛時期，也沒有太多外資投入，少數的外資也是以美籍華人為主的創投基金。國際主流的創投基金在台灣並不活躍，除了少數如英特爾資本（Intel Capital）、集富有限公司（JAFCO，為野村旗下創投）、三菱資產管理公司（Mitsubishi Capital）等基金在台灣有辦公室，台灣的創投基金多數是區域型的本土基金。

值得注意的是，台灣資本市場總市值有一半在科技類股，而亞洲其他主要資本市場中，科技類股占總市值很少超過 10%；台股基本上就是小型的那斯達克，台灣投資人對科技類

股並不陌生，而且台灣資本市場的上市、管理等費用相對較低，加上籌資容易、上市後周轉率高，因此台灣創投習慣在台灣資本市場出場，這點與以色列及中國很不一樣。詳細的分析會在第八章〈出場〉中討論。

## ▌ 新法案通過，吸引台商海外資金回流

近年來，台灣的創投能量逐漸下降，因為《獎勵投資條例》退場後，資金流入的總量遠不及出場的總量，整體創投環境相當委靡；這個現象在這兩年來雖有改善，但整體環境與當年盛況仍相去甚遠。更重要的是，台灣除了國發基金外，沒有更多FOF 作為創投與私募基金的活水源頭。此外，台灣的制度仍未與國際遊戲規則接軌，也很難吸引國際投資人。

本書撰寫期間，立法院三讀通過《境外資金匯回管理運用及課稅條例》，該法案是為了吸引台商海外資金回流而給予特別的租稅優惠，有利台商能更有彈性地調整投資架構及全球營運布局，並希望引導資金回台投資實體產業、創投事業及金融市場，增加就業機會，並壯大國內經濟。

為了防堵返台資金流入不動產而造成社會問題，稽徵機關會對個人及營利事業是否適用要件進行初審，受理銀行也會依洗錢及資恐防制等相關規範審核。該條例正式上路後，有望為台灣蟄伏已久的創投產業提供活水，台灣創投業可望重返當年榮耀。

《境外資金匯回管理運用及課稅條例》

# 6 小結

在新創圈的眼裡，創投像是披著一層神祕面紗，彷彿與創投搭上關係，便要錢有錢、要客戶有客戶、要資源有資源……然而，創投又有如貪婪的巨靈，稍有不慎，辛苦的創業果實便會被吃乾抹淨。在真實的金融世界裡，創投其實還是個很年輕的行業，也正因為年輕，未來的發展便有諸多的可能性。現在我們看到的創投面貌，很可能一轉眼又變得陌生難辨。 除非有個富爸爸，否則新創很難不與創投打交道。即使新創和創投的關係是「只在乎曾經擁有」，而非「天長地久」，但是多了解創投一分，新創事業便有多一分成功的機會。

# PRACTICE OF MODERN VENTURE CAPITAL

# 創投業的實務操作

"" 創投有期間的限制嗎？

我們常聽到：種子輪、天使輪、Ａ輪、Ｂ輪、Ｃ輪，

或者是 Pre-A 輪、A+ 輪……

這些術語又代表什麼意思？

本章從創投的年限、組織架構切入，
為你解釋創投業的獲利模式
以及各投資期的實務操作。 ""

# 1 創投的年限
## ——該選擇年限基金，還是長青基金？

創投成為獨立存在的金融機構，基本上是發軔於第二次世界大戰後的美國。上一章我們回顧了創投在不同區域發展的簡史，本章則試著敘述創投實際運作的方式，讓想了解創投運作的相關人士，對創投有進一步的認識。

本章也是為創業家而寫。了解創投基金如何運作對創業家尤其重要，因為創投基金的屬性，基本上決定了投資新創公司的方向，新創公司在籌資過程中，必須要了解創投的基本屬性，才能有效率地完成融資。

舉個最基本的例子，創投的「投資年限」往往決定他是否能夠投資新創公司；如果該創投的投資年限太短，而新創公司又無法在年限內上市或被併購，在一定時間內讓創投順利出場，該創投就無法投資這類的案子。

又例如，許多創投有嚴格的投資規範，基金一旦投資後，不能循環利用該筆資金，亦即一旦投資變現（出清持股出場）後，無論投資績效如何，資金都必須退還給股東；這樣的創投不傾向短進短出，而會比較有耐性地從事長期的投資，以延長時間來拉高回報率；創辦人也能了解創投會功成身退離場，不須擔心創投會覬覦公司的控制權。

創業家如果能夠多了解創投的運作，不但對融資有幫助，對日後管理投資人的期望也有幫助。然而在實務上，我們遇到許多初次創業的創業家，常因不了解創投的運作產生誤解。

本章希望創業家能夠了解創投的基本運作模式，在融資過程中找到適合的投資人；而新創公司在不斷融資的過程中，也會需要不同屬性的創投來參與。創業家唯有充分了解創投的屬性，才能夠在公司成長的過程中，找到適合的投資人。

目前國際主流的創投基金多是所謂的**「年限基金」（Vin-tage Fund）**[1]。**年限的意思是，該基金必須在一定的時間內清算，把募集來的資金與獲利全部退還給投資人**；基金如果需要延長投資時間，必須獲得大多數投資人的同意；所以基金經理人非常注重投資標的退場的時間。

相對於年限基金，無清算年限的基金則為**「長青基金」（Evergreen Fund）**，基金的存續是永續的，沒有所謂退場年限。目前有年限的創投基金，存續期間多在 8 ～ 12 年不等。

年限的設計主要是為了（創投基金的投資人）整體投資績效的考量，若沒有年限設計，基金投資人無法預期投資回報的期限。

創業家在與創投談投資前，第一件事是了解創投的「投資年限」，亦即該創投基金是否在若干時間內必須退場（Exit），回收資金退還給受益人（創投基金的投資人）；如果有年限，那麼總年限是幾年？

---

1 葡萄酒的年份稱為 Vintage，Vintage Fund 顧名思義是指有投資年限的基金。

年限基金除了有基金的總年限之外，對「投資期」也有嚴格的限制。所謂的投資期是基金只有在成立後的若干年可以投資，通常不超過三年；超過了這個投資期後，未投資的資金不能再繼續投資，之後也只能管理已投資的公司、並伺機退場。退場後把投資款與獲利一併返還投資人，通常也不能繼續用舊基金重複投資。

在這樣的規範下，年限基金會比較專注於長期投資，以時間換取獲利的倍數，達成所需的回報率，比較不會追求短線的投資績效。

相較於年限基金的限制，長青基金往往在選擇投資標的上比較有彈性，因為本金可以回收並且再投資，所以長青基金可以做許多短期的投資，也可以做更長期的策略性投資，甚至永遠不需考慮退場。

## ▌企業創投（CVC）在創投影響力日增，創業者應先釐清其年限屬性

許多上市的大公司，如 Google、Intel，或是台灣的緯創資通、佳世達、聯華電子等，都有自己的創投部門，即「企業創投」（Corporate Venture Capital，CVC），這些創投通常沒有所謂的投資年限，是長青基金的主流；但是也有許多 CVC 獨立對外募資，籌組有年限的創投基金。

CVC 絕大部分都以公司名稱命名，如 Intel 有 Intel Capital、Qualcom 有 Qualcom Capital、SalesForce 有 SalesForce

Capital、三菱有 Mitsubishi Capital、聯電有 UMC Capital……不勝枚舉。但也有 CVC 開始以不同名稱出現，如 2013 年成立的 Google Capital，現在則改名為 CapitalG。

根據美國創投協會的統計，CVC 近年來逐漸加溫，2013 年全球 CVC 的總投資金額為 106 億美元，投資 1,029 個案子；這個數字到了 2018 年為 530 億美元，投資 2,740 個案子；CVC 的投資金額在六年內成長了 5 倍，成長力道驚人。2013 年 CVC 的投資只占全球創投資金的 16%，這個數字在 2018 年變成了 23%。因為全球市場資金長期的寬鬆狀態，熱錢流入包含創投基金的各種金融體系中，全球創投與私募基金在這幾年快速成長，但 CVC 的成長比全體創投基金還快。CVC 的影響力會越來越大，我們期待 CVC 未來對新創圈有更大的話語權。

每家 CVC 都有不同的營運模式，有的追求財務回報，不太在乎投資標的與母公司的策略關係；有的則完全相反。大部分的 CVC 則希望魚與熊掌兼得，透過母公司的資源來加速新創公司的獲利能力，獲得財務與策略的雙重回報。

CVC 除了在投資年限比傳統創投有彈性外，更重要的是，CVC 能提供新創公司在產品開發或市場拓展的種種資源，讓新創公司能迅速進入市場或者取得關鍵技術。

然而新創公司也必須了解，CVC 的投資也會讓新創公司貼上該企業的標籤，可能無法與其他有競爭關係的企業發展正常的業務關係，對未來引進其他投資人也可能有負面的影響。再者，CVC 對新創公司是否有控制權？未來是否需要退場？

建議新創公司在接受投資前，先釐清 CVC 的角色和定位，以免造成日後的糾紛。

　　**創業者在尋找專業投資人時必須先了解基金的年限與屬性，如果是早期投資，就不應該尋找投資年限太短的基金；反之，創投也有義務在投資前說明其投資年限。**一般而言，剩餘年限較短的基金，通常會投資較成熟的公司，否則無法在規定期限內退場。

　　直覺上，長青基金看似對新創公司比較有利，因為長青基金完全沒有出場的時間壓力；然而，許多長青基金是 CVC，CVC 的投資往往帶有策略性，尤其是為了母公司執行企業的發展策略而投資新創公司，並非純財務性投資；即使新創公司已成長到一定規模，仍然無法擺脫其集團的色彩。

　　另外，絕大多數的年限基金，不能重複利用該筆資金，亦即一旦投資變現後，無論投資績效如何，都必須返還所有金額給終端的投資人。

　　實務上，除非創投基金經理人看壞新創公司的未來，不然年限基金的經理人傾向與新創公司同進退，好極大化投資績效。反之，長青基金可以不斷循環資金，沒有重複投資的限制，反而傾向從事許多短期的投資，可能在被投資公司發展的中途就離場，這點與一般創業家的直覺往往不同。

## 早期資金缺乏窘境，
## 催生「孵化器」與「加速器」

　　根據美國創投協會的統計，上世紀 90 年代時，創投的平均退場時間在 3 ～ 4 年之間，意即創投在投資新創公司後，平均 3 ～ 4 年就可以結案出脫。這個數字到了現在，已經是 7 年左右，而且有不斷延長的趨勢。創投的退場時間不斷拉長，試想創投基金年限落在 8 ～ 10 年，這個現象一定會影響創投投資早期公司的意願。（關於「出場」會在第八章詳細說明）

　　雖然缺乏台灣創投退場的統計數字，但趨勢也應該相當類似。**台灣創業者常常抱怨缺乏早期資金，其實這是全球性的現象。**針對這個狀況應運而生的，就是近十年來有愈來愈多加速器（Accelerator）與孵化器（Incubator）出現彌補了早期創投資金稀少的缺口。

　　實務上，因為加速器與孵化器是近十年的產物，目前還沒有非常精確的定義，而且兩者功能往往有所重疊。一般而言，**孵化器是協助創辦人在成立公司前，提供未來的種種準備工作；孵化器裡除了提供創業的諮詢服務外，也有法律諮詢、管理、財務等等服務，希望藉由完善各項創業環節，提高新創公司生存的機會。**創業團隊在參加孵化器時，公司尚未成立，即使成立了公司，產品與商業模式也還不成熟，孵化器能在草創期給予相關協助。台灣則有不少大學裡設有育成中心，即是孵化器。許多著名機構如 500Startup，就號稱自己兼具孵化器與加速器的功能。

加速器則是在新創公司已經有初步的商業計畫書或產品雛形後，協助公司修改商業計畫書，希望能得到天使投資人或早期創投的青睞。參與加速器的公司往往比孵化器內的團隊完整，而且已準備對法人機構展開籌資。

早期最有名的加速器，是由保羅・葛拉漢（Paul Graham）在 2005 年所創立的「Y Combinator」，初創時在麻州新英格蘭地區，日後才搬到矽谷，至今依然十分活躍。而後有 TechStars、500Startups、MassChallenge 陸續成立。這些都是美國著名的加速器。發展至今，全球大約有 1,500 家加速器。

此外，兩者最大的差別在於培訓時間不同；一組團隊在孵化器通常會待比較久的時間，因為孵化器需要培植從草創時期走向商業模式較完善的公司，所以動輒都是以年計算進駐時間，孵化器的架構也比較鬆散。加速器通常以短期計畫的方式進行，大約為 3 ～ 6 個月；加速器也會在固定的時間，推出所謂的成果發表會（Demo Day），廣邀各方投資人參與。所以一般的加速器比較有時間限制，因為它必須在固定的時間內參加 Demo Day。

有些加速器與孵化器是非營利組織，許多大學或政府的孵化器都屬於這種形式，他們不會擁有新創公司的股權。非營利的加速器與孵化器多半受政府的委託，協助刺激地方產業升級。但是實務上，**目前絕大部分的加速器與孵化器都是營利機構，加速器與孵化器以取得無償或低價格股權來交換其服務，或是抽取種子輪投資金額的固定比率作為收入來源；做法不一，更沒有一定的公式。**

一般而言，孵化器比較不會參與直接的股權投資，而加速器通常提供種子輪或天使輪的投資。加速器取得 7 ～ 10% 的股權屬常態。要特別注意的是，新創公司在進駐前，必須先對這類新型投資機構有所了解，以免造成日後的糾紛。尤其加速器與孵化器的資金進入門檻很低，所以目前加速器與孵化器為數眾多。更值得創業者注意的是，**新創公司往往必須揭露許多技術與商業模式給加速器或孵化器，新創公司要考慮，公司若在融資前過度曝光，是否會影響公司長期的發展。**

# 2 創投的組織架構

本節的目的是讓創業家了解創投的組織與運作。一般而言，創投基金以兩種形式存在：（1）股份有限公司、（2）有限合夥人制（LLP，Limited Liability Partnership）。在台灣目前絕大多數的創投都是以公司型態出現。前一章創投的歷史，我們提到台灣在法規上相對落後，《有限合夥法》在 2015 年才通過，所以目前大部分創投並非以有限合夥人的型態出現；除此之外，國內外的許多 CVC 多以公司型態出現。

對以公司型態成立的創投而言，通常基金背後會有一個基金管理公司，基金與管理公司簽訂合約，由管理公司負責案源的搜尋與投資後的管理，靠對創投收取的管理費來維持日常運作，並且時常同時管理多個基金。以《公司法》的精神，基金公司的董事會是最後的裁決機構，董事會由投資人所組成，創投管理公司的團隊成員不一定對董事會有控制權，甚至不一定是董事成員，董事會對管理公司有相對的制衡。然而實務上，董事會成員對新創事業未必有足夠的了解，很可能會以成熟產業的觀點來看待新創事業，所以在操作上可能會比較保守，影響創投基金的投資方向與運作；所以歐美的主要創投，都是以

有限合夥法

有限合夥人的型態出現。

在有限合夥人制中，所有投資人都是有限合夥人，而管理團隊以普通合夥人的身分來管理基金的運作；有限合夥人不參與投資決策與管理，完全委託普通合夥人來管理，普通合夥人的權限比較大，而且組織運作比起公司制有更多的彈性。

國際創投或私募基金的組織型態，大多為**有限合夥人制**，有限合夥人是一種獲得有限責任保護的企業形式，在稅法上可視為 Pass-through 的公司制主體（即「穿透式課稅」，本身多為免稅主體），而有限公司（Limited Liability Company）亦屬常見。有限責任合夥包括類似股份有限公司的有限責任，也包含合夥企業的直接管理權特徵。在許多國家和地區，有限責任合夥的稅率比公司稅低，因為具此優勢，大多地區只允許少數行業，如創投、影視文創等產業，設立此類型的合夥企業。

## 有限合夥人（LP）與普通合夥人（GP）的角色

在所有有限合夥人制中，投資人都是所謂的**有限合夥人**（Limited Partner，**簡稱 LP**），而管理團隊會以個人或集合形式，成立所謂的**普通合夥人**（General Partner，**簡稱 GP**）。在有限合夥組織中，GP 會完全參與合夥組織的經營管理，分享利益與分擔虧損，並以個人財產對合夥組織的全部債務承擔責任。反之，LP 僅以其出資額度為限，對合夥債務承擔的責任有限，而且不參與日常的基金管理。

在有限合夥的架構下，由投資者（即 LP）和管理公司所設的普通合夥人（即 GP），簽訂**有限責任合夥合約（Limited Partnership Agreement，簡稱 LPA）**，由各個 LP 承諾**出資上限（Capital Commitment）**，並成為類似基金股東（受益人）的角色。

LP 未必會被要求一次性投入所有資金，多是採取分期投入的方式；即當基金因投資或營運而產生資金需求時，由 GP 向 LP 提出**出資請求（Capital Call）**後，LP 再投入資金，也就是「Call-Based Fund」。（有投資需求時，創投基金再向投資人要求注入資金。基金存續期間可以有許多次匯款需求，程序上比較麻煩，但是投資人不必一次投入所有承諾的資金，對 IRR 計算比較有利。）因為在計算投資報酬率（Internal Rate of Return，簡稱 IRR，也稱內部投資報酬率）時，時間是很重要的因素，為了避免資金閒置而影響投資報酬率，基金通常在需要資金的時候才向 LP 要求匯款。

當然，多次**出資請求**手續比較麻煩，也有許多創投選擇 1～2 次的匯款；這種方式被稱為 Draw-Down Based Fund。（基金投資人一次或分兩次注入所有承諾投資的資金。基金存續期間不會有多次匯款需求。對基金經理人而言，手續簡單，但較不利於 IRR 的計算。）以上為多次募資或單次募資的差別。

On-Call Based 的基金是目前國際私募基金的主流，可是資金閒置在手上會拉低 IRR，等需要投資時再向投資人拿錢會讓 IRR 比較好看；然而 On Call 手續上麻煩許多，對許多非專業的創投基金投資人可能不方便。

過去台灣的基金多以股份有限公司型態出現，股份有限公司的增資程序非常麻煩，不適合操作 On Call 的募集方式，所以台灣行之有年的都是 Draw-Down Based 模式。由於資金已經全數到位，創投一旦決定投資某新創公司，資金便可以很快匯入該公司，手續上容易許多。如果該創投是設立在境外，資金匯入台灣公司還必須經過政府（經濟部投審會）的核准，流程複雜，資金到位的時間會比較長，因此新創公司必須預估資金到位的時間。

值得注意的是，**LPA 中常有懲罰性條款，如果 LP 在出資請求時無法履行投入所承諾的金額，GP 可以沒收其之前投資的資金，稱之為 LP Default**（LP 未履行出資義務而被沒收先前的投資款項）。每次金融危機都會發生 LP Default 的狀況，投資人在投資前必須三思

## 《有限合夥法》通過，台灣創投始與國際慣例接軌

台灣在 2015 年才通過《有限合夥法》，在此之前，所有台灣的創投或私募基金都是所謂的「股份有限公司」；台灣創投組織有很長一段時間未與國際慣例接軌。

台灣在公布《有限合夥法》之前，因合夥事業不具法人格，因此全體合夥人必須共享權利、共擔義務（比方合夥事業的財產必須登記為全體合夥人共同持有等），經常造成合夥事業的經營困擾；再者，一旦經營不善，如果合夥事業的財產不足清

償債務時，全體合夥人還必須共同承擔不足額的無限連帶清償責任，這對未實際參與經營合夥事業的有限合夥人來說，所**承擔的法律責任及經營風險實屬過重，自然降低投資者選擇合夥型態的誘因。**

《有限合夥法》通過後，賦予有限合夥事業法人格，LP與GP的權責不同，經營型態較靈活且更具彈性，並與國際主流投資機構的作法接軌。《有限合夥法》可滿足創業團隊及投資人的需求，進一步促進台灣新創產業及文創產業的發展。

有限合夥事業的GP，通常是由各創投最資深的成員所組成。GP是投資案的最終決策者，負責投資決策與基金的日常管理；統籌者通常稱為「Managing Partner」，相當於一般公司總經理的角色。

一般而言，創投的投資決策採合議制，而且是一致性通過（Unanimous Vote）比例很高的決策流程（詳細的創投決策流程會在第五章討論）。此外，許多創投會設置所謂的投資合夥人（Venture Partner）或技術合夥人（Technology Partner），這些合夥人雖享有分紅的權利，但不參與表決或日常管理的活動，只在籌資或技術評估上給予意見與協助，更類似扮演相關領域的顧問角色。


## ▍「駐點創業家」：
## ▍人才是創投最重要的資源

比較特別的是，**創投為了強化人才庫，引進外部資源，會**

有「駐點創業家」（Entrepreneur In Residence，簡稱 EIR）的安排。

EIR 可能是先前有過成功創業經驗、且正在籌備下一個創業項目的連續創業家，往往來自創投之前合作或投資過的公司。EIR 因為有創業經驗，對特定技術與商業領域有深入的了解，可以協助創投評估案源與進行**盡職核實調查（Due Diligence）**。EIR 也可以透過與創投的互動，了解最新的產業趨勢與投資圈的人脈，彼此互利。

EIR 與創投的合作關係彈性大且期間短，當 EIR 找到下一個創業題目後，通常就會結束與創投的合作關係，專心投入自己的新創事業。而該創投往往就是 EIR 新公司的第一個投資人。創投也常常推薦 EIR 給其他新創公司，擔任資深經理人的職務，畢竟連續創業家比許多新手創業家有更多的實戰經驗。

簡言之，人才是創投最重要的資源，創投透過 EIR 這種彈性的安排，來強化本身的生態系。

## 創投投資活動的兩個階段：前期的案源搜尋與評估 vs. 後期的管理與財務規劃

創投的投資活動通常分成前後兩段，前段是指投資案源的搜尋（Deal Sourcing）、評估（Evaluation）與盡職核實調查（Due Diligence）；後段則為投資後的管理與整體基金的

**財務規劃，輔導新創公司整理財報。**

前後段人員所需的專長不相同，後段人員多為財務與會計背景。創投所需的從業人員比起傳統製造業或服務業少很多，通常超過 20 人便可算是中型的創投基金管理公司。

創投通常有數個合夥人，合夥人承擔投資與出場的決策；有些基金還會邀請外部顧問來參與投資決策，成立所謂的投審會（Investment Committee），創業家在尋求創投注資前，需了解基金各合夥人的背景與專長。**目前國際創投公司很少刻意區分前後段，負責人員必須從頭到尾走完整個投資案的流程，從初期評估到最後出場，事權合一之下，方能凸顯投資績效。**

**台灣狀況**

台灣過去有許多投資機構，尤其是金控型的創投，把投資活動分前後兩段；前端的團隊搜尋案源並提案到公司的決策單位，一旦案子通過後即交給投後的管理人員，早期的投資提案團隊不涉入後來的日常管理與最後的出場。這樣的設計是為了防弊，避免前期的投資團隊與新創公司團隊私相授受；然而卻也很難界定投資案最後成敗的權責，也不容易凸顯個人的投資績效。

# 3 創投的獲利模式

創投是百分之百的營利事業，這點與天使投資人不同；天使投資人有時候會因情感因素而投資，不一定會考慮獲利。但是專業創投經理人必須替基金的受益人（或基金終端投資人）創造最大的獲利，除了極少數的 CVC 基於企業長期的目標而犧牲投資獲利，絕大部分的創投基金，最在意的就是如何讓投資案圓滿獲利出場。

創業家不應期待創投是聖誕老人，只送禮物而不求回報。第一章在比較公募與私募基金時，我們提到，公募基金金額龐大，而且投資在風險比較小的金融資產，經理人往往靠管理費就可以存活；但私募基金不同，私募基金經理人必須能夠為投資人創造出獲利後才能夠生存。本節就創投一般的獲利模式作更詳細的說明。

私募基金的管理公司通常有兩個主要收入來源：管理費（Management Fee）及績效獎金（Carried Interest）。

- **基金管理費（Management Fee）**：GP（普通合夥人）為 LP（有限合夥人）管理基金並進行各項專業投資，然而為了支付管理基金營運及人事費用所需，GP 會按季或

按年向 LP 收取管理費，費率通常依基金規模大小，約為每年 2%左右。有時創投會在投資期收取較高比率的管理費，在基金存續的後半段降低管理費率，並沒有一定的公式或規定。

- **績效獎金（Carried Interest）**：通常設定為 20%，係指 GP 得參與基金投資淨收益分配的百分比。績效分成的計算以「先返還 LP 全部出資模式」（也就是 LP 優先保本的概念）為最佳實務，即 GP 應先返還 LP 所有出資加計優先報酬率（Preferred Return）。優先報酬率是一個預設的年化報酬率，通常介於 0%～ 10%。GP 若要參與任何基金投資收益分配之前，應先讓 LP 取得原始出資加計優先報酬率之獲利，因此又稱**「最低資本回報率」（Hurdle Rate）**，在通過若干獲利障礙後，GP 始得收取績效分成。

---

### 案例說明

　　假設某創投籌資一個 10 億台幣、為期 10 年的基金，投資協議書內容為：前 2 年投資期收取 2.5% 管理費，後 8 年管理期收取 1%；該創投設下 6%「最低資本回報率」，績效獎金為 20%。依此我們進行初步的計算：

1. 創投基金扣掉管理費，只剩 8.7 億可以投資（管理費前 2 年 5%、後 8 年 8%，共 13%）。

$$10 \text{ 億} - (10 \text{ 億} *13\%) = 8.7 \text{ 億}$$

2. 就最後出場結果做個簡單的假設：25% 投資血本無歸而無法回收，60% 投資平均以 2 倍回收，15% 平均以 4 倍回收，該基金總回收為 1.8 倍，總回收和本金為 15.66 億元。

$$25\% \times 0 + 60\% \times 2 + 15\% \times 4 = 1.8 \text{ 倍}$$
$$8.7 \text{ 億} \times 1.8 \text{ 倍} = 15.66 \text{ 億元}$$

3. 設定最低資本回報率 6%：意思是，投資人必須拿回 10.6 億後，創投經理人才能開始計算績效獎金。

$$10 \text{ 億} \times 106\% = 10.6 \text{ 億元}$$

4. 創投能「分紅」多少；扣除上述管理費之後，只剩下 5.06 億可以開始計算 20% 的績效獎金，計算之後，創投基金經理人最後可以收到 1.012 億的績效獎金，大約是原始基金規模的 10%。

$$15.66 \text{ 億（獲利）} - 10.6 \text{ 億（本金 \& 基金管理費）}$$
$$= 5.06 \text{ 億元}$$
$$5.06 \text{ 億} \times 20\% = 1.012 \text{ 億}$$

如果將獲利分攤到十年，這個金額並不算大，如果創投經理人想要更高的財務回報，勢必要增加出場的獲利倍數，而不傾向做短線的操作。

我們常聽到的迷思是：創投只要投資十家、成功一家，就可以獲利，其他投資都可以打水漂。這肯定是一般大眾對創投最大的誤解，更多統計數字會在第七章詳細說明。

## ▌私募基金的運作架構

我們一般常聽到私募基金（PE Fund）的術語「Two、Twenty」，指的就是管理費 2% 和績效獎金 20%。右頁圖是標準型的私募基金運作架構圖。

實務上，PE Fund 中的併購基金管理金額很大，動輒數十億、上百億的規模，因此 GP 會以借貸來增加投報率，也就是透過財務槓桿來增加獲利倍數，最低資本回報率（Hurdle Rate）也會比較高。

不過創投基金極少透過財務槓桿來提高獲利，基金規模與私募股權基金相比，小了好幾個量級，所以 Hurdle Rate 較低，實際 Hurdle Rate 的數字會依 GP 籌資的難易度來規範，沒有一定公式。

舉個前幾年台灣民眾耳熟能詳的名字——凱雷（Carlyle）集團，2006 年它買下東森媒體科技公司的金額就高達近 500 億元；而根據台灣創投公會 2015 年的資料，全體 229 家創投的年度投資金額合計才 122.4 億元。可見兩者的規模和運作模式根本就是不同的宇宙。

一般而言，管理費只夠讓創投維持基本開銷，創投經理人的長期獲利來源，還是要靠績效獎金。

## 創投（或一般私募基金）的架構

```
                        ┌────────────────────────────────────┐
                        │         有限合夥人 (LP)              │
                        │ (私募基金合夥人，PE Fund Investor)   │
                        └────────────────────────────────────┘
                            ↑                          │
                    投資還款                       投資承諾
                (Investment Return)          (Capital Commitment)
                            │                          │
                            │                          ↓
      ┌──────────────────────────┐
      │     普通合夥人(GP)         │
      │ (基金管理人，PE Fund Manager)│
      └──────────────────────────┘
          ↑            ↑
      績效獎金       管理費
  (Carried Interest) (Management Fee)
          │            │
      ┌────────────────────────────────────────────┐
      │              私募基金                        │
      │             (PE Fund)                        │
      └────────────────────────────────────────────┘
                        │
                   投資組合
              (Portfolio Investment)
     ┌──────────────────┼──────────────────┐
┌──────────────┐ ┌──────────────┐ ┌──────────────┐
│ 被投資公司 A  │ │ 被投資公司 B  │ │ 被投資公司 C  │
│(Portfolio    │ │(Portfolio    │ │(Portfolio    │
│ Company A)   │ │ Company B)   │ │ Company C)   │
└──────────────┘ └──────────────┘ └──────────────┘
```

# 投資期：規範 GP 投資紀律、確保 LP 退場的機制

絶大部分有年限的基金都有嚴格規範的**投資期（Investment Period）**，只能在基金成立後的前幾年才能投資，過了**投資期**，基金就不能再向 LP 進行出資請求（Capital Call），只能收取已投資基金的管理費。過了投資期，就是所謂的出場期或撤資期（Divestment Period），GP 只能尋求投資案出場（Divestment）的機會，不能再繼續投資。即使已經有被投資公司獲利出場，GP 也不能再投資，必須把資金返還給投資人，不能無限制地循環資金。若有特殊情況需要再繼續投資，GP 也必須通過嚴格的流程。

投資期的設計，是為了規範 GP 的投資紀律，讓 LP 可以有退場的機制。在投資期的規範下，創投經理人較不會以短線操作追求短線回報；短期操作的 IRR 可能很高，但累計的報酬倍數卻可能有限。理想的情況是：創投經理人以時間換取回報率，進行長期投資、爭取長期高回報績效。

然而，許多沒有投資年限的創投，卻有不同的思維。**創業家在尋找創投夥伴時，必須了解基金的屬性與投資年限。**

此外，每一個創投基金在設立時，就已經嚴格規範整體績效獎金的分配比率，每一位合夥人的分配比例都有白紙黑字，這對團隊的向心力有一定的保障，畢竟創投基金的回收期很長，明確的遊戲規則，有助團隊成員同心走到最後的收割期。

## 關鍵人條款：確保主要團隊在基金成功出脫前能同心協力

一般創投基金的存續期動輒 8～10 年，基金管理團隊在籌資時，就會明訂主要成員最終績效獎金的比例。團隊在籌資時目標一致，因為沒有資金就沒有團隊存在的意義；一旦籌資完成開始進行投資活動後，一定會有意見相左的時候。

不同的經理人可能負責不同的案子，若團隊不能統合意見、和衷共濟，大家的利益就不會一致，團隊將面臨分崩離析的風險，基金投資人也沒有保障。

創投與 LP 的合約中有所謂「**關鍵人條款**」（Key Man Clause），意思是當合約規範的「重要人物」（通常是主要團隊）因自然或非自然因素而離開，LP 可以立即停止繼續投資，意即停止 Capital Call。

Key Man Clause 的精神，在於確保投資團隊不會在投資過程中提早離開，畢竟創投基金的成功與經理人有很大的關係。團隊在籌資前往往十分融洽，投資過程卻常發生齟齬，Key Man Clause 的存在，會保證團隊在該基金成功出脫前能同心協力，一起努力。

比方說，創投旗下幾個經理人各自負責不同的投資案，每家被投資公司的發展進度不一樣，出場的時間和績效也各異，都可能造成經理人間的心結；如果沒有足夠的約束力，團隊很容易因為這些狀況而崩解。

絕大多數的創投基金也會明訂，在基金尚未投資完若干比

例之前，合夥人不能自行籌組新基金，以避免多個基金同時運作時可能發生的利益衝突。

# 4 創投投資期的分類

創投或新創公司從募資或事業階段來說，可分成三類：最早期的是天使／種子輪（Angel／Seed Round），次為擴張期（Expansion Stage），最後為成熟期（Late Stage）。

## ▍創投的三個投資期

### 種子期（Seed Stage）

產品初創期，創業者僅有獨特的創意、技術或團隊，亟需資金從事產品研發及創建企業。此階段投資風險極高，投資金額雖不多，但是對產品、技術、研發、團隊充滿不確定性，投資年限可長可短；少量金額即可占相對高的比率，倘若案例成功，獲利倍數最高，但風險也相對高。

天使投資人通常比較適合此階段的投資，天使投資人通常被戲稱為「3F」：朋友（Friends）、家人（Family）與傻瓜（Fool）。但近十年來，也有許多號稱是種子期

的創投基金，例如矽谷的 500Startup、Y Combinator；加速器若能夠提供資金，也算是此類的投資人。

**這類基金投資金額通常不大，而且單一基金中的投資組合往往繁如天星，可能達幾十家或上百家公司；他們的投資決策簡單，沒有繁瑣的實體查核流程，當然也不會有太多時間關照被投資公司，給予投後的輔導。**

## 創建期或擴充期（Expansion Stage）

這段時期是產品開發完成、尚未大量商品化生產，或商業模式尚未獲得大眾接受的階段；此階段資金主要在購置生產設備、產品開發及行銷，並建立組織管理制度等；新創公司還沒有過去的營運實績，且資金需求亦較迫切。

依產業不同，本階段可長可短；但由於新創距離股票上市還很早，若要向金融機構融資，必須提出保證及擔保品，籌資管道仍屬不易，而創投的資金恰可支應現階段所需。實務上，新創融資通常由 A 輪開始計算，以英文字母依次排序。

## 成熟期（Late Stage）

企業營收成長、開始獲利，並準備上市規劃。此階段籌資主要目的在於尋求產能擴充的資金，並引進產業界較具影響力的股東，以提高企業知名度，強化企業股東結構。資金運作在改善財務結構及管理制度，為股票上市

／櫃作準備。

此階段投資風險較低，但相對獲利亦較低，總投資金額也會比前幾期高。許多對沖基金與私募基金也會投資成熟期的新創公司，近來許多獨角獸公司都是對沖基金與私募基金追蹤的標的。（第九章會有進一步的討論）

## ▋ 新創公司各階段融資術語

以上對新創公司投資期的分類其實沒有絕對的標準，例如：軟體產業所需要產品開發時間往往比材料或硬體產業短很多，軟體公司在種子輪／天使輪時，可能就有產品或商業模式；而很多硬體公司，往往在創建期或擴張期還在投入產品開發，沒有實體產品可以銷售，軟體公司在種子輪可能就有產品上市。

又如醫療設備或新藥的認證時間與市場導入時間很長，常常在種子輪完成實驗性的產品，到很後期的融資才能繳出業績；甚至公司根本不準備導入產品銷售，在產品取得醫療驗證後，就直接尋求併購出場。

除了以上的分類之外，我們也常常聽到：種子輪、天使輪、A 輪、B 輪、C 輪，或者是 Pre-A 輪、A+ 輪等等術語，這些術語到底代表什麼意思？

**種子輪**

創業家仍處於創意發想階段，可能連技術、產品、公司

組織都還沒有著落。

**天使輪**

已有產品雛型及初步的商業模式，並累積一些核心用戶。

**Pre-A 輪**

此外，Pre-A 輪是這幾年新興的術語，它是指介於種子輪（或天使輪）與 A 輪之間的融資。**Pre-A 輪的潛台詞是：「公司無法達到原先預期的 A 輪融資金額或估值，但公司需要資金才能向前走下去，在不滿意目前的投資條件，又希望未來有更好的融資條件出現下，只好先把這一輪叫 Pre-A 輪；以後如果估值能夠拉上來，我們再稱它為 A 輪。」**台灣這幾年早期投資動能較差，於是 Pre-A 輪時有所聞；10 年前，幾乎沒有聽過 Pre-A 輪。

**A 輪**

產品更為成熟，公司也開始正常運作一段時間，在業界擁有一定的地位和口碑，並具有完整的商業模式和盈利模式。

**A+ 輪**

A+ 輪則是介於 A 輪與 B 輪之間的融資，公司常常在籌完 A 輪後不久，又受到新投資人的青睞；A+ 輪大多會

比之前的 A 輪稍貴一些，所以 A+ 輪的潛台詞是：「雖然這不是我要的 B 輪估值，但籌資不容易，儘管我還有時間準備 B 輪，但是有錢不拿白不拿，A 輪投資人應該不會反對估值在短時間就上升 20%，這輪姑且先稱為 A+ 輪；拿多一點錢也可以讓我更從容開發產品與拓展市場，B 輪融資會更順利些。」

**B 輪**

開始複製商業模式，加快規模化的速度，同時也推出新業務，朝新領域發展。

**C 輪**

通常已是行業內前幾大公司，本輪募資除了拓展新業務外，也在為上市做準備。

## 實務分享：融資次數與間隔時間該怎麼決定？

理論上，每次融資都對新創團隊的股權有某程度的稀釋，所以對創辦人而言，融資次數越少越好、每次融資估值越高越好，如此一來創辦人被稀釋的比例才會最小。理想的狀況是，每一輪相隔 2 ～ 3 年，估值能有兩倍的增加。越早期的融資，股權被稀釋的比例越大；如果營運開始上軌道，晚期融資的股權稀釋會越來越小。

實務上，每一輪融資相隔的時間不應該太短，原因是募資是非常耗費時間的事，每一輪從準備文件到最後收款，耗時 6 個月是很正常的情況，超過一年以上的也很常見。如果每一輪融資撐不到 12 個月，公司團隊勢必要在很短的時間內準備下一輪的融資計畫，無法專心開發產品或拓展市場。團隊花太多時間在尋找資金的情況下，常常會無法達到原先預期的新里程碑，且讓下一輪的籌資更困難，也無法提升估值，形成惡性循環。

所以創投會在投資前，要確認每一輪的投資至少能讓新創公司的營運資金挺過兩年，創投也會提醒新創公司團隊，當營運資金低於 12 個月時，就要趕緊籌備下一輪的融資計畫。

## 新創團隊常有迷思：估值不如預期時，是否等營運有進展再融資，以避免稀釋股權

實務上，我們常遇到新創團隊說：「你們這輪先投少一點，我們 6 個月後營運會有進展，到時候我們會用更好的估值再融資，這樣你們的風險也小一點。」創業家的如意盤算是，現階段募資的估值一定不好，估值不如預期又不想過度稀釋股權，所以先拿少一點錢，把公司價值做出來，再徐圖前進。

# ▌Down Round 的陷阱

下一輪的融資估值如果比上一輪差，被稱為 Down Round（估值較前一輪為低的融資）。Down Round 通常不會發生在早期投資，因為種子輪／天使輪的估值已經很低了，如果 A 輪比種子輪／天使輪的估值還差，這家新創應該也沒什麼人會投資；既然沒人投資，就無所謂在估值上討價還價。

然而，新創公司到了晚期，往往有許多不同的機構投資人參與，如果早期投資人口袋很深，而且對公司很有信心，能夠不斷地引進新的投資人，便會逐步墊高估值。投資人有造市的能力才能將估值往上抬，獨角獸公司就是這樣產生出來的。反之，早期投資人如果無法一路墊高估值，Down Round 就很常發生。

有時候 Down Round 不一定反應在估值或股價中，而是藏在特別股的投資條件裡。例如：高倍數的優先清算權（Liquidation Preference）、購買參與權（Pay-To-Play），或者其他投資條件。意思是：檯面上看起來沒有減少下一輪估值，但最後一輪的投資人可能有絕佳的特別股條款；例如新投資人有「Pay-To-Play」條款，把不再繼續投資的投資人都變成普通股；或者新投資人有極高的「優先清算權」，雖然估值看起來很好，但這類條款讓新投資人可在公司被併購時，輕易拿走大部分的錢。我們在第六章會更有詳細的說明。

　　所以下次再看到新創公司風光發布成功獲得融資消息時，不必高興得太早。這些特別股的設計，可以在第六章「投資條件與估值」中找到答案。

# 5 小結

在外界眼中，創投公司彷彿是披上一層面紗的神祕組織，光鮮亮眼的專業外表，加上滿口術語、果決犀利的決策風格，讓初次接觸這個行業的新創業者內心充滿了畏懼和景仰。說穿了，創投其實就是專注某個領域的投資人；就如同創業家也在獨特的領域遊刃有餘。

本章詳細拆解創投的組織架構、運作模式、思維邏輯，讓新創業者在尋找創投夥伴前，能先對創投屬性有基本的了解，減少日後發生「因了解而分手」、成為怨偶的機率。

# 3

## SET UP A START-UP

# 新創公司的設立

> **想要設立新創公司，**
> **卻千頭萬緒不知該從哪裡著手？**

何時要成立公司？該獨資還是合資？
是否引入董事會？設在境內還是境外？
新修定的《公司法》又會有什麼影響？

關於成立新創公司的大小事，
本章為你細細說來！

# **1** 何時該成立公司？

一般來說，每個人想到創業，第一件事情不是「能賺多少錢」，而是**「要花多少錢成立公司」**。雖然賺錢之前確實要先花錢，但有些錢其實可以歸類為冤枉錢，**不必這麼急著花出去，「成立公司」就是一個。**

## ▎創業前沒做市場驗證，就是花錢養會計師

建議創業時第一步要先做**「市場驗證」**。在做出任何一個產品、開任何一個模、寫任何一行程式碼、租任何一間店面之前，**先去跟你不認識且是可能的潛在客戶聊聊，你要做的這個商業點子他是否願意買單？**是否願意在無法摸到產品或體驗到服務的前提下，就願意有某種程度上的合作，不論是先付訂金，或是答應成為第一批用戶？

以上過程，是要先確保不要為了開公司而開公司，不然很有可能你開公司的最後成就，只是養活會計師。

## 企業服務 vs. 消費者產品，
## 你的主力是哪一種？

　　市場驗證的方式很多種。如果做的是**直接面對消費者的服務／產品**（Business to Consumer，B2C，又稱 toC 或 2C，是專門針對一般消費大眾使用與付費的產品或服務，而非企業端），我們曾經看過不少團隊或工作坊，直接到馬路街頭訪問路人，是否有這個需求，或是否願意當第一批客戶。有的則是在線上做問卷調查、有的是做一個假的 MVP（Minimum Viable Product，最簡單可行的產品），看看有多少人下載、加入、或轉傳分享。各種發揮創意的方式都非常歡迎，**盡量去收集足夠的證據來說服自己，這是有人需要的服務。**

　　跟越多潛在客戶接觸，就越能修正錯誤，甚至有機會能吸引到合作或買單，甚至有天使投資人想要投資⋯⋯恭喜！這時就是很棒的開公司時機。

　　如果做的是針對企業的服務，比較常見的狀況是，因為有個產業上的問題，所以需要一個更好的技術解決方案，因此驗證問題的重要性相對比消費產品來得低，比較不會有憑空幻想出問題來解決的窘境。

　　因此當公司一開始設立就是在針對企業（B2B，又稱 toB 或 2B，全名為 Business to Business，就是產品或服務專門針對企業用戶使用與販售，而非一般消費大眾）的題目裡，則相對是一開始就可以做的事。但仍非常鼓勵持續做類似業務開發的動作，去看其他公司是否也有類似的需求，以及獲取這些資

訊大概需要多少時間和金錢成本。

　　值得注意的是，目前越來越盛行的是供給需求媒合平台（Marketplace），也就是同時服務「供給」與「需求」兩端，利用網路及平台的特性，把供給和需求媒合在一起，平台再從中抽取一些服務費。而供給端往往是企業（2B），需求端往往是一般大眾（2C），因此該界限其實是越來越模糊。換句話說，生意也越來越難做了……

## 2B 與 2C 差異

| | 針對企業 (2B) | 針對一般大眾 (2C) |
|---|---|---|
| 目標客戶 | 企業端，如工廠、中小企業 | 一般使用者、任何個人 |
| 常見生意型態 | • 軟體訂購服務 (SaaS，Software as a Service)<br>• 平台服務 (PaaS，Platform as a Service)<br>• 供給需求媒合平台 (Marketplace) | • 社群軟體平台 (Social media platform)<br>• 直接付費使用服務 (Direct service)<br>• 供給需求媒合平台 (Marketplace) |
| 案例 | • 亞馬遜雲端服務 (AWS，Amazon Web Service)<br>• Shopify ( 網路開店平台 )<br>• Intercom ( 客服與業務系統 ) | • 臉書 (Facebook)<br>• 蝦皮 (Shopee)<br>• Dropbox ( 線上雲端儲存空間 ) |
| 付費客戶 | 企業端 | • 透過流量向第三方廣告主收取費用<br>• 直接向使用者收取使用費用 |
| 問題真實存在性 | 較高 | 較低 |
| 需驗證程度 | 較低 | 較高 |
| 常見驗證方法 | • 該產業從業人員經驗累積<br>• 先簽約再製作<br>• 工作坊 | • 最簡單可行產品 (MVP，Minimum Viable Product)<br>• 問卷、街訪<br>• 工作坊 |

# 2 該獨資還是合資？

決定要開公司後，最先要思考的就是：我要全部自己來、用自己的錢、自己的方式來經營，採用獨資方式來創業？還是要打團隊籃球的風格，找到一兩個適合的共同創辦人一起設立公司，讓整個創業更有規模？

這個問題很難有正確答案，也十分依賴當事人的各種因素所做的全盤考量。如果你自認能力很強，無法放心讓員工或其他人全面操作一些重要事項，習慣親力親為、事必躬親、快速做決定而不要有太多討論，或因為看太多《社群網站》（The Social Network）之類的電影，認為外部資金都是邪惡的根源，覺得確保自己近乎百分百的掌控，才是生意可以蓬勃發展的因素，理論上這樣比較適合獨資。

## ▌錯誤的團隊，是新創公司失敗的原因

但這樣當然也有風險和缺點。**獨資由於金錢來源只有自己，因此會明顯受限生意的擴張性；且自己一個人做決定，往往會陷入思慮不周，反而導致業務停滯不前的窘境。**因此常常看到獨資的生意，都比較傾向是小商店、咖啡廳，或微型服務

業的模式。

　　找共同創辦人合資一起創業，是非常普遍的方式。**合資最大的好處，除了多一個人分擔資金和思考決策外，還可以彌補能力上的不足，以及心理上的依靠。**創業是個相當漫長且孤單的旅程，大部分時間都是充滿挫折、懷疑自己、失望、嫉妒……等，這些負能量都無法跟員工分享；此時有個可以一起討論及互相加油打氣的共同創辦人，其實是很幸福的事。

　　然而我們都知道，世上沒有十全十美的事情。有個共同創辦人固然幸福，但根據美國知名的創業相關市調機構 CBInsight 於 2018 年的調查，**新創公司失敗的原因中，排名第三高的，就是組了一個錯誤的團隊，導致共同創辦人之間衝突過度，最終令公司淪為清算的命運。**因此決定獨資或合資，必須請創業者自己先好好認識自己，以及想想公司未來可能的發展走向。

## ▎獨資與合資的優缺點分析

　　在此，我們簡單整理了一些獨資及合資的優缺點分析表：

| | 獨資 | 合資 |
|---|---|---|
| 決策速度 | 快速；自己同意自己的決定就可 （勝） | 較慢；有些重大決策須經門檻以上的股東同意 |
| 決策品質 | 較低；容易有盲點 | 較高；多人討論往往可以找出盲點並加以修正 （勝） |

| | | |
|---|---|---|
| 資金管道 | 較少；只有自己本身的資金 | 較多元；除了創辦人的資金之外，創投也能投資合夥型態的公司 **勝** |
| 創辦人的掌控權 | 極高；公司百分之百是自己的 **勝** | 較低；外部資金進入後將會有股份及經營參與權 |
| 人為不可控風險 | 較低；主要風險就在獨資者身上 **勝** | 較高；共同創辦人出問題會影響公司發展 |
| 生意擴展性 | 低；一個人推廣速度慢 | 高；外部資金可帶來更多商業機會 **勝** |
| 心理方面 | 較孤單寂寞 | 有人可分享上下起伏 **勝** |
| 較適合的生意類型 | 以小型生意、目標穩定長久為主，不需要太多擴張或布點／加盟……等 | 高風險高成長、需要外部資金、生意拓展性是重點、需建構一個多人完整團隊或利害關係人的生意 |

　　會看這本書的讀者，相信都是想了解如何拿創投的資金來加速成長茁壯，因此八九不離十應該都是以合資為主，也會有共同創辦人的角色存在。這時，**如何在一開始就與共同創辦人設計一個好的股權架構，便益顯重要。**

　　這裡要特別注意：我們常會聽到「合夥人」一詞，商業語言上的意義與「共同創辦人」大略相同，但由於法律上的「合夥」有特殊定義（法律上的「合夥」主要是指二人以上出資合作來做一門生意，其法律主體並非「法人」，無法享有法人相關的權利義務，且出資者須負無限連帶清償責任，因此與「公司」這種法人型態大大不同。），因此本文都以「合資」或「共同創辦人」來稱呼一起創業的夥伴，而不會使用「合夥人」，以免概念混淆。

# 3 創辦團隊的股權架構設計

當你決定成立公司後，第一件頭痛的事，就是要**討論**創始團隊之間的股權分配。

## ▍股權分配的兩難：
## ▍分多有風險，分少留不住人才

　　股權分配是一門大學問，大到可能沒有一個正確答案。一來是因為身為總召集人，你可能不想讓出太多股份，既要擔心夥伴不像你一樣付出這麼多心力，或是擔心合作夥伴有天早上起床後，突然想要回去當上班族，留下你傻眼貓咪一籌莫展。而站在保護自己和公司的立場，也必須確保公司大部分的股份握在自己手上。

　　但這樣做有一個很大的風險，就是共同創辦人因為拿到比預期少的股份，覺得誘因不夠，加上機會成本高，不想放棄原本的高薪及穩定的生活，屈就一個低薪又沒尊嚴且看不到未來的環境，左思右想最後決定離開。於是你可能就卡在中間，不確定到底該怎麼做才好。

　　創辦團隊間的股份分配，沒有一個絕對正確公平的方案，

因為你不是上帝，你不會知道別人在想什麼，而且你也無法讓時光倒流、一直測試，試到找出一個最佳平衡點；所以往往都是一個直覺反應，先推一個方式，然後跟夥伴持續談判，找出一個他們可以接受的數字。

市面上有些小工具，可以幫助創業家們先有個初步想法，只要在網站上回答一些簡單的問題，就會跳出建議股份分配，如 foundrs.com 這個網站（掃描右方 QR code 直接進入該網站），我們親身體驗後覺得非常方便。但要提醒讀者，跳出來的數字只能當作參考用，還是要針對不同的情境、心理、籌碼……等進行調整。

http://
foundrs.
com/

## 股權分配一人一半才公平？小心掉入陷阱！

最不推薦的方式，也是我們實際看過不少新創股權常見的分配方式，就是兩位創辦人一人一半、各 50% 的規劃。

這樣做最大的問題是，當兩人意見不合時（相信我，一定會有意見不合的時候），沒有任何一個人可以真正做出最後決定，並且承擔最終結果，而這也會嚴重影響公司的發展和前進的速度。

尤其遇到重大決策需要投票表決時更慘，因為兩個人投票權都一樣，沒有人可以說：「好！我們無法再浪費時間爭執了，就聽我的吧，責任我來扛。」反而很常見到因為股份相當而爭執不下。**建議至少要有一個人能夠拿到 51% 以上，並且承擔**

起大部分的責任。

　小時候我們常聽到的「一人一半，感情不會散」，這句話就像媽媽跟你說「紅包先給我保管，以後再還給你」一樣，都是在現實生活中不可能成真的事。

## ▍股份也是留住優秀人才的誘因

　另外，如果是**為了激勵第一批員工，吸引他們留下，原則上也會規劃分享股份的方式，來吸引好人才進來並願意留下來共同打拚**。CEO（或創辦人中的一位）必須親自執行的任務，就是不間斷地尋找最優秀的人才加入，並且絞盡腦汁地想辦法留住人才。創辦人應該要確保這些辛苦的早期員工拿到他們應該拿的，沒有這些頭幾號員工，光憑創辦人自己一個人是很難成功的。 何況，**占大股一點意義都沒有，專注在把每股價值做大才有意義**；所以千萬不要死抱著一堆股份不願意給員工應得的份額，反而讓公司成長受限，甚至因為人才求去而衰退。

創投駭客

　至於要給多少才算恰當？以下是專業網站「創業駭客」（Venture Hacks）提供的股份分配參考值。

| 職銜 /Title | 股權 /Range (%) |
|---|---|
| 執行長 /CEO | 5~10 |
| 營運長 /COO | 2~5 |
| 副總 /VP | 1~2 |

| 董事 /Independent Board Member | 1 |
|---|---|
| 協理 /Director | 0.4~1.25 |
| 首席工程師 /Lead Engineer | 0.5~1 |
| 5 年以上經驗工程師 /5+ years experience Engineer | 0.33~0.66 |
| 工程師經理 /Manager or Engineer | 0.2~0.33 |

美國知名加速器 Y Combinator（YC）前總裁山姆·阿特曼（Sam Altman）也提過類似概念：新創的前 10 名員工所分得的股份，約占公司股份總額的 10%，之後的 20 名員工加總約占總股份的 5%，再之後的 50 名員工可分得公司總股份的另外 5%。

但是要再次強調，這些只是美國的實務參考，不是絕對值，純粹只是供各位創業家、創辦人在規劃時，一點刺激思考的起始點，實務上該怎麼做，請務必依自身的狀況和需求而客製化。

有關股權的分配，有一項機制滿適合創業家們思考，就是「分批給予」（Vesting schedule）；也就是拿這些員工股份（Employee Stocks）的員工們，通常不會一次就給足全部比率的趴數，而是分批慢慢給；最常見的方式是分 4 年的時程給予；第一年是個懸崖年（Cliff），也就是至少做滿一年才可以拿到 25%，在這之前離職，基本上啥都沒有。接下來的三年可以按每月或每季給予其餘的 75%。所以當碰到要炒魷魚的情況時，這個分批給予的規劃，可以保護公司股份給出的情況，避免發

生員工加入公司沒多久，便帶著過多股份離開。

　　舉例來說，創辦人當初可能為了吸引第一號員工加入一個什麼資源都沒有、只有紙上大餅的團隊，決定使用公司股權的方式來吸引頭號員工加入。經過縝密的計算過後決定給予該名員工 3% 的股權，採取第一年為懸崖年及每季給予的四年總時程給予計畫。當一號員工做滿第一年後，才會得到 3% 中的 1/4，也就是 0.75% 占比的股數（或選擇權），之後的每季，都會再分配 0.1875%（2.25% 除以 12 季）占比的股數。如果該員工第一年未滿就被炒魷魚，或是自行離職，那就是什麼都沒有了。

　　為什麼特別提到炒魷魚呢？因為**有創業經驗的人都知道，把不對的夥伴炒掉有時比雇用對的人更重要，一定要盡快處理；而一個錯誤的獎勵機制，很可能讓不對的員工硬留下**。所以我們很鼓勵 CEO 發揮創意，設計一個對自己公司最好的機制，能夠吸引適當的人才，並在解雇不對的人時，把對公司的衝擊降到最小。

# 4 台灣的公司型態

**前期**準備了這麼久，終於到了要成立公司的時候了！那麼要成立哪一種型態的公司呢？

## ▎實務上台灣創投常採用的公司型態

台灣《公司法》第二條明文規定，台灣設立的公司架構主要為以下四種：

- **無限公司**：指二人以上股東所組織，對公司債務負連帶無限清償責任之公司。
- **有限公司**：由一人以上股東所組織，就其出資額為限，對公司負其責任之公司。
- **兩合公司**：指一人以上無限責任股東，與一人以上有限責任股東所組織，其無限責任股東對公司債務負連帶無限清償責任；有限責任股東就其出資額為限，對公司負其責任之公司。
- **股份有限公司**：指二人以上股東或政府、法人股東一人所組織，全部資本分為股份；股東就其所認股份，對公

司負其責任之公司。

2015 年新增了一個新的股份有限公司種類，叫做「**閉鎖性股份有限公司**」，指股東人數不超過 **50** 人，並於章程定有股份轉讓限制之非公開發行股票公司。

不過政府又於 2018 年修改了《公司法》，將股份有限公司的規定修改成更近似當初設計閉鎖性股份有限公司的特點，像是放寬特別股和公司債的發行規定（將於第六章及第七章詳述），以及更簡便的出資方式和股東會開會方式，因此「**股份有限公司**」將會是絕大部分打算向創投募資的新創公司的設立首選。

以上只是單純針對《公司法》第二條的說明。由於近三十幾年來幾乎沒有人成立無限公司及兩合公司，創投也不可能投資這兩種型態的公司，因此我們省略這兩類，只針對其他常見的公司型態，直接以下頁表格說明一般新創公司需要注意的地方。

由表格可以看出，若你的公司需要向外部投資人募資，都是以成立股份有限公司為主。此外，**若需要使用股份來吸引人才，以及設計股權獎勵機制，那就更是只能選擇股份有限公司的型態。**

那麼，在股份有限公司型態裡，到底應該選擇股份有限公司，還是閉鎖性股份有限公司呢？台灣新創有部分是閉鎖性股份有限公司，因此為了公平起見，下一節我們將說明閉鎖性股份有限公司的一些特點及注意事項。

## 台灣常見的公司型態及其特性

| 公司種類 | 有限公司 | 股份有限公司 | 閉鎖性股份有限公司 |
|---|---|---|---|
| 主要特性 | 簡單快速,但股東出資額轉讓較困難,不適合對外募資 | 最多創業家使用的架構。非常適合資本市場運作,獲取資金和股權轉讓的規定都很成熟,因此最多人選擇使用 | 擁有股份有限公司的特性,又新增了與國際接軌的股權操作方式,如:股權轉讓限制、勞務出資等 |
| 責任程度 | 只針對出資額比例負責 | 只針對股份比例負有限的責任 | 只針對股份比例負有限的責任 |
| 出資股東人數 | 1 人以上 | 2 人以上 | 2 人以上、50 人以下 |
| 出資 / 股權轉讓 | 原則上需經股東表決權過半數同意 | 原則上自由轉讓,但可在公司章程中對特別股設定限制 | 不管是普通股或特別股,都依公司章程規定轉讓限制 |
| 可否發行特別股 | 否 | 可 | 可 |
| 可否發行可轉換公司債 | 否 | 可 | 可 |
| 適用對象 | 股東人數有限、且股東大多投入公司營運 | 希望廣納投資人的公司 | 希望股權轉讓受限,或者是在 2018 年《公司法》修正前,希望取得股權彈性所設立的公司 |
| 創投會投哪一種 | 幾乎不可能 | 最愛 | 較新的公司型態,需要進行許多溝通和執行成本 |

# 5 閉鎖性股份有限公司的主要特點

上一節提到，在 2018 年最新修訂的《公司法》上路後，股份有限公司與閉鎖性股份有限公司的差異性已經不這麼大，主要差別在於：1. 股權轉讓的限制、2. 可以使用勞務出資，以及 3. 公司發行新股時，是否必須讓原股東按比例優先認購。因此，如果需要特別著重以上三點的新創團隊，就可以考慮選用閉鎖性股份有限公司。

## 「股份有限公司」vs.「閉鎖性股份有限公司」三個主要差異

### 股權轉讓限制：

一般股份有限公司（非閉鎖性）的設計精神是股份可以自由轉讓；也就是說，股東要將其手上的持股轉讓給其他人時，《公司法》在此的立法精神原則上是傾向開放的，不要有太多限制。也因此可以明顯看到，在一般股份有限公司的章程中，幾乎沒有太多著墨在股權轉讓的限制。當然，董事會還是有權

利通過在章程中加上特殊的轉讓限制，《公司法》並無明文禁止轉讓股權，而是讓公司自己決定該如何轉讓。

相反地，**閉鎖性股份有限公司則是明文規定，公司必須在章程中寫好股權轉讓的條件與限制，才能通過設立成閉鎖性股份有限公司**。因此設立閉鎖性公司需要思考的重點為：

1. 為什麼需要設定股權轉讓的限制？
2. 需要什麼樣的限制？

一般來說，以會需要對外募資的創辦人角度來看，其實沒什麼理由限制股權轉讓。通常對外向創投或天使投資人募資時，投資方最想要的就是被投資公司估值成長時，投資方可以賣出公司股份獲利了結。因此如果股權轉讓是有限制的，反而會限制投資方的自由度，也因此降低投資意願。

在舊版《公司法》的時代，投資人投資閉鎖性股份有限公司的主因，也是迫於投資和被投資雙方希望使用可轉換公司債的方式完成投資行為，而當初未上市公司也只有閉鎖性股份有限公司可發行公司債，因此才有該投資交易，並非因為限制轉讓股份不重要。因此往往可看到，大部分會選擇閉鎖性股份有限公司架構的業態，多為家族企業，或其他不需頻繁對外募資的產業，才較適用閉鎖性股份有限公司。

## 可以使用勞務出資：

一般股份有限公司無法允許創辦人（或出資者）用勞務出

資的方式占股。目前非現金出資的方式，較常見的屬技術出資，也就是大家常聽到的「技術股」。但**技術股需要找第三方做技術鑑價，才能夠決定其技術的價值，也才能夠決定技術出資者可以拿到多少股份，因此實務上相當麻煩且難以鑑價。**

「勞務出資」狹義的解釋，可以看成是創辦團隊們辛苦努力花時間和精神討論、實做出一個可運行的商業模式；廣義的解釋，則可以說任何我不知道要怎麼鑑價或定價當作出資額的，都算勞務出資。以只有滿腔想改變世界的熱血、但口袋空空的創辦團隊來說，勞務出資是非常友善且合理的出資方式。

閉鎖性股份有限公司允許使用勞務出資的方式，可以看成是直接給創辦人和經營團隊的股份，相對合理且對創辦團隊有利。

但真的做過的人就知道，若要使用勞務出資，還是有不少實際執行上的困難點（下一節就會提到）。**在非現金出資這點，雖然閉鎖性股份有限公司立意良善，但一般股份有限公司也可以透過發行無面額股的方式，達到相同的效果，因此在這方面，閉鎖性股份有限公司並無絕對優勢。**


## 發行新股是否讓原股東按比例優先認購：

這點或許是閉鎖性股份有限公司與一般股份有限公司最明顯的差異點。**一般的股份有限公司規定，當公司要發行新股時，必須先保留一定比例讓員工認股，之後才讓既有股東按比例認股，原則上不可以跳過員工及既有股東，就直接把新發行**

的股份全部賣給一個新的外部投資人。一定要先走個程序，以確認員工和既有股東都放棄認購新股。若員工或既有股東有意願要認購其比例的股份時，公司也必須要優先賣給他們。雖然這樣規定，但我們從沒遇過一家每次發行新股募資，都真的問過一遍所有員工是否要按比例認購的新創公司（或大公司）。

**閉鎖性股份有限公司則不一樣，當公司發行新股對外募資時，只要章程授權的可發行股數額度還沒用完，公司可以不用去問員工或既有股東的認購意願，直接跳過他們，發行新股給予外部投資人。**這樣的好處是，當公司創辦人覺得公司裡有不那麼適合的投資人（或合資夥伴）時，可以藉此方式引進外部資金，進而稀釋掉該名投資人的股權，減少其對於公司的影響力。

聽起來這好像是創業團隊的一大利器，但投資人其實也不是吃素的，大部分有經驗的投資人，在投資合約中都會加上「優先購買權」這類條款（第六章會有詳細說明），以防止上述情況發生。因此實際上，閉鎖性股份有限公司在這點能為創辦人帶來多少優勢，還是個未知數。


## ▌在台灣設立公司，股份有限公司是首選！

在台灣，當初希望「閉鎖性股份有限公司」扮演的角色，比較類似於政府在設計新《公司法》的前哨站，讓大家可以先嘗試設立閉鎖性股份有限公司，看看有沒有什麼問題，有哪些可以改善的地方，進一步優化在 2018 年上路的新《公司法》。

因此，若想在台灣設立公司的話，選擇股份有限公司的形式已經非常合適。在 2018 年《公司法》修法前，股份有限公司有諸多限制，閉鎖性公司則有很大的彈性，因此吸引了一些新創公司採用。但《公司法》大修法後，大幅放寬過去的限制，因此閉鎖性股份有限公司與一般股份有限公司的差異已經不大了。

# 6 《公司法》修法後 對新創公司的好處

　　上一節提到公司型態中的股份有限公司，已相當具有與國際接軌的企圖心：不管是在引進特別股的設計，以及讓創業家不用出資也可以確保早期募資時擁有公司的所有權，都是國際上較常被接受的股權架構設計。但在 2018 年中立法院三讀通過、該年年底新法上路之前，台灣的《公司法》還是相當落後，將近 17 年沒有大幅修正條文；也因此，在 2018 年三讀通過時，造成一股會計師、律師、創業家以及中小型企業主熱烈討論的景象。有鑑於此，下文即從「新創投資」角度來解讀《公司法》修正的重點。

　　新《公司法》的三大好處如下：對新創籌資更友善、設立公司更便利，以及規劃員工獎酬更彈性。以下分別說明。

## ▌好處一：對新創籌資更友善

　　首先，新《公司法》對於新創公司最大的好處，是允許非公開發行公司能更具彈性地設計「**特別股**」（舊《公司法》也可以設計特別股，但適用的範圍非常有限）。

## 保障投資人的「特別股」

　　所謂的特別股，對新創公司與投資人（不管是天使投資人或是機構投資人）來說，基本意義就是讓早期投入大筆資金的投資人，可以比較後期的普通股股東，享有更多保護機制的設計；像是複數表決權、優先清算權、優先購買權、董事席次保障……等；這些專有名詞在第六章會再深入討論，讀者只要先了解：**特別股主要就是為了保障投資人而設計的保護機制。**

　　**一般新創公司的創辦人、員工、顧問，或是其他非投資人身分所持有的股份，都以普通股為主。普通股和特別股都是代表公司的股份，只是特別股多了些保護機制，或是將來在必要條件成立時（如：上市）轉換成普通股會有較好的轉換比例，讓一股特別股可以轉換一股以上的普通股。因此特別股原則上只給有需要拿特別股的人，例如早期在創業家什麼都沒有的階段下，就願意出錢的老大。**

　　因為有了特別股的保護機制，稍微降低投資人在早期投入大筆資金的風險，可以增加投資意願，進而提高早期募資的成功率。**在過去，股份有限公司不容易發行特別股募資時，投資人投入資金換來的股份性質，跟創辦人及其他所有股東都一樣，是沒有特殊保障或權益的普通股，**因此這個階段投資人與新創公司募資談判討論的重點，往往都放在公司估值或是每股價格上面，以致「價格」成為極少數可以保障投資人投資報酬的重要要素。

當新創公司價格愈低時，同樣一筆資金投入所能占有的公司股份比例就愈高，因此當有出場事件發生時，能拿回的報酬相對就高。

如果創辦人初期投入 1 萬元營運資金，以每股 1 元取得公司股票 1 萬股，在完成產品及取得一些小成績後，要求創投一樣投入 1 萬元，但是以每股 10 元的價格，買入公司新發行的股票 1 千股，該新加入的創投就只占公司約 9% 的股份；而當公司出現順利出場機會，如被併購事件發生時，該創投也只能拿到出場金額的 9%（因為可能會繼續籌資而被稀釋掉股份，實際拿到的金額比率原則上會更少）。

**創辦人 1 萬元 /1 元 =10,000 股**
**創投 1 萬元 /10 元 =1,000 股**
**1,000 股 /11,000 股 = 約占 9% 股份**

**創辦人 1 萬元 /1 元 =10,000 股**
**創投 1 萬元 /5 元 =2,000 股**
**2,000 股 /12,000 股 = 約占 17% 股份**

相對地，如果創投在該輪募資投資時，一樣是投資 1 萬元，但卻是用一股 5 元的價格參與，買入公司新發行的

股票 2 千股，則該新加入的創投即占公司股權約 17%，相對於上述的 9% 多了將近兩倍的占比；也因此當併購事件發生時，同樣的 1 萬元卻能產生近兩倍的報酬。因此從創投的角度來看，如果拿的是普通股，那麼談判過程會專注在殺價上，以確保能獲得漂亮的投資報酬數字。

如果是特別股的話，由於有眾多的保護機制：例如優先清算權保障投資人，在被投資公司出場時，可以比任何其他股東優先獲得報酬；反稀釋條款是，當被投資公司發行新股的價格較前一次募資為低時，前一次的投資人，可以條件更好的特別股轉換成普通股，以補償既有股東的權益。這些保護機制讓創投願意將力氣放在這些條件的談判上，而不會只專注在股價或是公司估值上，窄化談判空間。

## 創投真心話

所以對創投來說，除了認同公司的經營價值，當然也希望透過特別股保障權益，以免創辦人利用大股東的優勢，犧牲「高價出資、但只有小比例股份」的投資人權益。

也因為如此，新《公司法》上路前的那段時光，新創團隊要募資的話，大部分的談判重點都只能放在每股價格，因為沒有其他特殊權力可以納入談判的籌碼，導致產生對於新創公司相當不利的募資環境，等同新創公司只能削價競爭，看誰比較便宜。有了**更彈性的特別股設計**，就可以減緩這樣的惡性循環。

## 發行特別股＝新創團隊的籌資利器

在歐美市場，特別股已經行之多年，是相當盛行的投資股權設計架構。從最早期的天使投資人到晚期的 B、C 輪或更後面的投資輪，反而不易看到「沒有」特別股的設計存在。所以我們常常會聽到「歐美創投願意給出較高的公司估值，台灣的創投都不太願意給出同等的估值」這樣的說法，其實也與過去《公司法》的架構限制有關。也因為這樣，這次修法允許非公開發行的股份有限公司能更彈性的發行特別股，對新創團隊是相當好的籌資利器。

**案例試算**

回到前面的範例，「創辦人與創投各出資 1 萬元，但股份比例卻是 10:1」，創投雖然出價高、持股少，但可以透過特別股的設計，跟公司約定：

1. 若有併購出場，創投要先拿回投資金額 1 萬元的兩倍，然後再按持股比例分潤；
2. 如果公司有分派年度股利，創投要先拿一定比例的金額，然後才分給創辦人團隊；
3. 創辦人一定要保障給予創投董事席次等。

這些機制都增加對創投的保障，自然也讓創投願意在只持有公司少數股權的前提下，以高價投資公司。這種對投資人特殊保護機制的設計，對公司與創投而言，都增加了協商談判的空間。

## 「無面額股」的重要性

另一個對募資友善也有重要影響的條件，就是可以發行
**「無面額股」**。舊制下的《公司法》，規定每一股都必須要有
固定面額，而大家一般習慣就是新台幣 10 元。換句話說，不
管你做哪一類型的產業，不管你可能籌資的管道是什麼、不管
公司未來可能是永續經營或是併購或是上市，絕大部分的公司
就是用一股 10 元新台幣來發行股份。**現在允許公司可以發行
無面額股，或無票面金額股，可以讓公司以很低的價格發行公
司股份。**

這樣的好處是：創辦人團隊可以用極低價格發行新股（例
如每股 0.01 元），然後再讓投資人以比較高的價格入股（例
如每股 10 元），自然可以在股價（valuation）上，給予創辦
人團隊適當且合理的價值呈現。

其次，在台灣，很多機構投資人著眼的是每股盈餘分配時
的投資回報率，以及在台灣上市後的股價成長表現；因此若能
以低於 10 元的股價發行新股，便可以避免在一開始募資時股
價被認定過高，導致投資人在 10 元或以上價格進場，在計算
每股盈餘分配時，拉低了內部投資報酬率，以及後續若上市很
難再拉高股價超過 10 元的尷尬現象。

固定面額股及 10 元一股的作法，若再加上之前新創公司
近乎只能發行普通股的規定，更是雪上加霜、惡性循環，導致
台灣投資人不敢貿然進入投資新創領域，轉而偏向做上市櫃股
票或是 pre-IPO（指未上市公司在準備上市上櫃前一輪募資案，

通常是為了上市櫃做準備的一輪募資）的案子。因此能夠發行無面額股，相信對於新創在募資上是一大利多。

## ▎好處二：設立公司更便利

在 2018 年《公司法》修法前，若要成立一間股份有限公司，須設置董事會，董事成員至少需要三人，且須設置監事一人，也就是俗稱的「三董一監」。舊制的設計讓很多新創公司創辦人在一開始為了湊齊人數，需三託四請親朋好友擔任相關職務，然而這些因湊人頭而擔任職務的人，無法對公司治理帶來任何助益，反而增加公司治理上的困難及成本。

新《公司法》則是允許公司於設立時，可以只設立一董或二董，較符合創辦設立新公司的真實狀況。至於監事，若為一人法人股東時，則甚至可以不設置監事。但對於新創公司來說，這種情形甚為少見，因此大部分情況新創可以理解為**新《公司法》允許「一董一監」或「二董一監」。這樣的規劃讓新創業者在設立公司時更加簡單快速。**

---

**實務分享**

**奇數董事人數較易做出重大決策**

在此要稍做說明，通常會**建議設計單奇數的董事人數**。因為當有重大事項要進行投票決策時，若是雙數，容易產生票

---

數平手的尷尬現象，導致公司無法做出重大決策而停滯不前。

　　不過，事情往往不會一直照自己的規劃走，因此如果新公司真的必須從兩位董事先開始的話，建議彼此要先有共識，就是接下來的半年內，盡快去找第三位董事，不管是投資人占一席，或是自外部找一個與自家產業相關的創業前輩來擔任，都是不錯的選擇。

# ▌好處三：規劃員工獎酬更彈性

　　每個新創公司在設立和成長時，都需要建立一個最棒的執行團隊。但如何讓員工能夠將自己的動機及目標，與公司的未來綁在一起，非常值得創辦人或老闆深思。人才可說是一個新創團隊能否成功的最重要因素，就像前面提到，**CEO 占大股一點意義都沒有**，重點是把每股價值做大才有意義。

## 歐美的員工認股期權池操作方式

　　為了把員工的利益跟公司綁在一起，新創公司通常會以給予公司股份作為員工獎酬，以達到此目的。

　　一般來說，歐美新創最常使用的方式，是設計員工股份認購的期權池（Option Pool），又稱員工認股計畫（Employee Stock Option Program，簡稱 ESOP）。

這個方式跟一般想像的員工分紅入股完全不一樣。看字面「option」即可理解，**這並非贈與式的免費給員工股份，而是提供員工一個選擇權，讓擁有此權利的員工，在一定的時間內，以當初講好的價格，行使購買股份的權利，公司不得拒絕賣出**。這樣的**好處是，當公司持續成長**，理論上股價也會水漲船高，所以員工行使認購的權利時，其權利的價格（strike price）會比市價（market price）來得低，因為存在價差空間，認購的員工便可藉此獲得價差利益。

這種做法在歐美已行之多年，但也不是沒有問題。**最明顯的狀況，是員工並非無償取得股票，而是得花費真金白銀去買股票，只是中間有價差存在。**

員工必須先有一筆足夠的閒置資金，才能行使期權、購入公司股票。再者，購入後，常有一段時間（一般為 12 到 18 個月）不能賣出持有的股份（即閉鎖期）。

最後，此期權一般有行使期間的限制，通常是 90 天上下，如果員工離職後 90 天內沒有行使期權購買公司股票，期權便跟著失效。此外也可能因為一時忘了，或還在籌錢階段，時效一過，辛苦多年期待的報償就瞬間消失。這些都是員工認股期權池的主要問題。

有鑑於此，過去幾年在美國盛行的方式，不管是大公司或新創，都是給予限制型股票獎酬 RSA（Restricted Stock Award），或是限制股票單位（Restricted Stock Units，簡稱 RSU）。

限制型股票的意思，是指該股票有一些限制條件存在。

主要的限制是，當員工表現達到某個目標、或是服務年限多久……等，與員工績效及各種公司在意的規定所制定的限制。而 RSA 和 RSU 最主要的差別在於，前者以直接轉讓股份的方式進行激勵模式計畫，但附帶一些條件，在條件達到前，有轉讓或權利上的限制；後者是一個承諾，在何時或某種情況下可以轉成股票，或甚至當初講好的法幣。

此外，公司也可以規劃以目前市價的若干折價方式讓員工購買，只要員工在當初講好的目標下（可能是服務時間長短、可能是達到某種績效目標）完成任務，就可以用極低的價格取得這類限制型股票。

這個方式更適合新創公司或想要吸引好人才的大型科技公司；因為員工比較能接受不須花一堆錢的取得方式，如果還要自己掏錢出來，除非是上市公司，已經可以看到市價多少，且知道比市價便宜多少來購買，否則員工一般還是會遲疑。且目前人才市場競爭激烈，要是對手推出更具競爭力的激勵計畫，偷走了好人才，反而得不償失。

以上講的都是歐美的狀況，那台灣呢？


## 2015 年台灣新修《公司法》，勞務出資仍無法大於 50% 股份

在創業之初，為了找到共同創辦人，一定會以邀請入股的方式，來達到共同合資的目的。**除了用自己的資金投入，作為起始設立資本成為股東占股外，另一個方式就是用創辦經營團**

**隊配股的方式來做。**

在 2018 年新《公司法》上路之前，最常使用或被討論的，就是採用 2015 年《公司法》修法，通過新增的閉鎖性股份有限公司型態，提供創辦人使用勞務或信用的方式，取代現金出資占股，該法立意相當良善且正確。

本來新創公司的創辦人，就是屬於資金比較不充足的一方，要創辦人拿出跟投資人相比擬的資金水位，來購入該有的股份數量，以維持控制權和主導權，相當不切實際。採用勞務或信用出資是非常正確的作法。因此如果有創業家打算使用勞務出資的方式獲得創辦團隊配股，基本上只能考慮閉鎖性股份有限公司。

但從實務面來看，使用勞務出資的方式還是未竟全功，並非完美無瑕。首先，勞務出資有其上限，若實收資本額在台幣3,000 萬元以下的公司，勞務出資的比例不能超過一半；**這代表大部分的新創公司，都無法以勞務出資方式取得超過 50%的公司股份；也因此幾乎絕大部分的新創團隊，一旦拿到投資人的錢，只能把大部分的股份讓出去。**

第二，要使用勞務出資不只是董事會同意通過就好，而是要經全體股東同意。因此，要是有投資人無法同意股份分配方式，團隊得花很多時間去溝通解釋，造成更多無謂的時間成本。最後，勞務出資程序也不簡單，除了全體股東同意之外，還要在公司章程中，把勞務出資的相關資料詳細敘述，並向主管機關申請通報，以便在主管機關的資訊平台上揭露。

這些都是額外的成本，並非真的彈性好做。因此，最後真

正申請閉鎖性股份有限公司的新創公司少之又少。

　　台灣申請登記成立閉鎖性股份有限公司的家數，大概不超過 100 家（做為參考，登記有限公司的約 53 萬家、股份有限公司約 17 萬家），且其中又以家族企業控股公司為主，著眼在其可以限制股權轉讓的特性，以防止出現外人聯合家族內部成員奪取家產的狀況。

　　由於是新的公司型態，導致很多會計師不熟悉其操作申請方式，往往會找很多藉口建議新創團隊改作別種公司型態。因此閉鎖性股份有限公司並不全然適合新創公司，作為規劃創辦團隊的配股或員工獎勵機制。

## 台灣 2018 年新修《公司法》可發行「無面額股」，創辦人團隊因此獲利

　　不過好消息來了，新《公司法》規定，公司可以發行無面額股，所以**目前比較常見的做法，是讓新創公司發行一輪給原始創辦人團隊所認購的股份，採用極低的認購價格（如每股 0.1 元新台幣），等於創辦人團隊是用非常低的價格，買到了應得的股份數量，之後的募資再讓投資人用較高價認購，藉此方式來平衡股權分配。**

　　無面額股有一些稅務上的優勢。如果當初是用勞務出資的方式來進行，則其取得的股權必須課稅，並依照公司章程是否有規定股權轉讓的時間限制，來決定當時的市價。如果是用資金出資所購入的股票，原則上就是轉讓時產生的證所稅。由於

本書不以稅務為討論主軸，建議有興趣的讀者，可以另外參閱相關書籍，或是找會計師深入討論規劃。稅務對員工本身的利益造成不小的影響，因此對於創辦人或經營者來說，是相當值得關注研究的議題。

## 新《公司法》對早期員工認股的正向影響與不周延處

上面講的比較偏向創辦人的部分，那早期員工呢？新《公司法》針對這點的修正，就是讓原本只有公開發行公司才能發行的限制型員工權利新股，改成一般非公開發行公司也可以發行。**這類股票可以讓員工以極低價格取得，並且設定一定的門檻機制，員工達到門檻資格，才可以獲得該股份獎酬，因此也是一個可供新創靈活運用的工具。**

要提醒的是，**這類規劃的前提是公司設定無面額股，如果是有票面金額的股份設定的話，非公開發行公司尚無法發行低於票面金額的股份，也因此無法做超低價格、達到無償給員工股份的目的。**這部分算是新《公司法》不盡周延之處，也期待後續立法機構可以更放寬，增加公司發行股份的彈性。

不管是要用修法前就已經可以使用的員工認股權憑證，或是修法後可發行無面額或超低面額的股份，端看公司本身目前的計畫和想法比較適合哪一種，沒有孰好孰壞，創辦人經營團隊可以好好思考。

# 7 成立董事會

選定公司型態，以及一些細節設定後，另一個募資時常會遇到的重點，就是是否要成立董事會。

原則上來說，公司裡最重要的大會，應屬於股東會，而非董事會。法律程序上來說，董事即是股東們選出來的代表，代表眾多股東們行使監督經營者及協助公司成長的角色；所以公司裡最重要的人是股東，而非董事。不過在早期的新創公司裡，一般來說大股東即是創辦人團隊本身，其他主要股東就是創投機構出資者，而創投往往也會要求至少一席董事席次，因此公司開董事會的同時，就像是在開股東會了，相當具有代表性，較少有傳統上市公司中所謂的公司派、市場派的衝突發生，因此本章還是以董事會的討論為主。

創業家剛開始創業時，沒有嚴謹的董事會拘束，一切自由自在，只要創辦人與共同創辦人之間有共識便可行動，董事會的存在感不高。創業家初期並不能體會董事會對於公司的策略、治理等關鍵影響；等到有了專業投資人、甚至外部聘入的資深顧問進入董事會後，才發現董事會可以直接影響公司的運營、治理，且需要通過董事會同意才能執行的項目、董事會進行的流程、文件等，也隨著投資條件增加及公司成長規模化，

而日益增多。

　　但上述隨著公司的壯大，投資人的介入與關鍵決策流程的正規化，也是必要之惡。由此才能逐漸邁向有規模甚至能在資本市場上市的健全公司。

## ▍董事會比你想的更重要？！

　　以經驗來說，在台灣創業圈裡，很少講到董事會（Board of Directors）這個組織，不是模擬董事會那種，而是真的由公司股東選出來擔任董事的職位，並且定期開會；伴隨著必須站在以公司利益為最大考量的法律責任上，代表公司討論做出一些決定的那種董事會。包括我們自己當初創業時，也完全沒有注意這一方面，事後想想相當可惜，所以想提供一些大方向給有興趣的創業家們分享。其實，董事會比我們想的還重要。

　　說穿了，**董事就是代表全體股東行使權益的職位，而董事會就是董事組成的一個決議重大事項的委員會。**

　　很多創辦人經營團隊可能會覺得不太適應，怎麼好像是幫自己找了一個老闆的感覺？實際狀況也的確如此。某些角度來看，董事會真的就像是創業家們的老闆，因為 CEO 或經營團隊必須向董事會報告，而董事會也有權批准或駁回一些方案，甚至開除創辦人或總經理。也因此才會有當初蘋果創辦人賈伯斯被自己的董事會趕出去的情形出現。所以，單純從這個角度來看，董事會的確是像創辦人的老闆。

　　但是就像剛提到的，站在公司經營的角度來看，擁有董事

會其實還是利多於弊。主要的好處是，**經營團隊很容易陷入經營者的迷思，有個董事會隨時站在幾步以外的角度來看事情，提供不同思考的切入點，避免第一線的經營者掉入當局者迷的死胡同裡**，往往是公司能否成長到一個大型企業的關鍵點。

在台灣，上一節有提到，你可以選擇不要設立董事會，一開始就是一董一監即可登記設立公司。但在之後**引進外部投資人**，不管是天使投資人或是機構投資人，基本上都會要求公司制度要能夠健全及完善，也都需要設立董事會。所以設立董事會，理論上是所有新創公司都會遇到的狀況。

## ▌董事會的主要功能： 確保公司的存續與成長

董事會基本上就是要和創辦團隊一樣，確保公司明天還存在，後天活得比明天更好。有鑑於此，董事會要站在最高層來審視一些重大決策，所以就算是創辦人或管理高層，都還是有法律責任及義務要向董事會報告重大事項；像是要再發行新股來募資、要被誰併購或是掛牌上市（IPO）、要規劃新一輪的員工認股期權池（option pool）、或下個季度業績目標、未來公司營運發展的改變等，這些重大事項都需要在董事會上提報，並且獲得董事會的支持，避免發生團隊做出不當的決策。

董事會有權力同意這些規劃，或是反對上述提案，但創辦人也不用太擔心董事會權力無限上綱，因為董事會上的決定，都要符合受託責任（fiduciary duty）；也就是說，董事們被規

定要站在公司最大利益的角度來做決策，理論上不能有任何為了私人利益而損害公司利益的事情發生。況且**董事會也要向股東們負責，股東大會可以決定要不要批准董事會的決定，甚至同不同意某位董事續任。**所以有這些層層把關，原則上對創辦團隊是有利的。

## ▎創業家初期選擇董事時要注意的陷阱

除了為一些重大決策背書之外，董事和董事會其實還有其他非常重要的功能。第一個就是**提供很多產業夥伴引薦的資源。**身為董事，往往是對該產業有一定程度的了解和資源，才有資格和意義坐上董事這個職位。所以身為創辦團隊的經營者，必須多加利用董事這個名氣去尋找需要的資源，為公司擴展到下一個階段。

另外，**董事其實也扮演著心靈導師的角色。**很多時候，身為總經理或最高層的負責人，很多事情無法與員工分享，尤其是碰到挫折、失敗、困難、不知道怎麼處理的管理問題……，這些是幾乎每天都會遇到的事情。其中大部分都無法讓員工知道，為了避免產生無謂的聯想或影響士氣，很多創辦人會選擇往肚裡吞，但長期下來反而影響自己的心理健康狀況。有個好的董事，其實是非常好的情緒和心理抒發處，可以聽聽看董事們之前都是怎麼走過這一段辛苦的路，以及如何自我調適。

總而言之，董事會主要工作就是為一些 CEO 或管理高層決策的認證背書、提供更好的解決方案，或扮演產業知識的智

囊團，來確保公司往更好的方向走。

　　只是以新創公司來說，董事會和股東會基本上都是同一批人在擔任，所以**創業家在初期選擇董事時，要特別小心某些控制權的讓渡**，尤其是為了引進投資人時，投資合約常會與投資人的董事席次或重大事項投票權（或否決權）綁在一起，不得不小心。這部分將會在第六章陸續談到。

## ▍董事會成員的組成

　　一般來說，董事一開始就是由創業團隊組成。董事長和最大股東往往就是創辦人或總經理，所以早期的董事會和股東會看起來就像自己跟自己開會，自己批准自己的決策。

　　等到有了第一筆外部資金，投資人有時會要求一席董事席次，這時才開始有個較正式的三人董事會。而這三個人往往是總經理加上另一個創始團隊人員，再加上該投資人。

　　**投資人之所以會想要董事席次，往往與控制權有關。**在這麼早期給幾百萬到一、二千萬台幣的投資額換取一個夢想，有個董事席次當保險，讓投資人確保經營團隊的運作正常，且持續朝當初講好的方向努力，相當正常合理，對創業團隊其實也有很大的幫助。

　　當公司持續成長，往往伴隨更多募資輪引進更多資金，同理也引進更多投資人。當有更多外部資金進來時，董事席次往往就會變成五個，這時常見的組成是：CEO 加上另一位創始團隊人員、前一輪投資人、新一輪的投資人，第五位可能是另

一個投資者，或是對於該產業或創業相當有幫助的董事。

這樣的組成之所以常見，是因為**有兩個捲起袖子做事的創辦團隊、兩個投資人、一個與公司比較沒有利益掛勾，可以更客觀思考的董事，感覺是兼顧了各個面向的想法與聲音，較為健康。**董事會可以持續成長到 7 人、9 人、11 人……等，但不建議董事會人數太多，這樣容易降低會議效率，人多反而嘴雜，拖延決策進度。

如果董事會有 7 個人，管理上已經有相當程度的成本了，但還是有投資人希望可以有董事席次的保障，以確保公司進度在可掌握的範圍裡；這時可以考慮提供**董事會觀察席（board observation right）**。董事觀察席並非台灣《公司法》定義的項目，但基本上，董事會觀察席可以享有一起參與董事會的權利，但沒有任何投票權或決定權，甚至要討論更私密的主題時，也無法參與。所以創業團隊若覺得有些投資人無法給予太多實質協助，但又希望讓該投資人參與董事會，讓投資人安心，基本上就可以給予董事會觀察席。

其實滿多人喜歡加入董事會觀察席，因為可以參與董事會，又不用負任何受託責任的法律責任，不失為一個可以安心投資的附加選項。但老話一句，大家都很忙，會議的效率才是最重要的，不要因為人情就亂給董事會觀察席，導致太多人參與會議，浪費大家時間。

**最後也建議讀者，有經驗的創業家絕對是個很棒的董事人選。有個經歷過跟你一模一樣旅程的人，在董事會裡擔任那個 2:2 時最後做出決定性投票的人，是很有幫助的。**因為有時創

投關注的方向角度跟創業團隊不一樣，而實際創業過的董事，原則上比較能做出貼近真實對公司有利的決策。

## ▎新創公司裡董事與 CEO 之間的關係

有時看到新創的董事會，會由創投董事們把持會議，且站在教育 CEO 或創辦團隊的立場說話，好像因為我是投資人又是董事，所以應該要聽我的。這是相當不適合當董事的心態。

**董事們必須認清一點，最終負責經營公司的，還是經營團隊，而不是董事會。**董事必須了解，你的角色是輔佐 CEO，讓 CEO 在資訊最充足的全盤考量下，和董事們一起做出共識，而不是主導公司的經營，強迫創辦團隊／CEO 來執行。

同樣地，CEO 也必須知道，你有責任與義務在董事會上報告公司經營狀況、目前遇到的困難、下一步規劃……等，然後利用各種方式廣泛聽取董事們的想法，最後提出你的解決方案，在董事會上討論並決議。

最糟的董事會就是「募資用董事會」，也就是那種只出現在募資簡報上掛名用的董事們，平常沒在交流，這樣很浪費那些產業大老們當初答應你的初衷。

**記住，「董事會就是經營團隊的延伸」，所以董事千萬不要隨便找。**創辦人也要學會向上管理，以及如何有效率地開董事會，跟董事長及董事們保持好的溝通管道，確保董事會的成員是乾淨且方向一致的。多多利用董事來幫助自己公司發展，這是身為創辦人或 CEO 相當重要的課題。

# 8 公司要設在哪裡？境外VS.境內

台灣雖然是一個好地方，但目前愈來愈多的新創團隊，選擇將公司設立在境外，如英屬維京群島（BVI）、開曼群島（Cayman）、百慕達（Bermuda）……等只有在電影上和要開公司時才會聽過的地名，在台灣就以子公司的型態在運作。

## 為何新創公司喜歡設在境外？
## 原因：台灣法規不盡完善

對新創公司來講，這個做法除了稅務上**申報簡單且可能有稅務優惠**之外，另一個最大的好處就是，這些地方的**股權規定非常有彈性**，所以在募資上方便進行很多有彈性或與國際接軌的股權規劃，以及有創意的募資方式，進一步吸引國際資金挹注。

台灣的《公司法》雖然已修訂實施，且愈來愈國際化，但對國際資金還是不夠友善；像外資要過投審會（經濟部投資審議委員會）就是一個例子。或許只要非中資的投資單位都不會被刁難或阻擋，但該填的書面文件、報告、投資人的身分調查

等全都不能少，讓只募資幾百萬台幣的新創，或只投幾十萬台幣小額資金的外國人，都得走過這樣的流程，顯得不敷成本，最後只能選擇放棄。此外，境外投資人習慣看英文文件，而台灣政府登記都採中文，對於境外投資人而言，也是溝通壁壘。

然而，**總部設在英屬維京群島或開曼群島等免稅天堂、以台灣子公司來經營，這樣的美好光景在 2019 年 1 月 1 日正式被歸進舊時光了**。經濟合作暨發展組織（Organization for Economic Co-operation and Development，簡稱 OECD）的稅基侵蝕及利潤轉移（Base Erosion and Profit Shifting，簡稱 BEPS）行動方案，讓英屬維京群島或其他免稅天堂重新審視他們國家的公司稅務法規規劃，避免有心人士單純透過英屬維京群島或其他免稅天堂的稅務規劃，造成不合理逃稅及產生不公平競爭的狀況。

因此，**這些國家最主要的法規修改精神，在於規範設在英屬維京群島的境外公司們，必須是真的在當地做生意，而不只是當作空殼公司避稅用，把大部分的海外營收藏進來**；很多門檻因此設立，像是必須在當地要有實質經濟活動發生、必須雇用人力、設辦公室等看起來不像空殼公司的規定，也因此增加了很多成本。


## ▋ 境外與境內成立公司的優缺點分析

話雖如此，新創業者們也不用太緊張，因為上有政策、下有對策。就過往經驗來看，滿大部分的新創都是為了吸引海外

投資人投資，才設立一個英屬維京群島控股公司，然後再成立一個台灣子公司，所有的台灣營收都是掛在台灣子公司下，境外總部就只是單純控股。若真的有大量的海外營收，也可再選擇去其他地區，如香港或新加坡，成立專收營收或付海外款項的戶頭，享受該地區的稅務優惠，然後再全部都歸屬於境外的控股公司，拿來募資用。

在這樣的架構前提下，對於新法規來講，屬於最低要求標準，不太需要做太多額外動作，就可以符合英屬維京群島的法規。當然還是會增加一些成本，但比起其他類型的公司，尤其是知識產權（Intellectual Property, 簡稱 IP）類型的公司，已經算是相當幸運了。

以下整理了境外與境內成立公司的優缺點，提供創業家在選擇時可能的思考點：

| 項目 | 境外 | 境內 |
|---|---|---|
| 設立程序和要求 | 勝 | |
| 在台灣的銀行開戶 | | 勝 |
| 維護成本（包括公司每年稅務申報的成本、律師、會計師費用等） | | 勝 |
| 台灣創投喜歡的標的 | | 勝 |
| 國際資金喜歡的標的 | 勝 | |
| 股權設計彈性 | 勝 | |
| BEPS 後法規風險 | | 勝 |

這部分的實際稅務規劃和是否有其他繞道方式，強烈建議創業家們直接找個有研究的律師或會計師聊聊，這裡只是單純從創投角度出發的思維分享。

　　**不過整體來說，如果沒有非找海外資金或投資人不可的需求，建議一開始先在台灣設立公司，一來較便宜，二來也有足夠的彈性規劃初始的股權分配，再來台灣創投對本地的新創也較友善熟悉。**

　　未來如果公司一切發展順利，而有海外投資人捧著鈔票希望成為公司的投資人，但又傾向投到境外控股公司，以省掉上述那些無謂的麻煩及增加股權的特殊權益，新創團隊也可以在確定海外投資人之後，再轉換成海外控股公司、台灣子公司的架構，仍然可以滿足海外投資人的需求。

# 9 小結

設立公司是一個滿重要卻又沒那麼了不得的一環。它跟公司成功與否幾乎沾不上邊，但如果一開始設立的方式和股權機制相當離譜，又會浪費很多時間和金錢來重新修正，甚至錯失被投資的機會，很有可能競爭者就趁虛而入，拿走市場，得不償失。

總結一個成立公司的思考流程，供第一次創業的創業家們參考：

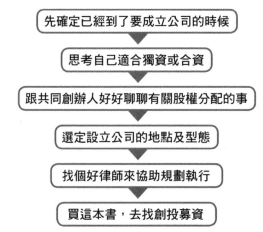

先確定已經到了要成立公司的時候

↓

思考自己適合獨資或合資

↓

跟共同創辦人好好聊聊有關股權分配的事

↓

選定設立公司的地點及型態

↓

找個好律師來協助規劃執行

↓

買這本書，去找創投募資

下一章，我們將會講到創投是如何找案子、評估案子，以及如何做盡職調查。愈了解創投，被投資的機率就愈高。

# 4

## BUSINESS PLAN OR PITCH DECK

# 撰寫商業計畫書

"「商業計畫書」的重要性，
在於讓創投對創業者
有更多理解與認識。

好的商業計畫書能引起創投的興趣，
進而為創業者吸引到投資人。

本章將針對商業計畫書的構成與內容
撰寫要點做詳細解釋。"

# 1 商業計畫書的基本格式

## ▌商業計畫書不可或缺的九大要項

「商業計畫書」通常在業界會直接稱為 Business Plan 或 Pitch Deck，是創業家開始尋求天使或創投的第一步，也是創業家對投資人的「投名狀」。商業計畫書沒有一定格式，創業家不必拘泥形式，但是可以參考坊間的募資簡報格式（Template）。例如矽谷知名加速器 Y Combinator 與知名創業家彼得·提爾[1]，都有提供自己的範本給大眾參考，網路上可以找到範本格式套用。為了說明商業計畫書的撰寫，以下參考矽谷老牌創投紅杉資本（Sequoia）的建議簡報格式；根據紅杉資本的格式，商業計畫書應該涵括的幾個要項，這些要項大體上是有先後次序的。[2]

---

1　彼得·提爾（Peter Thiel），Paypal 合夥創辦人，矽谷知名意見領袖；1992 年取得史丹佛法學博士學位；1998 年創辦 PayPal，並於 2002 年上市，後被 eBay 以 15 億美元收購。2004 年，彼得·提爾投資馬克·祖克伯的臉書，取得 10.2% 的股份。日後相繼創立許多矽谷投資機構，如 Clarium Capital（全球對沖基金）、Varlar Ventures（創投）、Mithril Capital（創投）等。
2　Sequoia（紅杉資本）提供的商業計畫書範例，可在此搜尋：

❶ 題目（Company Purpose）：以一句話來定義自己的新創公司。簡單的一句話並不簡單，要提供願景，別陷入產品的細節中。

❷ 現實上有什麼未被滿足的需求（Problem and Solution）：現實情境的問題是什麼？我的新創公司如何滿足這個需求？為什麼我的解決辦法獨一無二？解決方案能夠持續嗎？

❸ 為什麼我們的新創公司現在能夠解決這個問題（Why Now）：為什麼以前沒有人做得到？我的公司有什麼特殊的解決方案來解決這個問題？

❹ 市場規模（Market Potential）：新創公司的市場與客戶在哪裡？最好的公司常常主動創造需求與市場。

❺ 競爭者分析（Competition / Alternatives）：直接與間接的競爭對手是誰？為什麼我的新創公司能贏？

❻ 商業模式（Business Model）：我們的新創公司要如何存活？

❼ 團隊成員（Team）：介紹公司團隊，共同創辦人與顧問。

❽ 財務預估（Financials）：早期案子不一定有詳細財務報表或預算書，但必須提出預估，尤其是現金流量，這輪資金的用途是什麼？這輪資金能夠讓公司存活多久？

❾ 願景（Vision）：如果一切如預期發展，5 年後公司會變成什麼樣子？

值得注意的是，公司的估值（Valuation）與投資條件並未在大部分的參考範本中出現，原因是對不同的投資人會有不一樣的估值，而籌資過程也常常會調整估值與其他投資條件，因此不建議放在商業計畫書中，避免商業計畫書日後四散流通時造成投資人的混淆。估值與投資條件適合在面談中提出，面談時，創業家可以把估值及投資條件附在非公開版的商業計畫書的最後面。

## 商業計畫書必須在 4 分鐘內引起投資人的興趣

美國新創公司 DocSend 與哈佛大學商學院教授湯姆・艾斯曼（Tom Eisemann）做過一項研究[3]，針對 200 家新創公司在種子輪與 A 輪的投資計畫書進行分析，這 200 家公司合計融資了 3 億 6,000 萬美元，都算是成功的公司。根據這份報告的統計，每一家新創公司平均在募資過程中，會接觸 58 家創投，有 40 次獲得與創投直接見面報告的機會，在 12.5 週後可順利完成籌資。值得關注的是，他們的商業計畫書平均頁數為 19.2 頁。最有趣的是投資人的回饋，創投公司花在閱讀募資簡報的時間，平均只有 3 分 44 秒。

---

3　Tom Eisemann 與 DecSend 的研究成果，請參閱

根據這 200 家成功募集到資金公司的統計，整合出幾個十分有趣的結論，打破新創公司在融資時的部分迷思：

## 1. 創投很難找？

　　實際上找創投公司並不難，但獲得投資需要時間，這些公司平均接觸到 58 家大大小小的創投，獲得和其中 40 家創投報告的機會，可見投遞商業計畫書給創投不是難事。但即使見到創投後，平均也須 12 週的時間才能完成融資，這還不包括事前整理商業計畫書的時間。

　　➡以 12.5 週的平均值來看，我們建議新創公司至少要預留六個月來準備每一輪的籌資，以未雨綢繆。如果籌資時遇到不可預測的金融危機或資本市場的修正，實際籌資時間勢必會比 12.5 週更長。

## 2. 商業計畫書越詳細越好？

　　募資成功的公司的商業計畫書平均只有 19.2 頁；但實際上，創業家往往想把所有的細節塞在商業計畫書中，我們常見到動輒 40~50 頁的商業計畫書，而且每一張投影片都塞滿文字與圖表。

　　➡從這個統計來看，成功獲得融資的商業計畫書不必太多太厚。

### 3. 創投會花很多時間來琢磨商業計畫書？

大部分創投從業人員每年往往得過眼數百份商業計畫書，所以在他們收到商業計畫書後，只會快速瀏覽；根據這份報告，創投平均只花 3 分 44 秒看完商業計畫書，創業家花上數個月琢磨商業計畫書的細節，卻忽略了是否能在第一時間吸引投資人的目光。

➡ 創業家的課題是：如何讓投資人在 4 分鐘的時間裡，對你有初步的了解。

## ▌投資人最重視商業計畫書裡的哪些內容？

根據前文引述的哈佛商學院艾斯曼教授研究的統計，下頁表列舉了商業計畫書每一個「推薦內容」出現的機率與平均頁數，並不是每一個項目的重要性是相同的，在撰寫商業計畫書時，可以依據實際情形調整權重。

例如：「為何是現在？」（Why Now?）這個項目只有 46% 的出現機率，有一半以上的商業計畫書沒有這個項目；但「團隊」（Team）的出現機率卻是 100%。此外，「財務預測」（Financials）出現的比例只有 58%，是所有項目出現頻率中次低的，表示許多商業計畫書根本沒有財務預測。這是因為投資人對早期的案子（如種子期或 A 輪的案子），不在乎太多財務預測的細節；由於公司尚在開發產品或定義商業模式，投資人會聚焦於其願景而非財務預測。但是在 A 輪以後，

## 商業計畫書的關鍵密碼

| 項目 | 出現比率 | 所占頁數 | 創投平均閱覽時間 | 重點度（出現比率） |
|---|---|---|---|---|
| 公司題目 | 73% | 1.8 | 15.3 秒 | 5 |
| 要解決的問題 | 88% | 2 | 10.6 秒 | 3 |
| 解決方案 | 69% | 1.2 | 11.3 秒 | 6 |
| 為何是現在 | 46% | 1.7 | 16.3 秒 | 9 |
| 市場規模 | 73% | 1.4 | 13.3 秒 | 5 |
| 產品 | 96% | 5 | 13.9 秒 | 2 |
| 團隊 | 100% | 1.2 | **22.8 秒** | **NO.1** |
| 商業模式 | 81% | 3.4 | 14.9 秒 | 4 |
| 競爭對手 | 65% | 1.4 | 16.6 秒 | 7 |
| 財務預測 * | 58% | 2.3 | 23.2 秒 | 8 |
| | | 21.4 | 平均 3 分 44 秒／份 | |

資料來源：《Why do some startups get funded? What makes for the best pitch? How does the process work?》，DocSend、Tom Eisemann，2015
* 財務預測並非每份商業計畫書都有
資料整理：達盈管顧

產品或商業模式已有雛形，投資人便會開始關注財務預測；越後輪的融資，投資人對財務預測會更注重。不同階段的籌資，商業計畫書中對財務預測的期待會有所不同，創業家在實際撰寫時，還是依自己公司的情形來思考計畫書的撰寫，可以參考

簡報格式，但不必過度拘泥設限。

在這些項目中，產品的介紹占了最多篇幅，平均有 5 頁、占了近 1/4 的篇幅，商業模式平均也有 3.4 頁的篇幅。產品與商業模式絕對是商業計畫書的主體，如果能夠把產品與商業模式說清楚，反而不需要花太多篇幅說明市場規模（Market Size）或是競爭者分析（Competition）。在 DocSend 的調查中，市場規模與競爭者分析出現比率分別只有 73% 與 65%。

根據 DocSend 的調查分析，投資人花在閱讀商業計畫書的時間，最多的是「財務預估與團隊」（請參看第五章，團隊是創投決定投資最主要的因素）。實務上，我們發現許多商業計畫書的內容對新創團隊往往輕描淡寫，尤其對創業團隊其他成員只是快速帶過；其實創業團隊成員是所有創投必看的內容。財務預測雖然出現比率不太高，但是一旦寫進商業計畫書中，投資人便會花許多時間閱覽；許多創業家過於美化財務預測，容易適得其反。早期的案子如果對財務預測不是那麼有把握，不如略過不寫，把篇幅留給其他項目，創業家可自行斟酌。

## 了解自己的事業方向與投資人屬性，才能吸引到投資人！

新創公司在早期的籌資過程中，必須把握每一個與投資人見面的機會，清晰的商業計畫書是絕對必要的。在 DocSend 報告中，新創與投資人見面的次數與實際的籌資金額並沒有正向關係，投資會議次數增加，並不會增加投資機率或金額，重

點要放在對的投資人身上。美國如此，台灣的經驗亦然。

　　創業家與創投見面之前，必須了解該創投的屬性，不必想一定要見到每一家創投。能見到合適的投資人，才是正確的籌資策略。

　　同時，新創要也要趁見面的機會，詢問創投幾個關鍵的問題；基本上，創投有義務提供新創團隊一些基本資訊，正規的創投通常不會迴避這些問題。例如：

- **創投基金有沒有專注的特定產業**：我的題目是否為該創投所熟悉？畢竟創投如果不懂這個產業，未來就無法為我的公司產生加值作用。如果創投對新創公司的產業不了解，不建議花時間討論商業計畫書。

- **創投基金的投資人是否有特定企業色彩**：企業創投（Corporate Venture Capital）近來蔚為流行，許多創投基金可能是企業執行產業發展策略的一種方式，新創公司在討論商業計畫書前，必須了解該投資機構的背景。新創公司若在早期就被貼上大企業的色彩，對長期發展會有（正面或負面的）重大影響。

- **創投基金的年限**：基金年限對早期的新創公司尤其重要。如果創投基金年限太短，新創公司又處於早期發展階段，除非新創公司的目標是很快被併購，否則在發展時期就要面對投資人頻頻換手的壓力，不利公司的長期發展。如果有機會挑選投資人，投資年限越長越好。

　　實務上，各地的創投圈子都很小，創投經理人常常互通訊

息，創業家接觸過若干創投公司後，這個案子在行業內就有一定的成見與共識，過多的曝光不見得對募資有效果。誠心建議新創團隊，準備見專業投資機構前，必須先對自己公司的方向有定見。總而言之，DocSend 的報告建議我們，商業計畫書必須言簡意賅（內容控制在 19 頁左右）、清楚表達投資人在意的重點，並說出未來性。

公司早期發展時，產品與商業模式都不太穩定，商業計畫書不可能盡善盡美，創業家不必著墨過多技術或產品的細節；畢竟商業計畫書只是投資人評估時的參考資料，實際評估時，內容往往不是最具決定性的項目。至於什麼才是創投最看重的決定性因素？我們會在第五章仔細說明。對資深的創業家與創投從業人員而言，撰寫商業計畫書可能駕輕就熟，下一個小節將針對初次籌資的創業家，說明撰寫商業計畫書的注意事項。

總而言之，商業計畫書貴在言簡意賅，目標是：短時間讓投資人了解新創公司，吸引投資人的注意。商業計畫書是對創投的投名狀，許多創業家往往很自豪技術的優勢，把商業計畫書當成學術論文來寫，以致弄得過分冗長，過多技術細節會讓投資人覺得見樹不見林。投資人平均只花不到 4 分鐘瀏覽商業計畫書，如果想要進一步了解公司的細節，會在日後的見面中討論，或在實體查核時進行深度的訪查。第一次的商業計畫書應該清楚表達，如何解決產業的問題與未來公司發展的願景。實務上，投資人有許多其他投資上的考量，商業計畫書只是參考文件。第五章會有另外的統計資料，從創投的觀點來分析他們是如何做出投資決策。

# 2 如何寫出投資人感興趣的商業計畫書？

上一節我們從商業計畫書的基本格式出發，介紹撰寫商業計畫書的架構應該有的概念。有了商業計畫書的大綱後，本節將討論撰寫商業計畫書內文時的注意事項。本段落的書寫順序以內容重要性為主，並非商業計畫書內文的順序。

## a. 題目與願景
## （Company Purpose & Vision）
### ──化繁為簡，聚焦自己能做到的

投資人在審閱商業計畫書時不喜歡拖泥帶水，通常一開始就要把題目與公司要解決的問題寫清楚，產品或服務也要一目瞭然。創業團隊或許有很多發想的創意，但不必一開始就包山包海、一網打盡，想要說明所有的細節，甚至援引過多的數據或圖表，會讓初次瀏覽商業計畫書的投資人無法掌握重點。商業計畫書必須要能聚焦，務必化繁為簡，在有限資源下，解決

現階段的問題。

## ▍撰寫商業計畫書的迷思

### 迷思❶ 流行關鍵字最能吸引投資者

　　首先在實務上，創投從業人員最常遇到的現象是，新創團隊太習慣套用流行關鍵字；撰寫本書期間，最流行的字眼即人工智慧（AI），而 2016~2018 年間則是區塊鏈（Blockchain），2010~2016 年間則有物聯網（IoT）、雲端／軟體訂購服務（Cloud／SaaS）或金融科技（FinTech）。在 21 世紀的第一個十年，綠能科技（Greentech）也曾引領風騷很長一段時間。

　　許多創業團隊對流行的題目有迷思，認為在題目加上這些流行的關鍵字來呈現公司的願景，會影響創投的決定，創投會被這些熱門題目所吸引。實際上，創投從業人員天天接觸新創公司，對這些關鍵字早就習以為常；除非是團隊在技術或商業模式上真的有獨到之處，否則加了這些關鍵字的題目，並不會影響創投的投資決定。**如果團隊過去的經驗沒有該「關鍵字」的訓練與產業背景，流行的字眼不會對商業計畫書加分，反而帶來負面的印象。**

---

**▌創投真心話**

如果沒相關經驗，套用關鍵字只會扣分！

---

## 迷思2 用大量數據或圖表來呈現商業計畫書的深度

工程師背景的團隊，喜歡在商業計畫書中呈現過多的數據，希望用數據來吸引投資人。然而，許多數據或圖表，投資人不一定可以自行分析，還需要透過內容細節來解釋；像這類數據非常不適合擺在商業報告中。根據上述的調查，投資人不會花超過 4 分鐘來瀏覽商業計畫書，如果在自行閱讀的過程發現障礙，投資人往往會略過商業計畫書的其他部分；大量的數據或圖表反而是負面的，除非數據或圖表一目瞭然，否則不建議放入商業計畫書的本文中。

---

**創投真心話**

太過龐大的數據、複雜的圖表，只會扣分！

---

# b. 團隊成員（Team）
## ——誠實優先，團隊實力比誇大的經歷重要

前文我們談過，「團隊」是 100% 的商業計畫書都有的篇幅，雖然它只占一頁，卻是投資人最重視的。團隊的組成是影響創投投資的第一要件，第五章會針對這點深入分析。

# 投資人最在意的事：
# 你是否找「對」的人來做事？

以我們的經驗來說，每天過目不同的商業計畫書，常常在看完題目後，直接跳到商業計畫書中間的團隊介紹，如果主觀認為團隊不適任或缺乏相關經驗，便不想多花時間繼續了解公司的技術或產品。「團隊」這一頁雖然編排在商業計畫書的中間，卻是投資人最重視的部分。

## 關於創業團隊，投資人最在意的四件事

### 創辦人是否膨脹過去經歷

創投在做盡職核實調查（Due Diligence）時，第一件事往往是先調查創辦人過去的經歷。創辦人為了吸引創投注意，有時會誇大過去的經歷與學歷。最常見的例子是：在之前的新創公司其實只是早期員工，擔任一般職務，但為了讓投資人覺得自己不是第一次創業，便自稱為前一家公司的創辦人；雖然這可以被解釋為無心之過，殊不知已犯了投資圈的大忌，投資人常常在這裡就止步了。

專業投資人的圈子很小，資訊的傳遞很快，在撰寫計畫書的經歷時，必須謹慎而且精準，不能讓投資人對創辦人的誠信產生懷疑。投資圈內蓄意詐騙案例時有所聞，每隔幾年就有案子發生，而且金額愈來愈大，網路上的案例也不勝枚舉，近年

最有名的案子就是「Theranos 神話」。

被稱為矽谷最大騙局之一的新創公司 Theranos，由 19 歲史丹佛輟學生伊莉莎白‧赫姆斯（Elizabeth Holmes）創立，她聲稱發明一種血液檢測技術，只要一滴血就能進行二百多種檢測，費用只要傳統檢測的一成。

在媒體的造神運動下，Theranos 吸引各大知名投資機構追逐，短短時間便成為矽谷最有價值的新創公司之一；伊莉莎白‧赫姆斯也被譽為女版賈伯斯，並成為《富比世》全球最年輕的創業女富豪。

Theranos 的神話在《華爾街日報》記者約翰‧凱瑞魯（John Carreyrou）花了三年時間追蹤下現形，原來伊莉莎白‧赫姆斯的生技新創王國，是建構在謊言之上。這個故事被寫成《惡血：矽谷獨角獸的醫療騙局！深藏血液裡的祕密、謊言與金錢》（Bad Blood: Secrets and Lies in a Silicon Valley Startup，中譯版，由商業周刊出版）。

## 團隊成員的合作關係

投資人會十分在意創業團隊的完整性，籌資過程雖然只有 CEO 或主要創辦人會面對投資人，但投資評估到了最後，投資人會對整個團隊進行考核，尤其是整體的互動。

第一個量化的考量就是技術股或普通股（Common Share）的分配，如果一開始股權完全集中於一人，便顯得其他團隊成員可有可無。在種子輪時，創辦人獨斷獨行還可以理

解，但到了 A 輪後，專業投資人會很在意整個新創團隊的股權分配；股權分配沒有一定的準則，但切忌一、二位創辦人獨拿所有的股份，創投對這樣的團隊會有疑慮。畢竟股權結構影響團隊未來的向心力與長期發展，投資人為了留才還需要增發選擇權，變相稀釋股東權益。

此外，投資人也想了解團隊如何分工。個人時間有限，公司初創期，創始人或許能事必躬親，但若缺乏團隊分工將會影響到未來公司的成長。

## 團隊的完整性

新創團隊是否含括不同專長？如研發、銷售、人事及財務等專業人士。公司初創時資源有限，不可能面面俱到，團隊的完整性在種子輪時可能還不是非常必要，但在 A 輪以後投資人會在意，大部分的創投也會扮演專業人才媒合的角色。

新創團隊的成員，有時會在籌資成功後，才決定離開現有的工作，正式加入新創公司；此時商業計畫書常常會「匿名」或以代號來表達，以保護當事人；這也是一般創投可以接受的方式。

## 競業條款

如果新創團隊成員，上個工作與本次創業題目強烈相關，尤其是負責主要技術或銷售方面，創投都會詢問是否與前公司

有競業條款？該成員離職前是否與前公司有法律糾紛？這些問題團隊都必須誠實揭露。

各地法律與商業文化不盡相同，像競業禁止條款在美國加州幾乎很難成立，意思是雇主無法限制員工下一個工作的內容。台灣《勞動基準法》於雇主給付合理補償、競業禁止範圍合理且競業禁止期間不超過二年等要件下，肯認勞資雙方約定競業禁止；若已簽署競業禁止且雇主依法給付合理補償的勞工違反競業禁止規定，台灣法院則會受理雇主與員工對兩造競業條款的爭議，且雇主可以聲請假處分，禁止員工對他人（新雇主）提供勞務。（有關競業禁止條款，詳見本章結尾附件）

然而，美國加州的公司如果要資遣員工不必事先預告，也不必按服務年資付出一筆遣散費，員工收到通知後必須馬上離開。反之，台灣的法律對雇主資遣員工有一定限制，對員工的工作權有一定保障。

中國因為標榜社會主義，所以名目上對員工的保障與法條更多，完全遵守各種法律會造成勞動成本升高[4]，導致許多公司遊走法律邊緣；雖然短期沒有問題，但是日後會造成各種糾紛。總之，雇主對員工的競業條款與員工的工作保障是一體兩面，各地法律與習俗不盡相同，一旦公司到達一定規模且有跨境的需求，必須諮詢法律顧問。

---

4 雇主在薪資外需要額外繳社保基金給政府，各地政府又有不同規費，例如住房基金。這些是員工拿不到的，所以許多雇主與員工私下協商，以規避薪資外的負擔。雖然許多公司行之有年，但是日後會產生許多糾紛。台灣許多公司在中國有子公司，私人中小企業的處理比較有彈性，但創投對此類事項會有想法，新創公司應格外注意。

# c. 財務預估（Financials）
## ──謹慎為上，預留運轉兩年的收支規劃

## ▌投資人在意的不是數字，
## ▌是你的財務預估是否合乎邏輯

根據之前的統計，財務預測雖然不是每一個商業計畫書都會放入的項目，但是一旦納入商業計畫書中，這是除了團隊成員之外，創投會花最多時間過目的項目。如果商業計畫書裡要放財務預估，就必須謹慎。

關於商業計畫書中的財務預估，要先釐清一個觀念，所有的財務預估都會改變，有經驗的投資人看的是，財務預估是否能夠與商業模式合拍，而非斤斤計較數字精準與否的細節；至少在新創早期的投資，財務預估的重點不在其準確性，而在其邏輯性。新創團隊如果沒有把握，寧願保守或誠實以對，因為過於美化的財務預測，不會吸引有經驗的投資人。

根據國際會計原則，財務預估由三個部分組成：損益表（Income Statement）、資產負債表（Balance Sheet）與現金流量表（Cash Flow）。在這方面，全球新創公司幾乎使用統一語言，不會因為公司設立登記地點而有所不同；**創業家無論什麼背景，都應該要能夠解讀財務報表，否則不適合擔任新創公司的主持人。**

## ▎財務預估必備三大要素

### 損益表（Income Statement）

損益表記載了收入、成本、其他費用，最後就是損／益，它要表達的就是「收益與虧損」（Profit / Loss 或 P/L）；從損益表能夠解讀公司產品到底能不能賺錢。創投對早期投資通常不太在意獲利，比較在意毛利率，尤其會拿毛利率與相似的產業做比較。如果新創事業比既有的產業毛利率高，對估值會有加成作用。

### 現金流量表（Cash Flow Statement）

現金流量表列示一定期間內（月、季或年）的現金流入和流出，呈現公司的營業活動、投資活動及融資活動中，分別流入或流出多少現金。

這對新創公司很重要，公司的現金部位會決定公司下一輪增資的時間。**通常完成一輪增資需要 3~6 個月時間，所以每次增資最好有足夠的現金維持 18~24 個月的運作，否則團隊不會有充裕時間來開發產品。**現金流量表基本上是讓投資人知道這輪募的錢是否足夠撐到下一輪融資；如果花得太快，則需要控制支出。

我們常常遇到創業家告訴創投，你先投資我小筆錢，讓我撐過幾個月，我再繼續找其他人投資。大部分專業投資機構會

對這樣的說法敬而遠之，因為沒有投資人喜歡這類短期的不確定性；如果投完這輪，在很短的時間內資金又燒完了，創投必須對他的終端投資人解釋：為什麼被投資公司才剛拿到錢又有財務危機？正規的創投都會希望公司的融資能支撐長一點的時間，所以新創業者必須一鼓作氣，一次完成一輪的融資，不能把創投的投資當成小額貸款。

## 資產負債表（Balance Sheet）

早期新創公司通常沒有太多資產，也不易向銀行舉債（具有融資性質的 CB 可轉債或 SAFE〔Simple Agreement for Future Equity，未來股權簡單協議〕不在此列；詳見第七章）。但是如果公司已經成立一段時間，往往有若干庫存（有形資產）、軟體或專利（無形資產），這些都會影響融資或併購時的估值。資產負債表在這個階段才會特別受重視。

**簡言之，損益表代表新創公司的產品或商業模式能不能獲利；現金流量表呈現的是公司什麼時候還有多少錢可用；資產負債表則表示某個階段公司的帳面價值是若干。**

財務預測是每個公司都要有的概念，即使是早期新創公司，也要建立財務報表的概念。在 A 輪以前，投資人或許可以接受公司內部記帳，但 A 輪後的融資，由會計師簽證的財報會讓融資阻礙少一些。財務預估必須與市場的大小相吻合，所以商業計畫書裡的市場分析結果，會與財務預估一起檢視。

# d. 市場規模分析 (Market Potential)
## ——不過分誇大，掌握產品優勢＆清楚分析數據

　　市場規模分析十分重要，因為市場規模會影響到公司的估值。以互聯網產業為例，美國與中國是大市場，投資人會比較願意給很高的估值，因為市場大，想像空間也大；國際投資人對新興市場與產業同樣願意給較高的估值，因為新興產業沒有既有的公司占據市場，新公司比較有想像空間。台灣內需市場不算大，又是相對成熟的經濟體，所以台灣的團隊在進行市場分析時，常常必須考量跨境的能力。

　　一般而言，有許多市場調查機構提供市場分析，創業家可以援引資料來估算這些數字，尤其台灣過去的許多創業題材，都與零組件和供應鏈相關，估算市場大小對這樣的創業題目都不難。然而，現今許多創業題材屬於新型的服務，不容易找到調查機構提供市場分析。

　　最厲害的新創公司，往往是創造需求；例如Uber（優步）、Airbnb、WeWork等共享經濟公司享有超高的估值，原因就是這類領頭羊公司，能夠給投資人一個超大的願景。然而，大部分的新創公司可能無法創造出過去不存在的需求，但這不代表這些公司就沒有創新。所以在商業計畫書中，必須提供合理的市場分析，來說服投資人。

## 估計市場大小的兩種方法： 由上而下（Top-down）vs. 由下而上（Bottom-up）

估計市場大小有兩種常用的方法，分別是由上而下（Top-down），以及由下而上（Bottom-up）的方法。由上而下的方式主要用來估計目標市場的大小，透過層層滲透市場的方式，進而分析潛在市場機會，TAM（整體潛在市場）、SAM（服務可觸及市場）及 SOM（可獲得服務市場）是常用的術語。

- TAM（整體潛在市場，Total Available Market or Total Addressable Market）：市場最大可能有多大？
- SAM（可服務市場，Serviceable Available Market or Segmented Available Market）：我的產品或服務可以接觸到的市場最大值有多大？
- SOM（可獲得市場，Serviceable Obtainable Market or Segmented Obtainable Market）：在扣掉市場競爭、地區、通路等其他因素下，我的服務實際可以占到的市場有多少？

舉例來說，SAM 為某地區人口規模可容納 10 家超商，SOM 為在扣除其他既有競爭者或替代競爭者（如超市或雜貨店）後，所能獲得的最大市場規模。

由下而上的方式則是用來估計總市場大小，首先必須考慮

的市場區隔（Market Segmentation），透過估計每個市場區隔的大小，進而計算出總市場的大小。

　　台灣過去科技產業以代工或零組件的生產為主流，這些是所謂 B2B。對這類 B2B 的產業分析十分容易，因為很容易由「由上而下」的分析算出市場規模。

　　舉個簡單的例子：我的新公司要開發下一代的手機指紋辨識晶片，TAM 就是全球智慧型手機的數量，這個數字很容易從各種市調機構的分析找到，2020 年大概就是 2.7 到 3 億支；智慧型手機已是成熟產業，所以未來 5 年的數量也容易預測。然而，並不是所有的智慧型手機都安裝指紋辨識晶片，所以 SAM 會再少一些，以滲透率 50% 來估算，SAM 大約是 1.4 ～ 1.5 億個晶片。

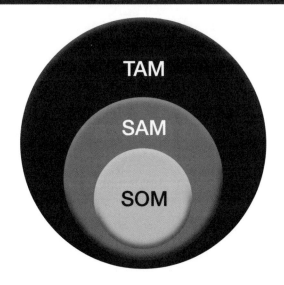

**潛在市場分析圖示**

然而，蘋果陣營使用自家晶片，所以 SOM 必須先扣除蘋果的市占率，因此 SOM 又比 SAM 小了一些。依次類推，可以精準地算出新公司的潛在市場有多大。對於這類的 B2B 產業分析，因為上下游競合的關係十分清楚，市場大而且十分成熟，成熟市場的客戶數量自然不多，所以市場分析可以相對地精準，甚至太直觀之下，競爭者分析變得不大重要，投資人也不會太在乎。

競爭者分析對 B2C 產業就不大容易了。因為消費者行為非常複雜，而且消費模式眾多，許多 B2C 服務可能是很小眾的（Segmented）。舉個例子：我的公司是要提供民宿的網路訂位服務給一般消費者，意即新公司是一個以亞洲為起點的「Airbnb」服務；像這樣的分析就無法「由上而下」（Top Down）來分析。

首先，總人口的數字並不代表 TAM，因為有許多人沒有消費能力，即使有消費能力，也不一定熟悉網路服務，所以 TAM 的估計就很困難。所以這類的市場分析適合利用「由下而上」(Bottom-Up)。由下而上的估計方式，必須先辨認出目前的市場區隔（Market Segmentation），接著透過估計每個市場區隔的大小，計算出總市場的大小。

「由上而下」的方法強調以整個行業宏觀的大市場推演，一層層細分，找到自己產品所服務的市場；但是這種計算很多時候過於在意宏觀的數字，太偏理論化，只有很成熟的應用才能使用（譬如之前所舉指紋辨識晶片的例子）。「由下而上」則是強調先找到實際符合你們產品的用戶，再計算市場的大

小。以「民宿的網路訂位服務」為例，我們可以先從「台灣會利用網路服務訂旅館的人口」出發，由下往上估計亞洲市場總體的市場潛力。

實務上，市場分析通常不是創投最注重的部分，因為大部分投資人每天看許多商業計畫書，對市場都有一定的敏銳程度，創業家在這題上必須掌握重點而且清楚分析數據，不必為了吸引投資而誇大市場分析的數據。

# e. 商業模式<br>（Business Model）
## ──貼近需求、創造持續性收入才是王道

「商業模式」（Business Model）這個名詞第一次出現是在上個世紀50年代，但直到90年代才開始被廣泛使用和傳播，目前並沒有一個嚴格的定義。簡單來講，商業模式是企業價值主張（Value Proposition）的核心。在本章最早的分析中發現，「產品」與「商業模式」往往是商業計畫書裡占最多篇幅的項目，在平均19頁中分別占了5頁與3.4頁，本節進一步就商業模式討論。

## ▌優秀商業模式的五大特徵

商業模式是關於尋找價值、設計價值和獲取價值的一種模式。教科書對商業模式的定義是：「商業模式是為了實現客戶價值最大化，把能使企業運行的內外各要素整合起來，形成一個具有獨特核心競爭力的運行系統，並通過最優實現形式滿足客戶需求，同時使系統達成持續營利目標的整體解決方案。」用白話文說，就是企業如何在客戶身上擠出最多的利潤，最多利潤的地方常常不是產品本身，而是在衍生的產品或服務。優異的商業模式是公司可以持續營運的基礎，通常具有下面五個特徵：

- 滿足客戶需求
- 營運具有效率
- 讓公司顯得與眾不同
- 與公司的合作夥伴及供應商建立價值
- 商業模式不只是短期，而是能夠持續運作

## ▌優秀的商業模式案例

以歷史上因為改良商業模式而獨領風騷的國際品牌為例：1950 年代，新的商業模式是由麥當勞（McDonald's）和豐田汽車（Toyota）創造的；1960 年代的創新者則是沃爾瑪（Wal-Mart）；1970 年代，新的商業模式則出現在聯邦快遞（FedEx）；1980 年代，有百視達（Blockbuster）、家得寶（Home Depot）和戴爾電腦（Dell Computer）；1990 年代則有西南航空（Southwest Airlines）、eBay、Amazon 和星巴克。

近年來的共享經濟，如 Uber、AirBnB 及 WeWork 等公司，更是把商業模式發揮到淋漓盡致。Uber 並不擁有汽車，但估值比美國主要租車公司加起來還高；AirBnB 並不擁有地產，但估值也比許多擁有地產的國際旅館連鎖品牌高。以下舉幾個淺顯的例子，來輔助說明商業模式：

- **「印表機 vs. 墨水匣」商業模式**：印表機是公司必備的文書生產工具，如果做得太耐用，消費者不會時常採購新機，印表機生產公司必須抬高印表機售價來確保獲利來源；不過印表機一旦太貴，就會影響到印表機的普及率。然而，大部分印表機生產廠商往往願意以成本價來出售印表機，因為獲利來源是墨水匣，而且墨水匣是消耗品，必須經常購買，生產廠商會有持續性的營收（Recurring Revenue）。

  為了確保消費者只能購買自家的墨水匣，印表機公司會設計出特殊規格的墨水匣，來保證消費者無法使用其他廠牌的便宜墨水匣，甚至在推出新款印表機時，也會有完全不同的墨水匣規格，以替換前一代的墨水匣。

  這種商業模式在日常生活中十分常見，譬如：「血糖計 vs. 血糖試片」，「遊戲機 vs. 遊戲軟體」都以這樣的模式運作，而非以單純的成本與毛利來思考產品售價。

創投在看硬體公司時，時常會期待硬體的銷售不會是唯一獲利來源，最好是有潛在的其他持續性的營收，可能是耗材，也可能是軟體更新，也可以是其他附帶收益。這些概念都是由「印表機 vs. 墨水匣」的商業模式衍生出來的。

- **網路服務**：我們在使用許多便利的網路服務時，往往不需費用，例如 Gmail 的免費電郵帳號或 Google 的免費搜尋，但這些免費服務是以「隱私」換來的。Google 在客戶來往的電郵中或搜尋中，預測收信者可能對若干產品有興趣，Google 因此可以有比較精準的廣告投放。我們使用免費的 Facebook（臉書）社交軟體，也是同樣的行為邏輯。在網路世界流傳的口號「羊毛出在狗身上，豬買單」，意思是用戶（羊）使用了 Google ／ Facebook（狗）的免費網路服務，但付費的不是羊的羊毛，而是由下廣告的第三方商家（豬）來買單。

  傳統的商業思維是「羊毛出在羊身上」，商品的價值在於客戶願意花錢買單。「羊」指的是客戶，「羊毛」指的是金錢，這說明了客戶所獲得的益處，都是由自己口袋裡的錢交換來的；這其實是最古老的商業模式，與石器時代以物易物的交易模式並無太大差異。但我們熟悉的網路服務已經脫離這種交易模式，而且已經變成網路世界的常態；這樣的商業模式得以成立，是因為網路世界背後的技術突破，新興的科技產業，讓商業模式變得更為複雜。

## ▎當創新的商業模式走到瓶頸……

　　當新服務或商業模式出現時，投資人願意以比現有產業更高的評價來追求新產業，因為投資人相信新的商業模式會創造新的需求，而非單純取代舊的商業模式。同時，新商業模式的出現，有很大程度在於未來的不可預知，那些具有異常商業嗅覺的人，能夠把握商機迅速崛起。這就是為什麼新的商業模式往往由新勢力創造，而非相近領域的傳統強大勢力所創造。

　　今天，大多數的商業模式都要依賴某種程度的技術創新，純粹依賴商業模式已經不容易行得通了。**新興業者必須利用技術創新來加深進入障礙，因為商業模式很難靠專利或商標來保護，很容易被其他人抄襲，必須利用技術來拉大與後進者的差距，進而接觸到更多的消費者**。商業模式的革新能給公司帶來一定時間內的競爭優勢，但是隨著時間的改變，公司必須不斷地重新思考它的商業設計、不斷改變它們的商業模式。一個公司的成敗與否，最終取決於它的商業設計是否符合消費者的優先需求。

　　**新創公司之所以必須思考商業模式，是因為新創公司的資源比不上現有的公司，要能夠突圍一定是依賴創新**。創新可以是技術，也可以是商業模式，最好兩者皆備。然而「創新」的商業模式，並不足以保證長期的價值創造。上個世紀1999年第一次網路泡沫已經證明，無法建立長期價值的商業模式難以持續。

## ▌創投如何看待商業模式？

許多年輕的創業家技術能力強，但商務經驗不足，在商業模式上往往無法有深度的分析，以致過度強調技術創新而忽略了商業模式；我們時常遇到年輕的創業團隊對商業模式嗤之以鼻。在現實世界裡，並不是每個公司都能夠在商業模式上創新，創投也並不是非投資有創新商業模式的公司不可，但這不代表公司可以不了解商業模式。對商務經驗較缺乏的創辦人，建議思考成功企業發展的軌跡，來形塑公司可能的商業模式。

套用以往成功的商業模式再加以修正，並沒有什麼不對。例如，Uber 的共享模式現今受到全球各地新創公司所採用，像是 Grab（新加坡）、Lyft（美國）、Hailo（英國）、Ola（印度）、滴滴出行（中國）。各地後進者的商業模式雖然一開始類似，但他們並非全盤照抄；像 Uber 在中國就不成功，必須因地制宜發展出不同模式。坊間關於商業模式的書籍汗牛充棟，有許多案例分析，也有許多輔助性的檢核表來協助分析商業模式，這些工具或檢核表是在協助創辦人思考商業模式，不適合在商業計畫書中鉅細靡遺地報告。[5]

---

5　推薦兩本專書供讀者深度了解商業模式，尤其是各種案例的分享：
　　（1）《商業模式設計書：你的最強營運思考工具》（The Business Model Book: Design, build and adapt business ideas and thrive, Adam J Bock and Gerard George，本事出版社，2019）
　　（2）《圖解商業模式 2.0：剖析 100 個反向思考的成功企業架構》（近藤哲朗，台灣角川，2019）

# f. 競爭者分析 (Competition / Alternatives)
## ──善用工具，誠實分析優劣

　　本節列舉幾個常見的工具或表達方式，目的是協助新手撰寫競爭者分析，可以讓投資人在閱讀商業計畫書時，快速了解競爭者的概況，力求在有限的篇幅下，讓潛在的投資人一目了然：

　　（1）當公司有明確且直接的競爭對手時，建議直接表列競爭者比較，或者用所謂的「雷達圖」（radar chart）來表達多維的變數，用以說明新公司優劣之處。

## 雷達圖

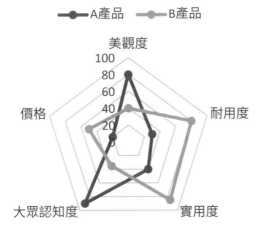

（2）如果新創公司是提供一個過去沒有的服務，或者新公司是創造新需求時，沒有直接的競爭對手可以比較，通常會使用「SWOT」、「安索夫矩陣」這類的輔助分析工具。

## ▌ SWOT 分析，制定公司發展策略

SWOT Analysis 中文翻譯成「強弱危機分析」或「優劣分析」；SWOT 是分析企業競爭態勢的方法，也常用於市場行銷基礎分析。**SWOT 是優勢（Strength）、劣勢（Weakness）、機會（Opportunity）與威脅（Threat）的英文首字母縮寫，主要用於分析企業自身的優勢與劣勢，以及公司在競爭環境之下所面臨的機會與威脅。**

公司的創辦人通常有不同背景與專業訓練，不同領域來看 SWOT 也會有不同的角度，透過 SWOT 分析，創辦團隊可以凝聚共識，一起制定公司發展策略。

- **優勢（Strength）**：公司有什麼專業或特色是競爭對手沒有的？公司熟悉什麼樣的東西／領域？公司有什麼樣的特殊資源？

- **劣勢（Weakness）**：公司在哪方面的資源比較少？公司比較做不到什麼？由企業競爭的角度來看，所謂的優勢與劣勢，即是企業與其競爭者或潛在競爭者（以某一技術、產品或是服務論）的比較結果；企業本身的優勢就是競爭對手的劣勢，而競爭對手的優勢就是本身的劣勢，

| SWOT 分析表 | | |
|---|---|---|
| 外在環境 \ 內部能耐 | 優勢 /Strength | 劣勢 /Weakness |
| 機會 /Opportunity | | |
| 威脅 /Threat | | |

因此優劣勢互為表裡。

- **機會（Opportunity）**：有什麼樣的服務或產品是公司可以發展的？現在的產業環境對公司而言有什麼潛在的機會？
- **威脅（Threat）**：競爭對手可能會如何影響公司？產業環境的變動，會不會造成公司的不利？

## ▌用「安索夫矩陣」，找出擴展事業的策略

除了 SWOT，「安索夫矩陣」（Ansoff Matrix）也是常用的輔助工具，跟 SWOT 類似的象限矩陣。它將客戶與產品分別分類至「既有」與「新興」的象限中，藉以制定發展策略。這個框架將未來走向大分為四種，幫助我們找出擴展事業的策略。最容易發展的是矩陣左上角的「既有產品╳既有市場」組成的市場滲透策略，最難發展的是矩陣右下角的「新產品╳新市場」組成的多角化策略。

## 安索夫矩陣

**產品 (Products)**

既有產品（Existing）　　　新產品（New）

| | 既有產品（Existing） | 新產品（New） |
|---|---|---|
| **既有市場**（Existing） | **市場滲透** (Market Penetration) | **產品開發** (Product Development) |
| **新市場**（New） | **市場開發** (Market Development) | **多角化** (Diversification) |

**市場 (Markets)**

---

## ▌關於競爭者分析，創業者最容易犯的錯

### 錯誤**1** 尚未充分討論就進行分析

　　新手在進行 SWOT 或安索夫矩陣分析時，常常在團隊尚未充分討論或整體目標尚未達成共識前就進行分析，這樣會嚴重誤導分析結果。**實務上，許多新創團隊成員因為缺乏產業經驗，在做這些模擬時，無法掌握最核心的內容，所以做出來的分析也流於空洞**；而且在相同的領域當中，因為大家面臨的環

境狀況差異不大，可能遇到的威脅以及目前所掌握的技術也相差不遠，導致很多企業進行 SWOT 分析之後，會產生非常類似的結果，沒辦法凸顯解決問題的方式。要注意，這些分析方法只是輔助性的工具，創業家還是要在與投資人交流時充分吸納反饋，進而修正商業模式。

## 創投真心話

事前功課不夠，將嚴重誤導分析結果

## 錯誤2 過於美化自己的技術障礙

由於競爭者分析有固定的格式，新手往往在格式內填空，只填入對自己有利的數據，而忽略了其他對手的競爭障礙。例如，新公司可能有若干技術的突破，但沒有市場的知名度或規模經濟來跟現有的業者競爭；這樣的劣勢存在是很合理的，創投不會期待新公司一開始就有完美的競爭優勢，創業家不需過度美化自己的競爭力。創投因為涉獵許多案子，對這些競爭往往瞭然於胸，初次創業者常常會刻意規避這些內容，反而給投資人錯誤的印象，認為創業家不了解產業的競合關係。

此外，競爭力是很複雜的分析，是綜合的評比，不是每一個競爭力因素都有相同的價值或權重，創業家不必追求每一個競爭力因素都能夠完勝。以上的格式只是提供創業家一個輔助的表達工具，方便呈現競爭力的各種要素。創業家真正應該反

思的是：「新公司或新產品到底對終端客戶帶來什麼好處？是不是提供終端客戶足夠的誘因來使用新公司的服務或產品？」這些誘因或好處可能是價格，也可能是性能，也可能是品質，也可以是便利性或各種因素。在撰寫競爭者分析的細節前，一定要把大方向想清楚，不要執著在某一點的競爭力要素。新公司如果不能提供「價值」給終端使用者，這樣的公司不容易獲得創投青睞。

# 3 小結

商業計畫書的目的是創業家為了吸引創投的注意，創投不會在未見面前就透過閱讀商業計畫書來決定是否投資，所以商業計畫書不求詳盡，而是要力求簡單扼要，在很短的時間內說服創投安排見面的機會。商業計畫書對初次創業的人士尤其重要，因為新手創業家對創投十分陌生，不一定有創投圈子的人脈，也不了解創投基金的背景，不知道如何與創投溝通，寫出來的商業計畫書不一定能吸引創投的目光。本章透過商業計畫書的各種分析，提供重要章節的書寫方式與注意事項，相信對創業菜鳥有一定的幫助。

# 商業計畫書撰寫重點

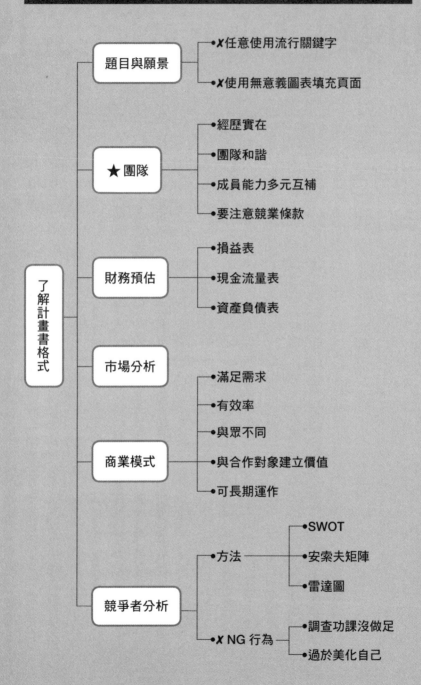

- 題目與願景
  - ✗任意使用流行關鍵字
  - ✗使用無意義圖表填充頁面
- ★團隊
  - 經歷實在
  - 團隊和諧
  - 成員能力多元互補
  - 要注意競業條款
- 財務預估
  - 損益表
  - 現金流量表
  - 資產負債表
- 市場分析
- 商業模式
  - 滿足需求
  - 有效率
  - 與眾不同
  - 與合作對象建立價值
  - 可長期運作
- 競爭者分析
  - 方法
    - SWOT
    - 安索夫矩陣
    - 雷達圖
  - ✗NG 行為
    - 調查功課沒做足
    - 過於美化自己

了解計畫書格式

# 附件：勞基法競業條款相關條文

我國《勞動基準法》於 2015 年 12 月增訂競業禁止相關規範，解決長年來雇主與勞工能否約定離職後競業禁止及其範圍認定。依現行法，具備下列三個要件，始能約定競業禁止：（一）雇主有應受保護之正當營業利益、（二）勞工擔任之職位或職務，能接觸或使用雇主之營業秘密（如對未接觸營業秘密的員工簽署競業禁止條款，恐違反本要件）、（三）競業禁止之期間、區域、職業活動之範圍及就業對象，未逾合理範疇。

此外，離職後競業禁止之約定，應以書面為之，且應記載本約定違反上述三要件時無效及競業禁止之期間。依據《勞基法》施行細則，競業禁止之期間、區域、職業活動之範圍及就業對象，未逾合理範疇，應符合下列規定：

一、競業禁止之期間，不得逾越雇主欲保護之營業秘密或技術資訊之生命週期，且最長不得逾二年。（例如：高科技業技術生命週期不超過一年者，競業禁止期間不得長於一年）

二、競業禁止之區域，應以原雇主實際營業活動之範圍為限。

三、競業禁止之職業活動範圍，應具體明確，且與勞工原職業活動範圍相同或類似。

四、競業禁止之就業對象，應具體明確，並以與原雇主之營業活動相同或類似，且有競爭關係者為限。

再者，所謂合理補償，應就下列事項綜合考量：

一、每月補償金額不低於勞工離職時一個月平均工資百分之五十。

二、補償金額足以維持勞工離職後競業禁止期間之生活所需。

三、補償金額與勞工遵守競業禁止之期間、區域、職業活動範圍及就業對象之範疇所受損失相當。

四、其他與判斷補償基準合理性有關之事項。

合理補償，應約定離職後一次預為給付或按月給付。

# 5

# INVESTMENT DECISION AND DUE DILIGENCE

# 創投的投資決策與核實調查

" 投資與被投資有如尋找另一半，
雙方各有策略和條件，
也要利用適當的場合媒合、彼此尋找，
再進行身家調查、八字核對。

然而對初次募資的創業家來說，
創投有如神祕而難以理解的女孩，彼此如何對話？
知己知彼，才有機會通往幸福的彼端。

且讓本章掀起雙方的蓋頭。 "

# 1 分享創投決策背後的潛台詞

創業投資的實務過程並不如媒體報導般，動輒揮灑百萬、千萬美元、參與發表會Demo Day、滿口行話、風光出場賺得盆滿缽滿。事實上，由於資金與資源有限，一般創投一年看三、四百個案子，卻只能投兩、三個，也極為正常。連續不斷的「選擇」和「拒絕」，才是創投從業者的常態。創業家在募資時需要將自己嘔心瀝血的創業題目，掏心掏肺地說給創投聽，恨不得將這個還在地上爬的寶貝，未來拿博士的場景都描繪出來。往往對數家到數十家創投機構說了又說，卻無法獲得任何創投的投資。

然而，另一方面，創投並不一定需要很明確地「詳盡解釋」真正拒絕投資的理由（說真的，對每家新創公司都得解釋的話，創投就沒時間真的去投資啦！）。因此一開始任何初次創業家都忍不住會想：奇怪！這些創投究竟每天在幹什麼？淨是在拒絕，到底他們用什麼方法、在找什麼樣的標的？怎麼運作？又怎麼作最終決定？（其實任何人都會不甘：我到底為什麼會被淘汰……）

即使創投對一個創業團隊有興趣投資，還得進行對團隊的「盡職核實調查」，確定各方面都沒有疑慮後，才有機會進行

最後的「投資」——匯錢給創業團隊。盡職核實調查可以想成
男女雙方結婚前的身家調查；身家調查有一些既定的內容（父
母家庭背景等基本盤），但更多是一些隱藏在事實中的細節，
可大可小足以影響最終決定。創投在進行投資前亦會進行調
查，以確保資金不會「所託非人」，交付給錯誤（不能成功）
的團隊！

　　盡職核實調查可說是創投從業者之基本功夫。至於調查內
容、方法是什麼？創投在意的是什麼？創業家該注意什麼？怎
樣可以增加被投資的機會？這些都是令創業家焦慮、外行人好
奇，而創投從業者一般來說沒有義務手把手教人的行業祕密。

　　每家創投公司的投資策略、方法各有不同，其中的祕密配
方可說是創投成功的獨門絕活。然而，**儘管每家創投的祕密絕
招可能不同，在影響投資決策的實務項目上，卻有許多相似
點**。本章除了闡述筆者自身經驗與台灣概況外，亦針對不同
項目，引用 2016 年哈佛商學院所發表的一篇論文：〈創投如
何做決策？〉（*How does venture capitalist make decisions?*）[1]
（下均稱「2016 哈佛商學院研究結果」），該研究有系統地
訪談了美國 661 家創投公司內共 885 位創投從業人員（venture
capitalist），嚴謹統計、整理出影響創投決策風貌的眉角。援
引美國嚴謹的研究資料，對照台灣實務狀況，希望能幫助創業
家更了解創投海內外的實務面。

---

1 Paul Gompers et al, Harvard Business School: "How Do Venture Capitalists Make
　Decisions?" NBER Working Paper No. 22578, Sept 2016

本章除了針對以上兩大主題說明之外，更掀開創投決策的面紗，探討決策背後深層的影響因素與隱含意義。創業家除了理解「創投的投資策略」以思考「如何增加被投資機會」外，更可討論「被投資的策略」為何，為創業之成長道路作更全面的規劃。

# 2 創投標的尋找

## a. 投資策略：
## 中心思想是所有決策之始

### ——創投不會浪費時間，能面談就有機會！

　　每家創投從成立的第一天，除非是拿自己老本出來玩，不然為了要募集資金，一定要設立並宣告某種投資策略、中心思想，以找尋創投自己的投資人。其實，創投也是辛苦的創業家，需要花很多時間募資，才有「子彈」來投資新創們。該投資策略與中心思想，代表著創投業者要如何分配資金、選擇什麼團隊、在什麼時間點投入多少子彈，在什麼時間點尋求退出，以求股東（創投的投資人）的回報最大化。從投資到回收的時間動輒七到十年，市場必定會有變化，創投業者如何訂定策略，才能高瞻遠矚，錨定羅盤方向，不被市場淹沒，可以說是創投經營的大哉命題。

　　策略的內容是每家創投的營業祕密，但有數個重要項目，或多或少都會納入考量。以下先舉數個例子。

- **創投通常有偏好的產業類別**：「本基金主要投資ＸＸ產業的ＯＯ題材」是每一個創投基金常見的重要命題。通常創投投資經營的走向，與合夥人的專長與興趣有很大的關係。譬如矽谷有大量因網路軟體產業興起而成功的產業人士，他們所創辦的創投機構，很自然地會偏好他們熟悉、且大環境繁盛的網路軟體產業。而台灣過去因半導體興盛而大賺的投資人們，再次投入熟悉的半導體、IC 產業，也是非常自然。

  產業的類別可以分到很細，甚至細到商業模式的分類：譬如矽谷就有專門投資軟體訂購（SaaS）模式的創投，有專門投資企業用戶（2B）產品的創投，也有專門投資金融科技（Fintech）的創投，不一而足。在大型市場內，即使一個行業細分也擁有巨大的市場規模，創投產業因此細分至此亦不奇怪。隔行如隔山，搞清楚創投基金的產業偏好，創業家才不會對著毫無概念的創投雞同鴨講。

- **投資在地，是創投基本原則**：創投是在地事業，一般創投都是在當地熟悉的地方走動找尋機會、以掌握資源與團隊發展狀況。雖然不一定明列，事實上「在地」是許多創投的基本原則。然而有些創投已有數個地點的在地觸角或資源，為了強調並運用此優勢，刻意將「在本地創業，但有意至海外ＯＯ發展者」列為投資選案策略。此策略不止展現創投特色，也是該創投能夠從眾多在地創投突圍的祕方。不過相同的策略並不是每個創投都買單，譬如有些創投相信，與其平移至海外市場、不如深

耕國內市場……各式各樣的投資策略所產生的投資組合與最終回報，都是創投業者拚搏的擂台。

- **找到合拍的創投 —— 資金需求＆投資額度相近**：新創公司的發展歷程，一般分為種子期、創建期、擴張期、成熟期[2]。國外也有意思相同而名詞不同的階段區分。對創投來說，早期（種子、創建）的公司風險大，相對估值較低，可以用較少資金取得較多股份，但也需要投注較多的資源和關心，且等待出場的時程可能較久。中晚期（擴張、成熟期）的公司風險相對低，但是估值已高，同樣資金只能取得非常小的股份，連帶未來的成長倍數也比較低，但距離出場時間比較短。

  著名的矽谷投資人 Mike Maples 曾說：「你的基金規模就是你的策略。」[3] 一個總值 1 億美元的基金，很難投出僅 100 萬美元的支票（這樣得投個 100 家公司才投得完，需要一個龐大的管理團隊）。同理，一個總規模 2,000 萬美元的基金，也很難一次投 1,000 萬美元在單一公司（略有風險管理觀念的人都知道，將一半的基金投在單一標的上的曝險過高）。創投有管理的成本，每一筆投出的資金，相對應後續的管理、會計成本亦要納入計算，同一筆金額投在 10 家公司或 50 家公司所需的管理成本、後續財務會

---

2　中華民國創投公會將創業階段分為：種子期、創建期、擴張期、成熟期，並有定義。一般來說，種子、創建可以算是「早期」的投資，約略是第一、第二次募資的創業團隊。擴張、成熟則是中晚期團隊，成熟期末接近公開發行（IPO）階段。

3　Your fund size is your strategy. https://medium.com/accolade-partners/how-to-win-in-micro-vc-83877db8a6ea

計需求差很多。若投出太多太小的額度，會造成後續管理「不敷成本」。因此創投亦有支票大小的「舒適圈」，至於大約每次的投資額度（ticket size），是創業家可以向創投探虛實的資訊。以創業家的角度，當你要募資 300 萬美元時，你應該找的就是一次投差不多數十萬到一、二百萬美元的創投，找太大的基金不會投你，太小的基金投不起你，談得高興錢下不來，也是白搭。

- **創投通常有明確的策略目的**：國家型基金、企業創投（Corporate VC）、或學校基金，通常在設立時便有明確策略目的，不一定是為了賺大錢的財務導向，有時是為了鼓勵國民或校友創業，增加國內就業，促進產業升級等目標。台灣的國發基金投資許多新產業中的新創公司，使台灣的創業風氣能有政府直接的資金支持，更進一步以稅率優惠吸引大量民間資金投入，在 1980 年代的耕耘下，創造了後來台灣半導體的產業奇蹟。近年來國發基金亦發展各式配合投資、鼓勵策略型服務業與製造業，搭配民間創投的力量，期待創造下一波的產業發展。這樣的國家型基金最重要的投資策略，常常是「登記或運營於我國國內」以增加就業與稅收，或者「由本國國民經營、雇用本國人」，這同樣是為了就業與產業發展考量。而公司的投資部門，則多在意「與本公司的策略意義」，創業家的事業能否與該公司有合作綜效，未來甚至能有加乘的效果。這些投資策略，根本地影響了投資標的的選擇，創業家不可不知悉。

由上可知，「適合基金」（Fit with the fund），代表了一個團隊是否被投資，與當下該創投基金設定的投資範圍、階段、時間點、投資額度等原則相契合。這有點像「在對的時間遇到對的人才會結婚」。例如一個基金設定的投資對象為擴張期規模的公司，投資額度為 500 萬美元以上，這時一個種子期、剛通過產品概念驗證、想募資 80 萬美元的團隊，無論再怎麼優秀、商業計畫再怎麼完善，也難以獲得這個創投基金的青睞。

　　創業家或許會問：我要怎麼知道哪個基金是如何設定投資原則的呢？答案是「這本來就不是公開資訊」。行業內或多或少可打聽到消息，許多創投機構也會公布在自己的網站或公開資訊處；但跟創投面對面詢問的時候，才有機會直接打探。其實創業家不用擔心，創投的人很忙，不會浪費時間在完全沒有機會的會面上；而且就算這次不合適，下次（新創的下一輪募資，或創投的下一個基金）還是有機會的。

# b. 創投業者每天都在開發投資的案源

## ——創業家要去哪裡、做什麼,才能找到投資人?

　　創投必須有穩定的案源,才能從大量的案件中篩選出值得投資的標的。找到值得投資的團隊,有如在稻草堆中找一顆珍珠;如果源頭數量太少或人力不足無法多看,遇到好團隊且成功的機會就更小。**因此,如何保持案源充沛,是經營創投的第零步。**

　　創業家有募資意圖的時候,創辦人便需要「出來」,到江湖上找尋可能的投資人。創投取得案源各有自己的方式,端看當地的創業生態。譬如台灣的許多新創,早期會先申請政府補助、或從學校分拆新事業(spin-off),因此政府、科技部、學校產學中心等等,可以是尋找以技術為基礎的新創公司的來源。另外有許多創業活動、孵化器、創業比賽,也是新創公司到江湖上露面,公開介紹的好地方。這些都是「公開」的案件來源,每個創投都能公平的接觸創業家。除此之外,創投通常有自己的祕密來源,或取得特殊資源的機會(access);譬如擔任新創申請補助的評審、贊助孵化器、認識的校友,特別的人脈網絡介紹,或在創業生態圈裡有獨到的「地位」,使新創的團隊介紹自動或間接地流入該創投的信箱。

　　事實上,在每個區域新創業界有實際投案的創投,基本上

都已經有既定的人脈網絡，足不出戶也會有許多案子轉介進來；當該創投主動接觸團隊時，亦很容易約到創業家。創業家初出茅廬時，對「怎麼認識創投」以及進入神祕的「專業人脈」充滿好奇。事實上，創投每天就是在到處尋找團隊，只要參加過創業活動，甚至直接跟創投接觸，肯定能拿到創投名片、約到會議，這絕對不是募資活動中的瓶頸。

　　觀察美國的狀況，2016哈佛商學院研究顯示，美國創投的主要案源都來自「自己的專業人脈」（31%）或「自己主動接觸而來」（23%），甚至高於「其他投資人轉介」（22%）的數量。這其實透露了創投間有趣的競合關係：當發現好案子時不會主動分享，盡量留給自己；除非該案太大，無法獨自投資，才找友好的同業來共同投資。創投業界不宣的祕密其實就是人性基本面：漂亮的女孩自己先追，幹嘛介紹給室友呢！而發掘較晚期的成熟團隊，則大部分由創投自己接觸為主。這部分也很容易想像，當一家團隊已經發展到中後期，在江湖上已經略有名聲了，有關注的創投必然已經知道，可以直接接觸。在該研究中並沒有特別分出台灣常見的所謂「創業活動」類別，如比賽、Demo Day、創業家聚會、媒合會等等，因為創業活動也是創造「專業人脈」的一部分，整體歸類到「來自專業人脈」了。

　　既然「專業人脈」是創投得到案源的主要方式之一，創業家可能會問：我要怎麼「成為」創投專業人脈的一部分呢？如前兩段提到，「認識創投」其實是非常簡單的一件事，認真的接洽人（Account Officer, AO）每天重要的工作就是在「認識」

更多的團隊。當創業家在找創投的時候，創投也在找創業家。不論是主動出擊（透過 email、Linkedin、參加活動換名片）或間接介紹（朋友介紹、創投介紹更多創投），創業家要能認識創投不是難事。然而，創業家也不必因此就大量、連續地去參加活動。一而再、再而三地參加大型活動，只是認識重複的人，不僅耗費精神，在沒有更多新進展下過度曝光的結果，也可能造成負面的觀感，創業家不可不慎。

以台灣為例，早期團隊參加孵化器，可從中獲得公司剛成立時所需要的基礎資源，是不錯的機會。好的孵化器亦有業師、場地、法務財務支援，還有其他創業同伴，讓小團隊可以溫暖的開始創業旅程。天使投資人也跟許多孵化器有固定關係，讓小團隊有認識天使投資人的機會。

當團隊有初步成果時，則看是否有對外宣傳的需求（如針對消費者的 2C 題材），可參加一些活動，得到曝光、新聞發布、公關宣傳的機會。適當的曝光，對於潛在投資人的「印象建立」、公司招募人才等，都有幫助。有些題材不宜太早露出，則須戒急用忍，先利用既有專業人脈來找尋特定募資機會。

已經略具成績的團隊，則不需要再去參加什麼創業比賽、Demo Day、創業大拜拜。創投都是圈內明眼人，對於一再用同樣題材到處公關露出的團隊，難免抱持著懷疑：創辦人到底有沒有在做生意啊？畢竟，比賽得獎、曝光專訪等等，都不等於「生意興隆」，還經常是相反的表現。創辦人在拿捏公關（曝光）尺度時，要特別小心業內觀感所造成潛在的募資影響。有一句話講得很好：「你是在經營企業，還是在經營『創業』？」

創業家不要忘記，**生意的本質在於企業的價值成長，而這才是創業家真正該努力的目標，參加活動產生曝光只是過程與手段，不要本末倒置。**

　　順帶一提，創業家們應該可以想像，創投從業者每天花大把的時間在開發案源及與團隊討論。的確，大部分的從業時間都是花在「找案源（團隊）」，但創投另外也花很多力氣在「協助被投資公司」、「為被投資公司奔走、創造附加價值」。而花在管理自己的創投公司或經營投資人的時間相對比較少。有趣的是，「創投的貢獻對公司的成功與否占多少重要性？」這個問題在訪問美國近千位創投從業人員後，得到的結果竟然是「零」！也就是創投自己都認為，創投的奔走貢獻，跟公司是否能成功，沒有什麼絕對的關係。對比前面「創投都在忙著產生各種附加價值」的說法，實在令人啞然失笑。不可諱言，創投有許多業界的人脈，能幫忙穿針引線，約到第一次會議，且經常能直接找到合作對象的高層。但是否能向下扎根，執行到最後，仍然要看創業家自己的本事。創業家們，一切還是要靠自己啊！

　　資深的創投家漸漸會將時間投入「創投基金本身的募資活動」與「經營投資人」。畢竟創投品牌要能長久，源源不斷的資金投入，達到更大的資金水位，才能有錢繼續投資更多，也才能持續延伸創投公司的生命，放大創投品牌的效益。這部分是題外話，當創業家有機會面對創投，進入「案源資料庫」的時候，可要好好把握時間啊！

# c. 創投青睞的團隊：
## 對的團隊＋對的時機
### ——創業者反向思考創投在找的是什麼？

　　創業家在找創投的時候，最想知道的就是：「怎樣才可以拿到創投的錢？被投資的決定性因素是什麼？」身為創投從業人員，一開始要學習的也是「如何決定要投與否？」這可說是創業投資的最大哉問之一。每個創投應該都有自己一套答案。

　　由於這個答案幾乎和擇偶條件一樣，每個人都有自己的標準，且說得頭頭是道（實際執行時卻很可能偏離），容筆者先引用大數據——2016哈佛商學院的研究結果，一窺美國大聯盟戰場的做法，待會再回頭來聊筆者自身經驗。

　　從該研究結果看來，**「團隊」是創投最在意的部分（53%），尤其在早期項目，亦即發展較為初期的公司的投資上。**前一章〈撰寫商業計畫書〉所述，許多創投在看商業計畫書時，第一步是翻到「團隊」那頁，仔細看每個創辦人的學歷、經歷、背景，彼此之間如何認識、關係深淺，更會觀察團隊間的互動，是否能「像個團隊般一起工作」？其間有許多細微的人性觀察，可說是創投行業裡相當幽微卻關鍵的能力。這並不表示產品、市場等因素就「不影響決策」；應該說，「團隊」是創投優先評估的項目。**如果團隊感覺不對，則其後的產品或所處市場再誘人，也難以成為創投心儀的投資對象。**另一方面，倘若團隊非常優秀，卻做一個創投完全無法認可的題目，

一般來說，創投還是會猶豫再三。

在早期投資的場景下，「團隊」更是占絕對的重要性。由於尚在初期發展階段，產品甚至商業模式都還在逐漸適應市場磨合中，在投資之後公司的發展還會有所改變；這時候創投所能確認「不變」的，其實只有創辦人本身！因此創辦人（團隊代表）是否聰明、堅持、靈活、有獨特的能力，能支撐這個創業題目繼續走下去，即使有可能遇到各種困難、甚至改產品改題目……等，都是創投會列入考慮的要素。由此不難理解，為何創投老愛說「我投的是這個人」這聽起來頗為奇怪的話了。

其他影響投資決策的項目如產品技術（占 12%）、商業模式（7%）、產業、時機等，在創投評估時也都占有一席之地，但重要性都遜於團隊。有趣的是，同一個研究在調查「創業成功的條件」時甚至發現，創投認為「運氣」對於一個創業成功的重要性比「產品技術」要來得高！這看在技術或產品出身的創業家眼裡，實在不是滋味。不過從另一個角度思考，創投願意花時間評估的公司，多半已經不是完全不成熟、完全沒有市場性的商業計畫。因此在產品技術上硬碰硬地去評比，很多時候都是不分軒輊，而好的團隊則很容易在適當的「指導」下調整而快速優化。因此團隊是否夠聰明、有潛力、能「受教」，更是早期創投介意的項目了。

相對來說，投資晚期團隊的創投，對團隊的重視程度稍低，而對其他條件（商業模式 18%、產品 11%）看重的程度稍高。公司發展規模較為成熟的階段，成績已逐漸顯現，投資人會更在意產品與商業模式被市場接受的程度，與實際執行的

成果。而更後期（如公開發行）的投資人，便可從詳細的公開資訊來評判一家公司了。打個比方，創投就像參與一座花園的建造，創業家就是園丁。公司早期的時候，園丁才剛要播種、甚至還沒發芽，創投要怎麼「想像」未來美好的花園，是否值得投資呢？一個方法就是「選好的園丁」，不管他是過去有成功紀錄、聰明伶俐、或有特殊能力，創投只要選對了園丁，就算他原本說的種子都沒發芽，但後來還是可以播不同的種子（換題目）、或用不同方法（換模式）調整花園的成長，等到一片欣欣向榮，許多花兒都開出樣子的時候，屬於後期的投資人便可用「看得到的結果」（財務數字、營運數字）來評判投資價值了。

現在資訊發達、除了極少數的特殊題材外，已經少有所謂「獨門配方」的黑科技，即使有也必須搭配好的商業模式與市場推進，才有成功的機會。如果說到商業模式，更鮮少有「只有你想得出來」的全新商業模式。某些程度上來說，技術與商業模式多半已不是祕密，端看執行計畫的人有沒有能力將之淋漓盡致地執行出來。所以「團隊」，或更具體的說是「執行力」，才是最能影響計畫成敗的關鍵了。

以筆者的經驗，在接觸團隊的時候，的確會第一個注意到創辦人（團隊）的特質，「人」的感覺是影響決策的最重要因素。畢竟，投資只是一瞬間，其後與創辦人的互動得繼續好多年，正常人性會趨向自己至少「不討厭、能相處」的人。除了基本不討厭以外，台灣創投或多或少會看一下學經歷：至少知道有什麼校友、前同事可以調查一下背景，過去的經歷也形塑

了個人的視野與能力，絕對影響創辦人的可塑性。此外，家庭背景、個性、個人行為（如社群網路上公開資訊）創投都會去調查。所以若要創業，個人公開發表的資訊管控也不得不慎。雖說社群網路上發布的是個人言論、個人行為，與公司本身可以「無關」，但創投是高風險的投資，把錢拿給一個不熟悉的人讓他運用好幾年，非關小可，創投「一定」會在意創辦人的公私言行，因為這都代表著他是什麼樣的人？是不是能長久合作的對象？前輩亦曾開玩笑說，最有用的查核就是找創辦人出來輕鬆的吃飯，幾杯黃湯下肚，問幾個尖銳問題看看反應，就能知道真個性。只能說，最關鍵的「決定點」經常不是在白紙黑字的檢核表（checklist）上，而是在真實的細膩互動裡。這也可以說是創投業隱而不宣的祕密 know-how 吧。

以台灣創投的實務面來說，前面所提的「適合基金」仍是影響團隊能被投資的第一要件。畢竟所有的創投所需要面對的是他們自己的投資人，基金本身的「策略」是投資的最中心思想。對投資回收有較短年限限制、甚或回報率限制者，自然不可能投資才剛起步，還要八年十年才有出場機會的早期團隊。政府為主要金主的基金（例如國發基金）自然必須投資創造台灣就業機會（營運、雇用於台灣）的團隊。標榜跨境價值的創投，大概很難投資一家只經營繁體中文當地資訊的媒體⋯⋯創業家在募資的時候，通常只想著「我要什麼」，其實更重要的是反向思考「這個基金經理人／合夥人」在找的是什麼？就像業務人員應該要想著「客戶」要的是什麼，才有成交與後續合作愉快的可能。創業家除了大肆宣傳「自己」有多棒外，別忘

了也問問創投要什麼。

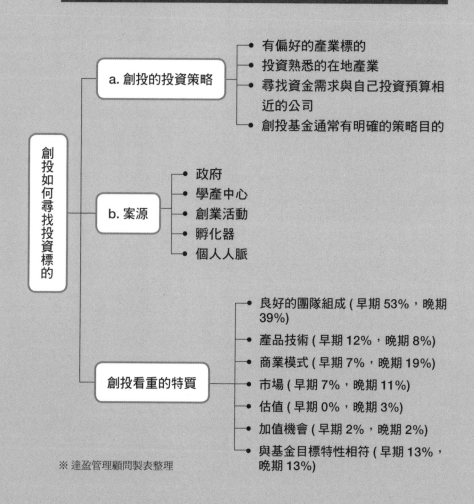

## 創投如何尋找投資標的

- 創投如何尋找投資標的
  - **a. 創投的投資策略**
    - 有偏好的產業標的
    - 投資熟悉的在地產業
    - 尋找資金需求與自己投資預算相近的公司
    - 創投基金通常有明確的策略目的
  - **b. 案源**
    - 政府
    - 學產中心
    - 創業活動
    - 孵化器
    - 個人人脈
  - **創投看重的特質**
    - 良好的團隊組成 ( 早期 53%，晚期 39%)
    - 產品技術 ( 早期 12%，晚期 8%)
    - 商業模式 ( 早期 7%，晚期 19%)
    - 市場 ( 早期 7%，晚期 11%)
    - 估值 ( 早期 0%，晚期 3%)
    - 加值機會 ( 早期 2%，晚期 2%)
    - 與基金目標特性相符 ( 早期 13%，晚期 13%)

※ 達盈管理顧問製表整理

# 3 踏進創投大宅門
## ——收到「盡職核實調查」（Due Diligence）通知！

根據前面詳細的說明，讀者應對創投的決策方式與在意的項目有了基本的認識。接下來，假設團隊已經得到創投的初步青睞，創投會要求進行「盡職核實調查」，以更深入確認團隊的狀況。收到這個要求的團隊，恭喜你，距離被投資又更近一步了！但，到底盡職核實調查要調查什麼呢？創業團隊又該怎麼準備呢？

盡職核實調查的主要目的，並不在於挖出不相干的祕密（雖然某些狀況下，「不相干」的定義因人而異）。**盡職核實調查的精髓之一在「核實」，也就是確認創業家說的與創投觀察到的事實相符合；換句話說，就是「資料與事實相符、確實沒有說謊」**。乍聽之下似乎有點好笑，有誰會故意說個會被拆穿的謊言或作出假的計畫書來給人調查？然而在創業募資的世界裡，除了正直、熱情、努力的創業者外，也常有飢渴、不擇手段、投機的創業份子存在。對於相同的事實或數字，亦有不同的包裝與解讀。由於創投不可能只投自己認識許久、確定人格正派者，而案件來源五花八門，遇上邪門歪道或認知差距的機率亦不小。所以確實進行盡職核實調查，是創投從業人員推敲投資風險、評估投資價值、提高投資成功率的基本功。

每家創投都有自己的調查項目格式，不輕易對外公開。但調查項目仍有許多共通之處，例如財務狀況、創辦人經歷、宣稱之市場、客戶、甚至訂單是否屬實、客戶評價……等。在此僅就觀念上盡職核實調查會做的項目約略說明。

## ▌What：這是不是可以做的生意？

通常在要求調查之前，創投已經初步認可團隊所提出的產品與商業模式。基於創投從業人員的經驗與對產業的熟悉、靈敏度，便可以在會議中評估該計畫是否有投資價值。而盡職核實調查，便是從各方面來「確認」團隊所說的內容，與事實相符；例如直接訪問該公司的客戶、代理商、上下游合作夥伴，確認與該公司有實際合作的單位，且工作內容也與聲稱無異。更進一步還會要求訪問廠區（自己的或別人的）、抽點貨物，「眼見為憑」確認商務存在。

另外，創投為了檢驗當時的業態，也常一併訪談所有的競爭者或業務相近者，從近距離互動中探測被調查團隊的市場評價。有時創投轉一圈回來後發現，更值得投資的其實是競爭者，這也是有可能的。

# Who：這是不是最佳團隊？

### 考核項目1 團隊履歷是否真實？

既然「團隊」是創投最在意的要素，查核團隊的內容和方式，可說是查核的精髓。查證團隊每個成員的履歷、過去經驗、找到其過往人脈直接驗證，在小小的台灣，對人脈豐沛的創投可以說是易如反掌。這也許是為何創投其實是一個在地行業（local business）的原因。試想，一個台灣創投去到人生地不熟的中國某省，又沒有可信任的人脈網絡供查證，被騙的機率會有多大？

### 考核項目2 團隊間是否合作無間？

就算每一個人的履歷都很完美，也不代表就能成為「團隊」。尤其早期團隊，幾個創辦人、關鍵員工，基本上就是公司的全部。任何一個人都可能造成組織的風波，影響公司的運作。在會談間，有時創投會故意提出具爭議的尖銳問題，看看幾個創辦人同時面對這種狀況時的反應如何？每個創辦人的個性和應對態度是怎樣？

另外，創投會親自走訪新創公司的辦公室，親自跟員工聊聊，感受一下這個團隊在工作時彼此的「化學作用」，是否像是一個彼此扶持的工作團隊？或是帶團隊到外頭輕鬆用餐，在卸下心防的情境下，探索每位成員的想法與特質。由此可知，

覺察人性互動細節的敏銳能力，絕對是優秀創投所應具備的基本特質。而對創業團隊來說，當潛在投資人來「看看你的辦公室」或要求「找你的夥伴一起來吃個飯」的時候，要理解這絕對不是他心情很好想來郊遊聚餐一下而已。不過創業家也不必緊張，只要自然表現出正常的互動即可，畢竟這也很難造假，太過刻意反而會顯得可疑……

### 考核項目**3** 新創團隊與創投團隊是否合拍？

最後還有一個很關鍵的查核項目，尤其是針對早期投資，那就是「這個新創團隊能否與我（創投）成為團隊？」因為投資之後，創投和創業家已在同一條船上，需要時時溝通，調整營運的方向；舉凡對未來出場的想像、業務策略的方向等等，在上節敘述中創投「自認」努力為團隊所作的付出，都建立在創投與創業家彼此認可「我們也是一個團隊」的基礎上。

既然將會成為同一條船上共患難的隊友，創投自然會想挑選好相處、好溝通的團隊，而不是連說話都不投機的傢伙。與其說這是一項查核項目，不如說是一個直覺的體驗，因此創投會花一點點時間與團隊相處，才會有感覺。

## ▌When：這是不是合適的時機／階段？

這部分的盡職核實查核，主要圍繞在「市況業態」（時機）的考察，與「基金設定」（階段）的確認。如前述，創投依據

經驗，對一個題目是否有機會，會有基本的直覺。在查核過程中，創投會針對創業家所說的內容，徵詢多位業內人士看法，查核創業家所說是否與現實有所差距。

時機的判斷，來自於對「產業題材」本身的認知。例如已經發展許多、非常成熟的題材，固然還有「更優化」的機會，然該需求大小當然會遭遇投資人的質疑。就如同世上已經有電子計算機，還需不需要發明「觸感超好的電子計算機」呢？來做這個題材的創業家，若不是最笨的……就是最聰明的！

階段的判斷，如同前節所述，與基金本身設立時的策略有關，亦與當下基金已經投資的狀況有關。例如一檔偏重早期投資的基金，若已部署許多早期團隊，想要稍微分散風險與產生提前回報，也有可能將部分基金配置於中晚期的團隊。實際如何操作與新創公司的實際經營成績、募資金額、資本規模、登記架構等有關。相關的法務、財務文件均需備齊，最好有會計師或律師的簽證，以證明公允。財務相關查核下一段再來討論。

有時創投還會要求創辦人出示「沒有官司在身」或「沒有與特定關係人有商務來往」的證明。這些雖然是防君子不防小人的動作，但創辦人若有不誠實的意圖，在反覆確認過程中也比較容易露出馬腳，創投也會盡量憑自身的經驗判斷。

## ▍How much：財務狀況是否屬實？

財務相關查核可能是盡職核實查核中最重要且基本的一

環。通常創投會要求新創公司提出財報文件、股東名冊（Cap Table）、增資歷史紀錄、商務預估（Forecast）文件，以及可佐證過去業績之資料（如水單、發票、銷貨證明等）。為求確認，甚至會要求與簽證會計師會面，針對財報上的主要收入、支出項目，一一向會計師核對。**這時導入具有公信力的四大會計師事務所（Deloitte 勤業眾信、EY 安永、KPMG 安侯建業、PwC 資誠）的公司，比較容易得到創投信任，會計師也可直接回答創投的問題。**

反之，若是公司連基本的帳目都沒有，創投很難採信創辦人的一面之詞，也無法確認該公司的業務是否屬實、財務是否有隱藏債務等結構性問題、股東結構是否不清楚等，創投因而縮手也是很正常的事。

### 考核項目**1** 費用數字與現金損益

**在財務查核時，查核公司的費用數字與現金損益是必要的工作。** 查核過去的費用可掌握公司實際的每月花用（burn rate），再以損益表上的現金推算，可得知該公司的現金水位在不募資、沒營收的最糟狀況下能支撐多久。這個數字隱含了該公司對募資的急迫程度及談判籌碼。

對一家現金水位已經相當緊迫（撐不到半年）的新創公司來說，時間與談判籌碼並不站在他們這邊；創投若算準公司對資金的急迫需求，可能會趁機提出較為苛刻的條件。因此**創辦人在計畫募資時要特別注意，預留多一些時間，早點開始，別**

等戶頭快乾了才任人宰割啊！

## 考核項目2 財務預測

財務預測這種事，對早期新創來說似乎是畫大餅的試算表遊戲，但實際上還是不能不做。對創投投資人來說，創業家的財務預測就揭示了創業家自己對於經營的想法（通常是樂觀的想法），所謂「合理不合理」則有待創投的判斷。因此雖然大家都知道「三年財測」的不精確與無可掌握，但多少還是會要求至少兩年的財測，創業家也不可不準備，以展現誠意。

## 考核項目3 股東名冊

在過去只有普通股的年代，股東名冊可以只是一張簡單的名冊列表，註明每個股東進來的時間（增資紀錄）與價格等。**但在有特別股的時候，股東名冊就不是一份名冊那麼簡單了。**由於每輪的投資人權益都因特別股而不同，普通股亦有可能在各輪另外發出，甚至有員工期池、已經執行與尚未執行的股份與認股權，林林總總都要鉅細靡遺地註明在股東名冊上。

有時候股東名冊本身就是一張巨大的表格，投資人詳閱股東名冊並了解過去的融資歷史、誰在什麼時候進來、得到什麼權利，都必須一一了解；因為過去已經承諾給股東的權益，可能影響本輪投資人未來的權益。過多的股東的確會造成管理的複雜度，尤其是早期的個人小股東，可能因個人狀況而需小量

出脫股份或提出瑣碎的要求，都會造成管理上的麻煩。

常常聽到創辦人「清理股東名冊」使之「乾淨」，意即將小股東整併買回，讓股東名冊較為單純，新進投資人較好理解且能掌握股權變化，也減少後續公司治理上的負擔。

## ▍常見查核資料準備

準備要募資的團隊，可以將一般投資人都需要的資料先行準備至資料夾（Data Room），任何投資人需要的基本資料都能一次取得，可節省溝通時間。常見的查核資料如下：

- 基本資料：公司登記（政府）證明書、商業登記文件、過去董事會紀錄、股本形成歷史、公司營運主體架構圖、股東名冊
- 內部組織圖：人力資源分布說明、創業家／高階主管學經歷
- 公司營運：商業模式說明、營收證明、競爭者分析、SWOT 分析、客戶證明、營收來源分析、費用項目分析、合作夥伴證明、產品開發計畫、主要技術來源、架構圖、市場開發計畫
- 商標及專利：商標與專利證明書
- 財務資料：歷年財報、稅報、財務分析、財務預測
- 法務資料：聘僱合約、客戶合約、法務紀錄（官司揭露）
- 其他：Q&A 紀錄、演示（demo）、媒體曝光資料

# 盡職核實調查

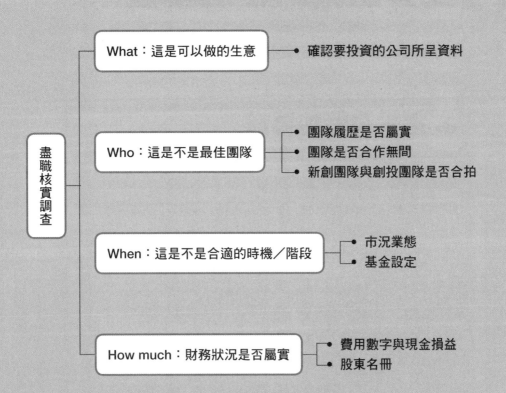

```
盡職核實調查
├── What：這是可以做的生意 ──● 確認要投資的公司所呈資料
│
├── Who：這是不是最佳團隊 ──● 團隊履歷是否屬實
│                          ● 團隊是否合作無間
│                          ● 新創團隊與創投團隊是否合拍
│
├── When：這是不是合適的時機／階段 ──● 市況業態
│                                  ● 基金設定
│
└── How much：財務狀況是否屬實 ──● 費用數字與現金損益
                                ● 股東名冊
```

※ 達盈管理顧問製表整理

# 4 投資決策的幕前幕後

## a. 創投決策的幕前
### ——創業團隊必須得到所有創投合夥人的認同

　　前面章節有提到，創投的組織架構通常是數名「合夥人」共同創立，擔負起募資和／或投資的重要責任。在創投公司裡，投資決策方式多半是「合夥人全體一致通過」（Unanimous，一致共識決），即所有的創投合夥人都必須認同該創業團隊，才能進行投資。全體一致通過是創投常見的決定方式，可以保證所有的決策團隊（合夥人）對投資項目都沒有異議。由於創業投資風險高、且未來可能面對的狀況更多，所以盡量在初始就確認大家同意，共同承擔成敗，以免後續產生嫌隙。哈佛商學院研究結果亦顯示，53% 的創投均採用「一致共識決」方法來決定投資案。其他常見的還有「全體一致 -1決」（即拿到「所有合夥人數減一的贊同票」即可通過，給予一點點容異的空間，占 6%）、合意共識（不用投票，只要大多數人意向相同即可，占 18%）、或合夥人投票多數決（11%）；原則上均是需要取得大多數具有決定權的合夥人之同意／協

議，才能進行投資。只要單一合夥人同意就能投資的比例非常低。

　　這也提醒了創業家，在和創投交涉的時候，說服「一個創投公司裡的人」只是個開始，這名**創投公司的人**需要幫創業家在創投內部說服整個創投組織，最重要的是所有合夥人，也需要讓創業團隊有機會在所有合夥人面前說服大家。每家創投內部的運作方式不盡相同，不宜樂觀得太早。

　　以我們的經驗為例，創投公司除了合夥人外，尚有數名職稱不一（分析師、副總、總監……）的同事，到處尋找案源，收集資料。每兩週整個創投團隊會聚在一起討論案源，交流意見，將有興趣的案件留下，進一步與其接觸。有投資機會者再進一步接觸、調查。調查過程中，除了審議書面資料，更多的是實際訪問與觀察。過程中還要與每一位合夥人正式面談，面對面地說明、說服每一位合夥人。最後在內部審議會上，也必須獲得每一個合夥人都「同意」投資，才能送到董事會，由董事會（多由創投主要投資人與合夥人）核決[4]。這還算是流程簡單的精簡組織才有的快速流程，一般較大型的創投組織，從見到一個接洽人（通常是 AO，Account Officer）開始，到一層一層向上口頭與書面報告，不同層級都有審議決策流程、文件準備，甚至要三到六個月才能完成所有核決流程。

　　大部分的創投行業組織都不大，小型創投僅數個合夥人，即使要一致共識決也不會花費太多時間。合夥人加上工作團隊

---

4 董事會乃指台灣股份有限公司之董事會。其核決投資案的方式由公司章程註明。

往往不到 10 人，組織動作快。這類創投在行業內能勝出，主要取決於眼光精準、決策速度快、擁有聚焦的關鍵資源；這類型資金與決策速度特別能吸引明快且方向與創投相配的早期團隊。相對地，大型創投組織，如金控、政府主權基金或較為龐大的創投基金，往往除了基金本身的管理合夥人外，還須取得內外部審議委員、主管機關代表、董事會等等核准，所需準備內容更多、時間更長，較適合已經有一定規模、募資金額較大的公司。實務來說，對創業家來說，早期的募資若額度不高，除了不適合大型創投基金的投資額度外，小團隊亦不適合為了一小筆錢，曠日費時的跑流程，蹉跎了寶貴的創業發展時間。

# b. 創投決策的幕後
## —— 影響投資決策的都市傳說

　　創業家在募資的時候，最想知道的莫過於「怎樣比較容易被創投投資？」但現實是，就算理解了核實查核的項目細節，也都做好了準備，被投資的機率還是很低。在這種現實且資訊不透明的狀況下，各式各樣的都市傳說便在圈內流傳：從「體重過重、體態不好的創業家不容易被投資」，到「這家只投交大畢業團隊」等各種流言都有。這種傳言一方面顯示了大家對被投資機會的神祕想像，另方面也凸顯了創投決策條件微妙、難以量化的事實。

不過數字會說話，近年來各種研究調查顯示，**創投投資決策時有些「說不出」的條件，確實與能否被投資直接相關**（雖然不一定是因果關係）。

## ▌ 性別真的會影響創業嗎？

最常被討論的便是創辦人的性別。根據 PitchBook 的調查，2018 年全年，在近 1,000 億美元的美國創投基金投資規模，約 9,000 個拿到創投投資的新創團隊中，391 個純女性創業家的團隊拿到價值 23 億美元的投資額。意即美國女性創辦人當年只拿到了創投 2.2% 的投資額（有男女共同創辦的團隊拿到 12.8%）。

雖然在美國女性創業的整體參與度已逐年升高，以有拿到投資的案件比率計算，純女性創辦人的案件從 2008 的低於 2% 到 2018 的 4%，而有男女共同創辦人的新創公司數量也從 10% 成長到約 20%。然而女性創業家要拿到創投投資「似乎」較為困難。不只在美國，歐洲的情況也類似。2019 年間超過九成的財務金融新創投資，都給了全是男性的創業團隊。 女性創辦人的數量明顯增加，但是所募金額占比卻停滯不前。

性別是否影響被投資機會？創投是否有「歧視女性創業家」的情形？這些問題在矽谷性騷擾醜聞「#MeToo」運動後紛紛浮上檯面。女性創業家紛紛現身說法，描述身為女性創業家，向創投報告、與創投溝通時，被質疑的內容與集中討論的焦點，似乎迥異於男性創業家。

最常聽到的抱怨，就是被投資人質疑「妳是否要生育？」、「妳是否需要花較多時間照顧家庭？」，且從投資人的質疑中，感覺他們潛意識中「不相信」女性創業家能夠做「大」題目。這些在一般雇用面試中被視為是「性別歧視」的地雷，在創業募資過程中，卻經常赤裸裸或隱晦地納入考量。調查數字呈現的結果，更顯示了性別與得到投資的直接相關性。台灣目前雖無相關統計調查，但以東方人的既定觀念（女性有生育、照顧家庭的責任），這種現象恐怕更嚴重。

## 歧視真的存在嗎？更多的是投資人的經驗局限或直覺

除了性別以外，學歷、種族、外表等等，莫不都是都市傳說裡，影響被投資機會的微妙因素，相關研究調查也非常多。以美國來說，若以創辦人的畢業學校排名，史丹佛畢業的創業家最多人拿到創投投資，但也有更多的大學輟學生得到了投資 5。

也許只是因為史丹佛畢業生投身創業的人數最多，也可能只是因為史丹佛的位置就在全球創投最密集的灣區；到底是不是因為是史丹佛畢業的，就受到創投青睞的因果關係，不能驟下論斷。不過看來在美國要得到創投青睞，有張好文憑應該是

---

5　Bloomberg：Who gets venture capital funding?By Laurie Meisler, Mira Rojanasakul and Jeremy Scott Diamond 2016/5/25

個好開始，但中輟經歷也可能是另一種創投的偏好呢！

在印度，印度理工學院（Indian Institutes of Technology）的男性畢業生壓倒性的是創投的最愛[6]。種種調查結果都指向「創投們的確有些隱晦的偏好，是在冠冕堂皇的盡職查核外，影響投資決策」。但這些調查的結果，到底是證明了「因果」，還是只是一個現象的切面呢？

曾經有篇報導訪問一位極為有名的矽谷白人創投：「您投資什麼樣的人呢？（Who do you invest in?）」他回答：「像我這般的人。（Someone like me.）[7]。」這個回答後來被一些研究性別是否影響被投資機會的報導引述，作為「白人男性創投就是愛投白人男性創業家」的論述。

接著便有延伸調查顯示，在美國前100大創投裡，只有8%的創投合夥人（有決定權者）是女性，更不要說其他少數族裔。創投行業裡絕大部分都由白人男性主導，且是非常狹窄地集中在少數學經歷背景的白人男性，是個不爭的現實。在這種現實下，矽谷的創投資金大部分流向白人男性創業家，似乎就是結果。於是各種討論、檢討四起，甚至產生了「該多提拔女性創投家、少數族裔創投家，以平衡投資決策的偏見」，或「女性投資人培養加速器」的出現等。

姑且不深究「白人男性創投就愛投白人男性創業家」這

---

6　Quartz: Looking for funding in India? VCs have a soft spot for the male, IIT-ian entrepreneur. By Ananya Bhattacharya, 2020/1/7

7　Entrepreneur.com: Out of $85 Billion in VC Funding Last Year, Only 2.2 Percent Went to Female Founders. And Every Year, Women of Color Get Less Than 1 Percent of Total Funding. By Nina Zipkin 2018/12/12

「吵不完」的題目。以人性來說，一般人潛意識裡會「認同」自己或與自己類似背景的人，似乎也可以理解。所以不管你是否同意，種族、性別、畢業學校、背景等，本來就隱晦地影響到每個人喜好、認同程度。

創投們又不是機器人，創投選團隊更不是拿尺一量就得到絕對分數的流程。**一個專業的創投，本應以投資回報價值的最大化來作決策，但過程中還是很難避免自身背景的影響。與其說是偏好或歧視，倒不如說人都有習慣溝通的舒適圈，且與同質背景的人較容易共鳴與信任。**

具有相似背景的創投與創業家，顯然溝通頻率比較有機會相似，而能說到心坎兒裡。而針對不同性別、種族或國籍者，潛意識中的刻板印象，很自然會引導至相關的質疑，這些質疑也就是不會去問同溫層的問題。林林總總結果就是，非同溫層創業家感覺「被歧視」！譬如女創業家的抗議：白人男性創業家就不會被問到「近年內要不要生育」，進而產生「不容易被投資」的印象與事實。

再往前一步說到出場機會，由於現有生態內，有能力併購他人的主流勢力，已經是某些族群的天下（如白人男性創業家——好吧！其實印度人也很多），他們要找併購對象時，從「認識的」同溫層機率當然是高不少。對創投來說，創業家所處的生態系，直接影響了他對出場的想像，以及他能觸及的出場場景。創投本身所處的出場場景，也都布滿了該同溫層的人。在這樣的現實下，**與其說創投認定「這樣的人比較容易有出場成功機會」，倒不如說是，因為現有的成功模式大多長這**

樣，而在腦中產生直覺的印象。

## 沒有完全公平的投資決策，只有不放棄嘗試

投資決策的過程，本來就沒有「公平」這件事。投資人理論上僅應就最大化投資回報來作決策；所以面對這些「歧視指控」的創投，也許可以聳聳肩表示這不關我的事。但從另一個角度來看，這些隱晦的偏好真的影響投資結果嗎？

白話一點來說，只有男性創業家能成為獨角獸，而女性創業家真的做不了大題目嗎？不是常春藤大學畢業的創業家，就比較不容易成功嗎？有在大公司工作過的創業家，比較能成功嗎？技術背景出身的創業家比較實在嗎？在海外生活就學過的創業家，比較能夠做出跨國服務嗎？家庭背景本來很富裕的創業家就吃不了苦嗎？亞裔創業家比較容易被併購嗎？有色族群創業家不可能走到公開發行嗎？……

創投投資人並沒有義務服從「多元」的需求，畢竟創投又不是國家民族公平正義的負責人；但在面對投資結果與績效的考驗時，創投家們會不會在自身的背景影響下，不自覺地錯過了更好的機會？創投公司是否應該利用更多元的從業人員背景組合，來提升投資的表現？這的確是可以思考的。

在美國，多元與歧視相關的題材，總是牽動著社會的敏感神經。**在台灣比較沒有種族的問題，但性別、背景（如學歷），甚至創業家年齡，仍是被投資與否的因素。**而社會上的刻板印

象與民族性，或多或少也影響創業家被認可的機會。例如女性創業家承受社會壓力得多照顧家庭；身家背景好的富二代創業家，被質疑不能吃苦、只是玩票；在國外生活過的創業家見過「國際」、比較能做跨國題材；在大公司工作過的創業家，至少知道怎麼組織團隊；台清交畢業生保證了基本智商；而南部人很少從事新經濟的創業活動，根本就是圈外人⋯⋯

偏見或歧見本來就無所不在，創業家並不需要因此灰心。不同的背景可能造成第一時間不同的待遇，甚至質疑，然而也或許因為不同的背景，產生不同的思維，進而邁向特殊的利基。好的創投就是能在茫茫稻草中找到「他人沒看到」的珍珠。不管是因為創投本身的多元性，或是克服偏見所得到的獨到見解，「慧眼」才是創投的本事。在創投與創業家彼此尋覓的過程中，這部分的曲折，不正是這行業有趣的地方嗎？！

# 5

# 所謂「被投資」策略

## 當創業家選擇創投……
## 創投可以給我什麼？

　　創業家找創投當然是為了拿錢，不然呢？這件事也許初次募資的創業家不會多想。然而，創投最喜歡說自己給的「不只是錢」，更是「聰明錢」（smart money），有極高的附加價值。到底什麼是附加價值？前章有提過，創投的時間除了花在開發案源外，更大一部分是花在替被投資公司奔走，具體來說有哪些項目呢？

　　以美國哈佛商學院研究結果顯示，創投可以洋洋灑灑說出不少自己提供的「重要」附加價值：從找員工 (51% 的創投宣稱可以幫助團隊尋找員工 ) 到找董事會成員 (55%)、從聯繫客戶 (69%) 到聯繫未來投資人 (81%)、從策略的建議 (86%) 到營運的指導 (85%)，創投忙著提供各種附加價值，真心真意地為被投資的新創團隊忙碌。台灣的狀況亦是類似。創投投資後，便是公司的一部分，可不能拍拍屁股就坐著等而已，創投也會為了公司的發展而努力。最基本的來說，年輕的團隊可能對公司治理、董事會管理等較沒有經驗，當收到創投機構正式的投

資後，再也不能像之前車庫創業一般自己隨隨便便應付了事，關於公司治理合法合規的部分，都需要陸續上路。創投曾投資許多公司並參與治理，對此有一定的經驗，可以幫助早期創業家。

另一方面，創投合夥人常常是業界經驗豐富、或曾經創業成功後轉經營創投投資者，對於業內的人脈與業態的掌握非常完整，因此年輕的團隊若需要連結至某合作夥伴的高層、或想取得某些業內的資訊，創投合夥人本身是幫得上忙的。最明顯的例子，就是當團隊得到企業創投（CVC）的投資時，很容易聯想到該企業的資源將會挹注。例如某供應鏈公司若得到鴻海投資，大家必然會聯想到該公司的製造將會有鴻海的支援（雖然事實上不一定）。創投本身擁有產業人脈，有的創投每天在江湖上走動，時時刻刻嗅聞產業的變化，常常可以有局外人的清明角度，提供給創業家參考。尤其對比較沒有經驗的創業家，創投可以給予很多的指導。當然，聽不聽也要看雙方緣分和個人造化。

說到這裡，創業家很自然會想到「創投會不會伸手進來影響我的公司營運？」這其實是一個很好的問題。創投在投資之後一般來說會依股份占比程度，進入董事會。一旦進入董事會，對公司的重要決策就有了部分決定權。即使如此，單一創投對於整個公司的營運，還是很難干涉到細節，畢竟每日的經營活動有許多瑣事，創投本身的事情已經夠忙，手上又不可能只有一家公司，要鉅細靡遺的審視是不可能也沒有必要的。但是在董事會，針對公司的重要方向、治理方式，創投有投票的

權利，也會影響公司高階的策略方向；就算沒有進入董事會，一般創投在投資條款內，也會規範對公司重要的資訊有審視權。簡而言之，創投不會伸手到每日的工作細節，但對公司的發展方向，和實際營運資訊報表等等，創投有責任與權利置喙。坊間有聽說「某些創投很煩，會干涉公司營運」，這可能就是投資後因為發展方向變化（或種種事業發展可能發生的起伏事件），導致創投的利益方向與團隊不合時，創投利用投資時已經設定的權利，在董事會或股東會加以干涉。其實不要說創投，任何公司的股東本來就有一定程度的參與權利，對董事會、對股東負責，是公司負責人的基本責任。

以我們的經驗來說，創投能給予團隊最重要的價值便是「尋找下一輪投資人」。對創投來說，「找到下一輪投資人支持公司、並抬高公司市值／估值」，可以說是最重要的事。每家公司的狀況不同，投入成本不同、期望不同，要怎麼規劃下一輪（多少錢、找誰、怎麼找、故事怎麼說），創投的確有可能比創業家本身更有明確的想法，可以協助規劃。並且，創投的朋友也都是創投，在這個小圈圈裡，誰有基金可以投、誰投什麼樣的領域、誰是決定者，創投本身互相知道，所以創投更能明確地鎖定「誰」可能投下一輪。

通常，創投也有氣味相投、對產業看法相近的「友好機構」，因為基金大小或策略，有人適合投 A 輪，有人適合投 B 輪。在這樣的生態下，「我的 A 輪成長整理好之後，剛好給你投 B」、「有時我投前輪、你投後輪、有時反過來……」等等，創投如果「好朋友多」，或過去投過的成績優良，自然

容易幫團隊找到下輪投資人，成功率往往比創辦人自己去盲目尋找高出許多。更進一步來說，下一輪投資人便如同公司的「下一個伴侶」，亦有可能與現在的創投共同坐在董事會上合作，創投會找自己認可、信任的其他創投，也是很自然的事。

　　因此創業家要謹記，無論發生什麼事，找到更高估值的下一輪投資人，絕對是創業家與本輪創投共同的利益所在，創投也會極盡所能地幫助你——也為了幫助自己！別忘了充分利用這命運共同體的機會，讓創投為你帶來更高的價值。

| 創投聲稱能為新創帶來的附加價值<br>（一家創投能聲稱一項以上的「技能」） | | |
|---|---|---|
| 活動 | 早期團隊比率 (%) | 晚期團隊比率 (%) |
| 籌組董事會 | 55 | 60 |
| 招募員工 | 51 | 41 |
| 連結客戶 | 69 | 67 |
| 尋找未來投資人 | 81 | 58 |
| 策略建議 | 86 | 88 |
| 運營指導 | 65 | 62 |
| 其他（出場建議、顧問、募資、<br>產品開發、董事會治理） | 19 | 17 |

資料來源：達盈管理顧問製表整理

　　本節說明了創投在投資後可以為公司帶來的價值面面觀。這是創業團隊在評估「被投資」時可以考慮的項目。接下來將針對公司「發展」過程，每一輪的募資／被投資的策略與安排。

在深入之前，將先了解一下新創募資的困難實況。

## ▍創業募資有多難？實際數據告訴你！

　　雖然大家都知道向創投募資的困難度，但實際上到底比例為何，則隨著市場與當地資金、新創活躍程度等，而有很大的差別。若拿當今最活躍的矽谷來說，由超級天使投資人馬克安卓森和班霍洛維茨共同創辦的創投公司 Andreessen Horowitz，每一年大約會收到 3,000 份新創團隊略有雛型的創業募資申請，其中會仔細看或約來開會的大約有 200 個團隊，最後能投資的則只有大約 20 個，占 0.6%。從 3000 到 200 到 20，這個數字當然是在新創豐沛的矽谷才有；但根據我們團隊的了解，在台灣，新創獲得投資的「比率」竟然也非常相似。

　　若以「當年所有初創公司」來當分母（40,000 家），資料顯示，在初創事業階段就得到創投「機構」投資(20 家)的比率，僅占所有創業公司的 0.05% 而已[8]，大部分初創事業（99.95%）的資金來源是創業家自掏腰包，或有幸找到家人、天使投資人贊助。這雖然是個殘酷的現實，也說明了創業家要創辦事業，一開始如果自己或家人朋友都拿不出一點資金來啟動，就得找到超經濟、零資本便能開啟的事業內容。若期待一開始就找到外部專業投資人（如創投）來投資，其實是不切實

---

8　資料來源：Fundable: Startup funding infographic: 初創資金來源統計：57% 個人、家庭朋友 38%、銀行貸款 1.43%、天使投資人 0.91%、創投公司 0.05%

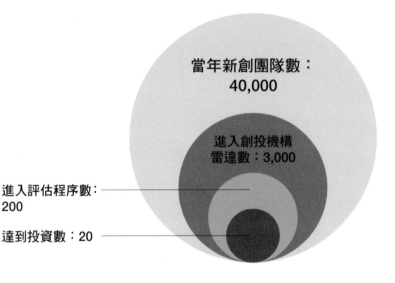

**Andreessen Horowitz 矽谷知名投資人**
**每年過眼的募資申請、實際評估與投資數量 ***

當年新創團隊數：
40,000

進入創投機構
雷達數：3,000

進入評估程序數：
200

達到投資數：20

資料來源：Corporate Finance Institue
製圖：達盈管理顧問

\* CFI Education Inc.: How VC's Look at Startups and Founders

**台灣狀況**

　　台灣活躍的創投，一年內約過眼 500 件案子，能投資的也約在 3~4 案左右而已。因此台灣創業家不必怨嘆「台灣沒有新創創投」。事實上，**台灣的創投生態跟世界上大部分的創投生態類似，篩選新創的過程都是百中選一**。在競爭激烈的矽谷，獲得頂尖創投投資的機率恐怕只會更小而已。

際的妄想。

相對地，若用自有資金先將事業、產品的內容做出某種驗證，略具雛形，在適當聯繫下進入創投機構的掃案雷達（3,000家）、前進專業創投公司，便有更好的機會能獲得青睞投資。（從 0.05% 提升到 0.6% ！）雖然數字都很小，創業家也不用灰心；台灣政府這幾年鼓勵創業，各種補助款、獎項、孵化器培育等辦法遍地開花。在獲得專業創投投入前，新創團隊還是有各種機會找到支持其生存的資源，端看團隊的努力與韌性。

由上得知，一個創業家第一次得到外部投資（或稱種子輪）後，心裡應該是沾沾自喜，畢竟獲得專業投資機構的青睞是非常不容易的事。所以創業家第一次「打怪」成功，的確值得恭喜。既然已經搞定一次，募資的精髓應該都掌握了吧！（可以把書丟掉了嗎？）然而，這只是一切的開始而已……

## ▋ 為何每一輪募資都還是很困難？

根據 CBInsights 2018 年 9 月的報導，新創公司在種子輪之後，經過一連串的淘汰，到最後做到第 6 輪以上、成為獨角獸者僅僅只有 1%；包括當今最大最紅的一些公司，如 Uber、Airbnb、Slack、Stripe、Docker。注意了！這是取得種子輪後的 1%，如果再乘上得到種子輪的比率，現在計畫要開公司創業的創業家可以算一算，成為獨角獸的機率。

大家都能理解，新創公司因為融資不成、資金斷鏈而走不到下一輪，或屈就於當時有的任何出場機會，是常聽到的創業

故事。當 CBInsights 追蹤美國 1,119 件獲得種子輪的新創公司，後續在創業融資路途上的表現時，發現從種子輪到下一次融資（第二輪）時，有 38% 的團隊無法融資成功而收攤。可想而知，對於投這一輪的投資人而言，除了「現在」投資價值判斷的查核外，實在不得不將「未來」失敗淘汰的比率列入決策考量。

歷史調查結果也告訴我們，尋求創投投資，除了第一次（種子輪）的確不容易外，「第二次、第三次」的 A、B 輪其實也不保證成功，到下輪又成功募資機率約是 48%、63%。由於創投策略的不同，有許多創投是專門投 A 或 B 輪的機構，這些機構的投資決策中，也會將該輪自然淘汰率納入考量，而且公司營運時間已較長，可供查核的項目和要求也更多，已經發生的過往歷史，團隊的品質、創辦人的品行，也隨著時間拉長而漸有更多的實質資料攤在陽光下。

然而一旦已有專業創投參與投資，團隊能募到下一輪資金的機會其實遠高於從未得到機構投資的公司。除了公司本身漸趨成熟外，「已上車」的專業投資人數量也較多，代表有更多專業資源，在行業內各憑本事地幫公司尋求募資機會與出路，公司獲得下一輪投資的機會也相對較大。別忘了，對創投來說，已投資標的公司的成長、募得下一輪，就是他們最在乎增值的一部分！對創業家來說，這也是創投在資本市場上能給予不可取代的深刻價值。

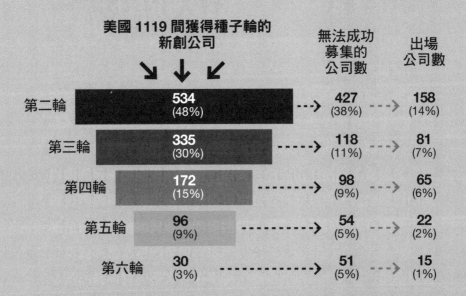

**追蹤 1119 件獲得種子輪的新創公司**
**1119 US Seed Tech Companies***

美國 1119 間獲得種子輪的
新創公司

無法成功
募集的
公司數

出場
公司數

第二輪 | **534** (48%) | ┄→ | **427** (38%) | ┄┄→ | **158** (14%)
第三輪 | **335** (30%) | | **118** (11%) | | **81** (7%)
第四輪 | **172** (15%) | | **98** (9%) | | **65** (6%)
第五輪 | **96** (9%) | | **54** (5%) | | **22** (2%)
第六輪 | **30** (3%) | | **51** (5%) | | **15** (1%)

\* CBInsights: 2018/9/6 Venture Capital Funnel Shows Odds Of Becoming A Unicorn Are About 1%
\* 圖示百分比之分母為 1119（獲得種子輪的創新公司）

## 出場想像、各輪募資困難度的現實，影響募資策略的設計

前兩節說明了募資／被投資在各輪之間困難度的變化，與實際能夠融資多輪走到大規模公司的機率。這些事實都大大影響了創投選擇投資標的、評估投資價值的方法。對創業家來說，可以利用「逆向思考」的方式來衡量募資計劃。以下舉例說明：

譬如「多多」是剛開始有一些初期使用者的小軟體服務商，隨著使用者增加而有了一些規模，多多想要尋求外部投資人挹注資金，使其可以找更多工程師來開發產品，並能有廣告預算吸引更多用戶。多多早期是由創辦人和親友湊出幾百萬元所設立的公司，現在打算尋找專業投資人（創投）。多多要如何規劃募資計畫呢？

首先必須澄清的是，這裡說的募資計畫並不只是「本次」的募資，而是「整個公司從起始到出場」整個旅程中的募資計畫。創辦人心裡想的可能只有眼前這次募資，但對於創投來說，更會直接往未來想像最後的出場。任何一個本來就在尋找相近題材的創投，會先判斷多多的用戶規模、服務題材是否值得看下去。所謂「值得」，莫過於這類型的公司「能不能有價值的出場」；譬如，過往類似題材出場的公司，是在 X 規模、產生 Y 價值時、用 Z 價格出場（無論是以 Z 被併購、或以 Z 市值 IPO）。

假若現在多多的用戶規模 M，產出營收是 N，估值 P，估

計多多從 M 到 X、或從 N 要做到 Y、使公司估值從 P 到 Z，還要多久？到達那個境界之前，公司還需要成長多少，還需要募資若干次？以每次募資稀釋 15~25% 股權的比率推算，到出場的時候，該創投這次投下去股份的還剩多少百分比，乘上出場價格 Z，回收倍數是多少？……由這個思維模式觀察，讀者可以發現，「以 Z 價格出場」是很重要的一個「參考終點數字」，有了這個終點數字，再加上前章節所提的「自然淘汰率」，才能倒推回來，說出一個像樣故事的數字。進而推向創投可能考慮、納入決策的查核流程。

實務上來說，若市場已經有許多前輩出場案例，無論是併購或公開上市，都會讓創投決策較為容易：至少「通往羅馬的路有人走過」。譬如台灣曾鼎盛一時的 IC 設計產業，目前光是掛在公開市場的公司就有 88 家，可以想見過去 IC 設計公司創業盛行時，投資人很容易就能「參考」出場的套路，進行投資評估與決策。相反地，「軟體產品自有開發銷售」相關的上市櫃公司（不含軟體代理、系統整合商），在台灣的公開市場上就屈指可數；著名的公司如訊連科技，是 2004 年就上市的老公司；新進的網路題材公開上市公司家數也是數得出來（數字科技、網家、燦星旅、創業家兄弟、富邦媒、東森、綠界科技），相關併購案亦是寥寥可數。在極度缺乏前人實例的狀況下，創投得自己「想像」且「創造」出場景象與回收數字。於是，最有眼光且有造市能力的創投，才有可能在史無前例的情況下，率先進入新的題材之早期投資──這當然是創投中最有膽勢、且沒有戰死在半路的鳳毛麟角佼佼者。

| | 現在的多多<br>（若中間經過 2 次融資、每次稀釋 20%） | 想像未來出<br>場時的多多 |
|---|---|---|
| 用戶規模 | M | X |
| 產出營收 | N | Y |
| 公司估值 | P | Z |

假設本輪後還需要募資 2 次，從本輪後須 6 年才出場。請問算式如何列？

假設本次投資估值 P，投資人 10%
2 次融資後投資人持股被稀釋狀況，10% x 0.8 x 0.8 = 6.4%
最後出場價格：(Z x 6.4%) / 投入金額 (P x 10%)
此即投資報酬倍數的簡單計算

如果 P = 1 億，Z = 1.5 億，投資人根本沒賺！
如果 P=1 億，Z = 3 億，投資人賺 1.92 倍；IRR( 年化回報率 ) 11%
如果 P=1 億，Z = 10 億，投資人賺 6.4 倍；IRR( 年化回報率 ) 36%

由此不難想像，早期投資人除了早期公司不確定風險高外，在多輪的融資活動後，股權亦會被稀釋。

綜觀以上，「募資計畫要倒過來想」的意思，就是先對出場方式與可能金額有一個預想，或至少「下一輪」的預想，想想要做到那個里程碑，需要多少時間、多少錢，由此回推，「現在」需要向外募集多少錢。

譬如多多公司現在用戶 10 萬人，下一個目標是「100 萬人」，創辦人推估這在大約資金 1,000 萬元的加持下，可以加速進行，一年半左右可以做到。而環顧四周，類似服務有 100 萬用戶者，有用 6,000 萬估值募集成功者。多多公司決定也用

這個邏輯來計劃：本次若募集 1,000 萬元、占比為 33%，投後估值即為 3,000 萬（1,000 萬若相當於 33%，則整個公司 100% 的估值則為 1,000 萬 / 33% = 3,000 萬）；而創業家預計兩年內把公司做到 6,000 萬的估值，也就是 100 萬用戶基礎目標，再用 6,000 萬估值募集下一輪。( 以上為作者給定的預想，純屬假設 ) 創投收到這樣的計畫的時候，便會拍拍腦袋：

- 兩年後估值翻倍（3,000 萬到 6,000 萬），但再之後會怎樣？再下一輪募集得到嗎？或是這樣就有出場機會嗎？
- 若出場，兩年兩倍的投資報酬，符合我的投資績效需求嗎？
- 創業家所說的類似服務「以 6,000 萬估值募集」是否合理？認同？失敗機率？
- 創業家說拿到 1,000 萬可以在兩年內做到 100 萬人，是否合理？創投認同嗎？失敗機率大約是多少？

由此可知，創投看的可不只是這輪，而是整個公司發展歷程。對創業家來說，與其說計劃募資策略、倒不如說是對商務發展、乃至於最終出場策略的表態，能否成功募資，則取決於創投是否認同該發展策略，是否與創投的投資決策思維相符。

## ▋創投多有偏好的投資階段，創業者宜先了解各家創投策略

每家創投都有擅長的投資階段，有些專投種子輪、A 輪等早期團隊，這些創投對於初生的機會具有敏銳度，且能有彈性

地引導或協助小團隊迅速確立成長方向，使之起飛。有些則專注中期，對於已經有市場接受度且有各項合規資料的團隊，幫他們更大規模地擴大，飛得更高更遠。有些則專注晚期，直接搭上快到出場終點站的班機，但要確保他們在落地出場的那一刻平平安安，光榮返抵國門。

可想而知，每一階段的創投所具備的能力和特質都不一樣，更重要的是，各創投的基金規模肯定是截然不同。

譬如一檔募集 1 億美元的基金，要如何投種子輪的團隊呢？若一筆 50 萬美元的種子輪支票，就得投 200 家才投得完；投後創投管理的人力與費用並不划算。因此才有人說「**基金規模就代表了策略**」。創業家在尋找創投時，對於基金規模與創投的特性專長通常不甚了解，常因此浪費時間在與頻率完全不對的創投對話。

## 亂槍打鳥、一網打盡、貼身觀察⋯⋯新型態創投策略是創業者的機會，還是耐力的耗損？

另一個關於創投漏斗現象的影響，是新形態的創投策略。譬如有些創投專注於極早期的團隊，也明知成功機率極微，與其花太多時間查核（很早期的團隊沒有太多資料，也查不到什麼東西），不如盡快做決定，投資非常小額，先買一張門票卡位，快速而小額地提升中獎率。像是霰彈槍（Shotgun approach）般，或可戲稱為「亂槍打鳥」。

更有甚者，在相似的題目賽道內，將已跑在前頭的幾名選手一網打盡，即使他們彼此是競爭者，也同時投資他們。不論誰贏誰輸，創投都確保能卡到一席中獎位置。這就像是在漏斗的最上方盡量放大開口，期待能網到千里馬一般。中國有些水大魚大的創投便會使用這種策略。

除此之外，亦有創投在發現「值得深入查核」的小團隊時，在種子輪前就先投下非常小額的投資，條件是進入創業團隊、非常密集地與之互動數月，數月後再決定是否寫下正式的種子輪支票。這對於超早期投資而言，可說是延長查核時間、增加對團隊理解，以過濾淘汰掉不適當團隊的好方法。對創業團隊來說，也可以提早與潛在投資人進一步互動，探索適合度。

然而第一張支票雖然很小，與團隊互動非常耗費人力與精神，創投本身也需要巨大的精力與熱情支撐，團隊相對也要付出時間與精神。這樣的模式是否能大大提高種子輪投資的中獎率，尚待觀察。不過可以確定的是，這種形態只有在創業生態圈極度暢旺、創業團隊密集度超高的地方（如矽谷）才有可能運行。畢竟在一般的生態圈裡，不太可能有那麼多「值得花 6 個月仔細查核」的初期小團隊。

再舉另一種新形態的創投策略。有的創投除了專門針對極早期的團隊進行小額投資外，更積極著眼於幫助這些團隊越過「死亡天險」，拿到 A 或 B 輪投資，且一開始就與團隊約定，該創投會在 A 或 B 輪後就出脫持股、出場下車；這與傳統創投盡量以時間換取公司高倍數成長的作法迥異。

對創投來說，在非常早期時投資價格非常便宜，在 A 或

B輪就下車，也許只需要二年，不必等待太久；也不必在後期股權已經被稀釋成極少數時，再任由當時的大股東「宰割」。若新創團隊在二年間能拿出成績，就算沒有百倍十倍，好歹也有數倍增值，對於部分投資人來說，未嘗不是一種新的經營方式。

# 6 小結

## ▌爭取投資不易，保持心態最重要

再多的分析、查核活動，最後仍需指向一個投資決策。如前所述，創投多半需要全體合夥人一致通過，才能進行一項投資。因此創辦人不要以為已說服一個合夥人就高枕無憂。在會議上說服一位合夥人後，後面等著的還有盡職查核的細節，甚至還有另外幾個創投合夥人必須說服。每家創投的投資決策流程不盡相同，創業家亦可直接向有興趣進一步討論的創投詢問，以規劃募資進度。

**創投在作決策時，只要一個壞理由就可以拒絕一個案子，但有一百個好理由還不一定能決定投資一個案子。**創業家被拒絕了也不必灰心，因為創業家不需要說服世界上所有的創投——只要有一家創投認可就夠了——即使這件事發生的機率約莫只有 0.05%。但創業不就是在充滿未知的道路上披荊斬棘地前進嗎？

若您已經擠進這扇窄門，恭喜您！接下來需迎向各種投資條款與估值的談判廝殺。我們繼續看下去。

CHAPTER

# 6

# INVESTMENT TERM AND VALUATION

# 投資條件與估值

> **" 任何一項投資，到了最後，**
> **免不了要認真探究投資標的價值／價格。**

基於技術太新、商業模式太新，或公司還無法拿出
實質績效，以致新創團隊的價值／估值，不容易以
單一評價模式套用。於是創投在不同發展階段的投
資情境下，為了保護投資人的權益，而發展出各式
各樣的投資條件，以及相對合理的估值。

對新創而言，了解創投管理投資的思維與執行，
以及未來在接受投資後、公司經營與股權變化時需要注意
的方向，是本章想要表達的重點。 **"**

# 1 為何要確認投資條件 與估值？

創業家好不容易理解創投如何做決策、努力將公司包裝呈現、通過查核、而得到第一次創投承諾要投資的時候，真是興奮莫名。不僅僅是公司即將得到金錢與資源的挹注，創業家更獲得投資人肯定的成就感。然而，這可說是另一個技術性篇章的開始。專業的創投投資人對於投資的條件，有各種要求，雙方對「公司的價值」，亦需要取得共識。簡單來說，「投資」不外乎是「投入多少錢、得到多少股份」；這「多少」兩個字，就包含了大量的談判與攻防。

創投行業在多年的發展下，除了「錢換股」之外，還產生許多特殊的條件作為談判時的交換籌碼。對創業家而言，除了理解每項條款在執行上的細節，更重要的是體會「為什麼」創投會以這些條件來進行談判，其背後的意圖、所要保護的狀況，以及在「何時」、「什麼背景下」會觸發這些條款。由此更能理解創投管理投資的思維與執行，以及未來在接受投資後、公司經營與股權變化時，需要注意的方向。

一般來說，在開始進行投資條件談判的時候，投資方至少已經對被投資方的被投資價值有了一定程度的認可。然而，由於投資條件有許多項目與討論空間，雙方（有時是多方，包含

多個投資人、多個創辦人的意見）對各種條件亦有不同面向的要求。因此即使開始討論投資條件，也不保證雙方最後能達成協議、完成最後的投資。估值——也就是「估計（且雙方同意）整個公司當時的價值（價格）」——**是投資條件內最敏感的討論項目。因為對創辦人來說，公司整體被認可的價值高時，收取同樣的投資額、所需要「讓出」的股份相對就小**（股份的稀釋程度小），所以創業家通常特別在意。在取得投資條件整體共識期間，各種投資條款的隱含意義，相對於估值的談判，對於剛創業的人來說實在不容易了解，這些也是創業家最常討論的熱門話題。

實際運作上，當創投投資人在進行每一項投資時，會考慮的重點有：出場時機、獲利機會（upside，可想像為「往上有多少賺頭」）的參與及下限風險（downside，可想像為「向下有多少損失」）的保護、經營過程中的風險評估與處理方式……等，專業創投早已有許多經驗，會依據現實需要將這些列入投資條件。在初步決定投資意向時，創投會將這些條件大致的綱領，包含最重要的價格等，寫入投資條件書（Term Sheet），作為接下來溝通談判的基礎。待創業家簽下投資條件書，等同於初步同意了這些基本條件後，創投才會再仔細與之進行「投資合約」內容的談判與確認。

投資合約〔通常包含投資合約（Share Purchase Agreement）與股東協議書（Shareholder Agreement）〕是以文字呈現各種狀況下的詳細處理方式，與所有投資相關資料，如投資前投資後的股東架構、董事會架構、所有投資人的聯繫方式、

權利與義務，甚至第一次設定的業績目標等，整份文件的定案常需要律師在其中幫忙釐清、撰寫成完整的法律文字，花費數週才能定稿。簽署完成具有法律效力後，才進行匯錢與股份登記等流程。

本章將針對常見的投資條款，與創業家最關心的估值方法進行說明。

# 2 什麼是特別股與普通股？

「股份」是一家股份有限公司均分其資本的單位。對股東而言，就表示其在公司資本（總價值）中所占的份額。原本股份也就是一個基準單位，可簡單的表達股東在公司內所擁有的份額、算出所占的比例。每個單位即具有一定的權利，被規範於公司章程與國內法律，如參與股東會、投票等。此基本的股份單位就稱為普通股（Common Share）。

相較於普通股，特別股（Preferred Stock）則具有普通股所沒有的某些特徵；它同時具有更多不同的權益，通常明訂在投資合約中，投資後再於公司章程內說明，以確認所有股東與經營者皆能遵守照辦。「特別」（或「優先」）是相對於普通股而言。特別股的「特別之處」，經常規範了較優先的受償順序、股利配發順序、參與再增資的優先權，或對特定公司治理項目的否決權……隨著環境變化、投資人進化，漸漸發展出各種各樣的權益工具，使特別股的可能性愈發豐富，本章可討論的內容也愈來愈多。

台灣過去受限於《公司法》規定，每股面額必須為10元，即一股不能以低於10元發行。這條規定讓新創事業於初期募資時產生矛盾現象：創辦人若沒有足夠的自有資金，便無法以

較少的出資額獲取公司的主要股權；當得到投資人認可、挹注較大資金後，公司大部分的股份便被投資人拿走，創辦人反而無法在股權上主導公司，亦削弱了創辦人的經營動機。2019年新《公司法》通過實施，新創事業可發行每股 10 元以上、或低於 10 元面額的股票，甚至為 0.1 元、0.01 元。同時也放寬發行特別股的限制，讓持別股能更靈活運用。

　　由此，創辦人在初創公司時，可以彈性的面額發行股票，即使創辦人出資金額不高，也能取得相對多的股數。譬如創辦人出資 80 萬元、一股 1 元，可取得 80 萬股；而投資人投入 200 萬元、一股 10 元，可取得 20 萬股。如此一來，創辦人取得公司股權的門檻相對較低，即可掌握主導權與經營權。更進一步，無面額股份，即「沒有最低價格限制」的股份，已在世界各國成為主流。以往投資人在意的是「每股價格」，以該價格與 10 元固定面額的差距，作為公司價值的變化依據；而現在使用無面額或彈性面額股份，則不須在意單位股份面額數值，直接以公司整體估值作為價值依據，讓創業家或投資人更容易理解公司的整體價值，有利籌措資金。

　　面額鬆綁後，台灣新創公司更能以靈活彈性的定價方式，規劃適當的股東出資與比率分配。特別股限制鬆綁後，其特殊條款的應用，也能成為台灣創業投資者的基本工具包。過去台灣的創業團隊為了迎合創投業者要求的特別股條款，一開始就花費昂貴的律師、簽證、會計費用，千里迢迢到境外設立公司，現在只要以台灣公司架構便可實現。因而在募資的過程中，創業家對於特別股的條款設計與認知，也就必須更加慎重思考。

有別於普通股之每股權利義務都相同，特別股具有不同的條件、權利與義務，需於投資協議中認定條款內容，並定於章程。常見的特殊條件有：優先分派股利、公司清算時對公司資產優先受償、可轉換為普通股、可贖回、反稀釋、針對特殊事項有特殊表決權等。由於特別股的設計可針對投資的當下與未來預測狀況進行各種調整，過去在台灣《公司法》鬆綁前較少使用，反而是移至英美法系國家之境外公司與海外投資人，以及中國地區的投資環境下被大量使用。每一個項目均有定義的彈性，需要創業者與投資人雙方協議後，詳實寫入合約，還可以加入不同的條件與執行方法，以致一本投資協議書竟能厚達數十頁。若是境外公司的英文合約，創辦人光是要看懂內容就頭昏眼花，律師費用更因此水漲船高，創業家不可不慎。

　　以下就分項介紹一些常用的特別股條件。

# 3 常見的特別條款

## ▌優先清算權（Liquidation Preference）
【創投 O.S.：確保至少能拿回投資金額！】

當公司發生清算事件時，投資人將可優先拿回的投資額。本權利通常以「倍數」呈現，如 1、2、3 倍；即公司清算時，投資人可優於普通股東，拿回 1、2、3 倍投資金額的回報。「清算」程序和內容乃至於「清算人」在台灣《公司法》有明確的定義，而觸發清算的情事亦有說明。然而投資條款中對觸發「清算事件」的條件，需要特別的定義。

通常「視為清算」（Deemed Liquidation Event）的條件包括公司進入清算程序、中止經營、解散、公司發生合併、收購，或轉讓股份（或投票權），導致原有股東在續存的實體中不再擁有大多數表決權。最常見的就是公司被其他公司併購。發生併購的時候，「視為清算」即成立，投資人可按照合約拿回優先清算額。

投資人投資 100 萬元，占 20% 股份，約定取得 2 倍優先清算權。如果公司後來以 800 萬元賣掉，則投資人無論投資 100 萬元時占多少股份，都可先行拿回 200 萬元的優先清算額。若公司只以 300 萬元出售，投資人還是可以先拿回 200 萬元。

試想若沒有這個優先清算權，投資人在公司 800 萬元出場時，投資人只能拿回 800 萬 ×20% = 160 萬元。而公司以 300 萬元賣出時，投資人甚至只能拿回 300 萬 ×20% = 60 萬元 了。

■ 案例試算：
(針對投資人的部分)

| 投資金額 | 股份占比 | 優先清算倍數 | 出場金額 | 實際拿回清算資金 |
|---|---|---|---|---|
| 100 萬 | 20% | 2 倍 | 大於 200 萬 | 100 萬 ×2 倍 = 200 萬 |
| 100 萬 | 20% | 無 | 800 萬 | 800 萬 ×20% = 160 萬 |
| 100 萬 | 20% | 無 | 300 萬 | 300 萬 ×20% = 60 萬 |
| 100 萬 | 20% | 2 倍 | 2,000 萬 | 100 萬 ×2 倍 = 200 萬<br>或<br>2,000 萬 x 20% = 400 萬 |

優先清算權對於創投來說，是一種下限風險（downside risk）的保護措施。也就是除非該公司出場的金額連投資人的投資額都達不到，投資人最少還能拿回投資額、甚至數倍的投資額。一般來說，**優先清算主要是影響新創公司在被併購時，各方人馬拿到的出場份額。由表中最後一行可見，若出場金額高時（如 2,000 萬），與其拿優先清算權，更大的份額會來自特別股轉為普通股後，按股權比例直接分配。因此，創投亦有設計「參加分配權」，在優先清算額拿到「之後」，再按照股權比例，參加剩餘額度的金額分配。**

　　如此一來，併購金額大時，創投除了保本（行使優先清算權）外，另可利用參加分配權（下一小節說明）來參與獲利。併購金額小時，創投亦能優先取回投資額。併購金額「只要比投資額大」，創投至少可拿回本金！[1] 若出場金額非常小時，創業家甚至有可能什麼都拿不到，因為創投的優先清算權幾乎拿光了所有的出場金額。

　　由上所知，優先清算權可以某種程度「保障」投資人的下限風險，因而淡化「股份比例」在出場時的絕對影響。這多少說明了，為什麼許多新創公司的募資看似風光，估值宣告的非常高（意即創投相同的投入，卻取得較少的股份比例），彷彿創投特別慧眼獨具、無懼風險；實際上，潛藏於投資條件中的優先清算倍數，有可能是數倍於投資額，使創投可以「無懼」於當下較少的股份占額，大膽地給估值、參與投資。

---

1　此為簡化例子，假設該投資後沒有其他後輪投資人。

在特別股設計方面，優先清算權是很基本的一項條款；大部分特別股條款中的第一項，就是優先清算權。對創業者來說，一般很難拒絕優先清算權。需要注意的應該就是優先清算的倍數。1 倍還可以說是投資人的下限保護，使其至少拿回投資額。2 倍也許還說得過去，但 4 倍、6 倍呢？雖然說優先清算權有部分是鼓勵創業者努力瞄準更高價值的出場機會，但過高的倍數可能隱含著，投資人對該公司整體實際成長倍數有所懷疑——也就是該公司估值已經太高啦！這也是為什麼在晚期投資時，較常看到這種高倍數的優先清算權設定。另一方面，無論優先清算倍數為何，在股東名冊與比例上都看不出來，但在併購出場時，優先清算權將會對金額分配有極大的影響。創辦人必須心裡有個底，才不會在日後公司出售、計算分配額的時候，才猛然發現能拿到的金額跟想像的不一樣。

# ▍參加分配權（Participation）
## 【創投 O.S.：另一種利益極大化的方式】

公司發生清算事件，當優先清算權執行後，若還有剩餘金額，投資人將可按占股比率再分配餘額。本權利又有數種變形，如完全參加分配（Fully-participating）、倍數限制分配（Capped-participating）。完全參加分配就是餘額完全按照比例參與分配；而倍數限制分配則是有限制性的參與分配，例如分配總額到達當初設定的倍數後即停止。

投資人投資 100 萬元，占 20% 股權，取得 2 倍優先清算權與完全參加分配權；當公司以 800 萬元賣掉，投資人先拿回 200 萬元（優先清算權）、再參加剩餘 600 萬元之分配，即再得到 120 萬元（600 萬 ×20%）。總共可拿回 320 萬元（200 萬元 +120 萬元）。

**再舉例來說：**

投資人投資 100 萬元，占 20% 股權，取得 2 倍優先清算權與 3 倍的倍數限制分配權；當公司以 800 萬元賣掉，則投資人先拿回 200 萬元（優先清算權）、再參加剩餘 600 萬元之分配，原本可再得到 120 萬元（600 萬 ×20%），但因有 3 倍限制分配，總額不能超過投資額的三倍（100 萬 x3=300 萬），所以最後拿回 300 萬元（100 萬 ×3）。

**■ 案例試算**

| 投資金額 | 股份占比 | 出場金額 | 優先清算 | 參與分配權 | 實際拿回清算資金 |
|---|---|---|---|---|---|
| 100 萬 | 20% | 800 萬 | 2 倍＝ 200 萬 *完全分配 | （800 － 200）×20% ＝ 120 萬 | 200 萬 +120 萬＝ 320 萬 |
| 100 萬 | 20% | 800 萬 | 2 倍＝ 200 萬 *有 3 倍限制分配條件 | （800 － 200）×20% ＝ 120 萬 | 所以最多只能拿回 100 萬 ×3 倍＝ 300 萬 |

參加分配權使創投能參與到公司被併購時的獲利機會（upside）。**相對於優先分配權的下限保護，此為另一個方向的利益極大化，因此兩項經常合併使用。**若併購金額較小，公司的確會在優先清算加上參與分配後「被剝兩層皮」，創辦人實際拿到更少。但併購數字越大時，這兩項在比例上影響則相對不大。詳見第四小節特別條款對實際出場時的影響（268 頁例 1）。

### ▷【創業家注意！】

建議創業家在研究投資條件時，模擬數個出場金額情境，試算投資人最後拿到的額度，與創辦人自己能拿到的份額，並推估在不同金額被併購出場所需要的時間與可能性，對照自己對「出場」的想像（至少要能賺到多少，才值得我現在這樣賣命），形塑出合理的條件。

創業者可以問自己兩個最簡單的問題：

**Q1：我拿到多少錢才滿足？**

**Q2：需要多少時間才能達到這個目標？**

Q1 隱含著創業者對出場、對「賺錢」、對「值得」的想像，再倒算回推公司的出場額需要做到多少才能滿足創業家的想像，然後對照公司目前的狀況，需要多久（Q2）、甚至到底有沒有可能做到那個出場額？

Q2 則隱含了，後續還有幾次融資，創業家的股份比例還會繼續變少（能拿的更少）。

**案例說明**

　　公司創辦人占 80% 股份，其餘是拿了有二倍優先清算額與參與分配權的投資人，該投資人投了 200 萬美元；假如創辦人心裡想要拿到的金額是至少 1,000 萬美元，則被併購金額至少是 1,250 萬美元（1,250 萬 ×80% ＝ 1,000 萬），加上投資人投資額的 2 倍（簡化計算，假設只有一輪投資人），則為 1,650 萬美元。也就是說，今天如果有一個 1,200 萬美元的併購機會，創辦人大概不會考慮；就算提升到 1,500 萬美元，創辦人心理上可能還是不能馬上接受。

■ **案例試算**

| 創投投資額度 | 創辦人投資額度 | 創辦人想像拿回金額 | 創投優先清算 | 出場最少金額 |
|---|---|---|---|---|
| 200 萬占 20% | 800 萬占 80% | 1,000 萬（1,000 ／ 80% ＝ 1,250 萬） | 2 倍＝ 400 萬 | 1,250 萬 +400 萬 ＝ 1,650 萬 |

說明：
假設估值 1200 萬：不考慮
1500 萬：還得再想想。

以上只是一個特別簡化的例子，主要是想引導創業家，在考慮投資條件與談判時，不能只單純看單一的條件「感覺好不好」，事實上創業家可以拉出試算表，把各種條件所造成後續的股權變化、在不同出場價值下，對創辦人本身獲利的影響；再回頭微調、攻防個別項目。

　　說到最後，創業者還是要捫心自問，搞這麼多，是否有賺頭？在本章第四節有幾個更詳細的例子提供參考。

## ▶ 【創業家注意！】

　　由於有可能發生不止一輪的融資，每輪都可能會有不同的優先清算、參與分配權，導致最後出場分配結果較為複雜，甚至產生疑義。若能使用統一清算分配（Pari Passu）將各輪投資人統一計算，則能簡化。亦即就算有數輪投資人，大家也「同時」拿優先分配額。相對於此，有些創投會要求「優先」（Seniority），也就是他要「先」拿到自己的優先分配額。特別在已經有多輪投資人，且後輪價格相對已經相當高的時候，投資人可以保護自己的方式（因為出場額可能會不夠分，要確保自己能有高優先權拿回自己的份），但更後輪的投資人，通常又會要求「更」高的優先權……。

　　若一家公司已經經歷了 A、B、C、D 四輪，每輪都有 1 倍的優先清算權、四輪分別投入了 200 萬、500 萬、1,000 萬、800 萬元，如果 D 輪在投資時有設定優先權（Seniority），則 D 輪投資人可以先拿走 800 萬元與參加分配額，然後才輪到其他輪的投資人來分。若有設定統一清算分配（Pari Passu），則在出場總金額中，A、B、C、D 四輪所有的投資人都能「同時」拿到自己的優先清算額，也就是從出場額中先拿出 2,500 萬元，一次分給所有的投資人，接下來再一起按股權比率進行參加分配額的分配。乍看沒什麼不同，但若出場額不夠的時候（譬如：連 2,500 萬都沒有，只有 1,000 萬時），Pari Passu 就會讓 A、B、C、D 投資人按照出資比例來分配，D 輪投資人就只能拿到 1,000 萬 ×8 / (2+5+10+ 8) = 320 萬元。這個時候就可以看出優先權與 Pari Passu 造成的異同了。更明確的比較可參考下一頁的「案例試算」。

**■ 案例試算**

| 出場<br>金額 | D 輪<br>800 萬，<br>占總投資額的<br>32% | A 輪<br>200 萬，<br>占總投資額<br>的 8% | B 輪<br>500 萬，<br>占總投資額<br>的 20% | C 輪<br>1,000 萬，<br>占總投資額<br>的 40% |
|---|---|---|---|---|
| | ★ 1 倍優先清<br>算權<br>★ 設定優先權 | ★ 1 倍優先<br>清算權 | ★ 1 倍優先<br>清算權 | ★ 1 倍優先<br>清算權 |
| 2,500 萬 | D 輪先拿<br>800 萬 | 剩下 1700 萬，還夠 ABC 輪投資人各<br>自拿回 1 倍投資金額：200 萬、500 萬、<br>1000 萬 | | |
| | ★ 若先設定統一清算分配（Pari Passu） | | | |
| 2,500 萬<br>＝ 4 輪投<br>資總額 | 同時分給每輪投資人 800 萬、200 萬、500 萬、1000<br>萬 | | | |
| 1,000 萬<br>＜ 4 輪投<br>資總額 | 1,000 萬<br>×32%<br>＝ 320 萬元 | 1,000 萬<br>×8%<br>＝ 80 萬元 | 1,000 萬<br>×20%<br>＝ 200 萬<br>元 | 1,000 萬<br>×40%<br>＝ 400 萬<br>元 |

　　對於初創業的創業家，第一次看到 Pari Passu 這個既不是
英文也不是中文的專有名詞，心中應該滿是問號，更不要說理
智思考條件了。幸而現在創業風氣盛行，資訊發達，又有本書
整理相關資訊。相信對創業家而言，種種條件不再是黑盒子，
創業家有足夠的知識與認知，才能在關鍵條件上與創投對等而
有效率地對話。

# 優先分派股利（Preferred Stock Dividend）

【創投 O.S.：目的是為了鼓勵創業團隊將盈餘用在公司的成長上】

　　特別股在股利分派上可以設定優先權。雖然並不表示股利一定會分派，但如果公司欲分派普通股股利，則必須在之前或同時分派優先股股利。該分派股利可以是「可累積」（cumulative），也可以是「不可累積」（non-cumulative）的形態。**若優先股為可累積優先股，公司在草創初期還未獲利，因此沒有能力分派特別股股利（或按低於約定的股息率分派）**，一旦公司營運好轉，有能力開始分配股利時，需先補足之前的差額給特別股股東，之後才能分派普通股股利。若該優先分派股利權為「不可累積」者，則公司在某一段期間不分派股利，該特別股股東亦無法在以後期間獲得補償。

## 案例說明

　　若優先分配股利的條件為「每年投資額的 6%、不可累積」，創投投資 100 萬元，則在公司營運期間，若某年有所獲利，想要發配股利，則該年需從欲發配的金額中「優先」給創投 100 萬 ×6% ＝ 6 萬元，剩下的部分才按股權比例分配給股東。若條件為「每年投資額的 2%、可累積」，則在剛開始公司未有盈餘時就算不分配股利，到了某年若公司決定要

分發股利，則必須先計算屬於該投資人的：100 萬 ×2%×N
年，先發還這個金額，剩下的才能給所有股東平分。

■ 案例試算

| 分配股利條件 | 創投優先分配股利 | 其他股東分配股利 |
|---|---|---|
| **每年投資額的 6%、不可累積** | 投資額 100 萬<br>×6% ＝ 6 萬元 | 剩下的股利，再依股權比例分配給股東 |
| **每年投資額的 2%、可累積** | 100 萬 ×2%×N 年 | |

　　股利的分配通常在公司已無累積虧損、且當年又有相當盈餘時，董事會才會考慮發放。對於時下 A、B 輪之前的公司，甚至到更後輪的新創公司，都還言之過早。所以對創業家來說，乍看之下這個條款意義似乎不大；再者，優先分配權的數字當然越小越好、更不要累積。然而本條款的精神，並不是讓特別股優先享受股利的分配。創投投資人有興趣的是公司的出場，及高倍數的出場金額，並不在於每年享受一點點股利的分配。因此特別股的這項優先權，目的其實並非「比普通股優先分派股利」，而是為了讓創業家不要「太快」分配股利，間接鼓勵創業團隊盡量將盈餘再投資於公司的成長，面向出場，而非急著分配股利給股東或自己。換句話說，此條款是類似強迫創業家以「出場」作為唯一目標，而非讓公司賺錢「發出股利

讓股東、創辦人自己賺走股利就好」。由於創業家「不容易」將公司價值由股利外溢出來，這會使公司邁向更好的體質，面向更好的出場，這才是本條款的目的。畢竟對投資人來說，每年幾個百分比的股利，完全不是會讓人有興趣的肥肉呢！

## ▌贖回權（Redemption Right）
### 【創投 O.S.：無法出場時，才會強迫行使】

贖回權，顧名思義，即特別股股東有權要求公司團隊贖回（買回）該股份，有些條款甚至連價格都明定。這種權利使特別股既有股東的權利，又有類似債權人（到期償還）的權利。

乍看之下，本條件對創業家並不友善。但**理論上，創投只有在特別的情境下才會行使該權利；例如團隊雖然體質良好，但一直沒有出場的機會，或創辦人拒絕出場，或創辦人一開始就表明有自行長期經營的可能性，或創投基金的特殊性質，才會觸發贖回權的執行。**這些情境都是創投業界多年累積下來的案例，贖回權有機會可以化解這些爭執，並非故意要坑殺創辦人。

然而每家公司、每個創辦人對於未來的規劃都不同，採納贖回權究竟是給創辦人留一條拿回公司股權與經營權的後路，還是投資人保護變現機會的「奧步」，端看公司的營運性質與商務體質。無論如何，針對可以執行贖回權的情境與條件，創辦人需特別注意細節的描述。

對創投來說，設定贖回權短期內似乎有一個「保本」的機

　　若創業者信誓旦旦地保證，5年內一定能公開上市成功，而創投的投資基金，的確只剩下5年的年限，那麼就會在條款內增加「××××年若無法在○○市場公開上市成功，則觸動贖回權，以Ｘ價格買回Ｙ股份」。

　　創業者要是5年後沒有公開上市，則必須拿Ｘ的金額出來買回股份。先不論Ｘ價格如何設定（這極有可能也是另一輪談判），5年後是否能上市成功，期間各種變化風險都有，也不盡然掌握在創業者自己手裡，如何能保證？

　　另一個角度是，本來公司就是因為「沒有Ｘ元」才需要進行募資，5年後是否就能有Ｘ元的「閒錢」拿來買回股份？若無力買回，又怎麼面對法律觸發的官司？這都是創業者要仔細思考的。

會，但誠如前面多章所言，創投要的一向不是小打小鬧、小利小惠，且創投也明白，若公司經營不佳、沒有任何出場的機會（讓第三方來買單），公司本身也「不可能」拿得出錢來執行贖回權。因此設定贖回權通常只是隱含著「強迫公司一定要在Ｎ年內取得一個出場機會」，而不盡然只是為了「拿回這筆錢」。

### ▶【創業家注意！】

　　有些募資活動是為了募集短期營運資金，如準備貨料或興建廠房，需要一筆額外的資金來支撐，待完成後可以產生更大

的經營效益或營收；或為了納進策略股東，引入不同資源，而發行新股募資。當公司本身體質良好，只是以融資的方法增加一些在手現金時，公司經營方也有可能以股權交換資金，且設定贖回權利，當公司達到下一個里程碑時，便可從投資人手中將股權拿回。

## ▌優先認股權（Pre-emptive Right）
【創投 O.S.：避免股權被稀釋，只好再投資】

　　投資人面對下一輪融資時，為避免股權被稀釋，會想要再參與投資，以維持一定的股權比例。優先認股權便是給予投資人於下輪融資時優先參與的權利。通常下輪優先認購的比率，會按該投資人在這輪結束後所占的比率而定。因此無論下一輪的新投資人是誰，談成什麼樣的條件，本輪的特別股投資人都有權利先參與一定比率的投資，繼續維持在公司的股權比率。

　　當公司前景看好，且該投資人資金的狀態也能配合時，下輪的募資將有一個比率的「基本盤」，譬如常見的「按原持股比例」（如原投資人募資前占 20%，下次要募資 1,000 萬，其中 200 萬可先保留給該投資人，該投資人有優先認股權）；若該投資人與團隊相處良好，且投資人對公司有相當的資源價值，公司也肯定繼續讓投資人參與是雙贏的好事。反之若投資人與團隊相處不良，或公司對選擇下輪投資人希望保有自主權與彈性，或需要引入更有價值之策略投資人、需要預留額度給他們時，這個條件便需要多加思考了。不過，通常在當輪募資

時，投資人與團隊正在熱絡的眉來眼去情投意合時，團隊不會在意「下輪繼續讓他投」，也不大會故意刪除優先認股權。所以大部分的情況下，投資人都會得到優先認股權，保留下輪是否再投入的彈性。但創業家若本輪就開始有戒心，想著「下次不要再讓他投了」，那麼這段投資關係恐怕一開始就有點不樂觀了……

## 【創業家注意！】

《公司法》第 267 條規範，公司發行新股時，本來就應該保留發行新股總數 10 ～ 15% 給公司員工和原股東承購，其餘則按照原有股份比例，公告通知原有股東，使其可優先分認。這也算是法律規定最基本的優先認股權。任何台灣公司在發行新股時都要注意此規範，並預留通知／處理時間，以免違法。

## 優先購買權與共賣權（Right of First Refusal and Co-sale）

【創投 O.S.：限制公司股份轉移給不適當的對象】

**優先購買權**是該特別股股東對創辦人或其他特別股股東出脫的股份，有優先購買的權利，目的在限制公司股份轉移的對象，避免主要股份外流至不適當的對象，造成公司經營權的分散或被奪取。通常亦會設定不會觸發優先購買權的狀況，如創辦人將自己的股份成立家庭信託（移轉所有權給信託公司），這種時候就不代表「股權外流」，因此也不會觸發優先購買權。

　　若創辦人欲出售自己的 10 萬股予外部投資人，某特別股股東當時占全公司股份比率 20%，則該特別股股東有優先權承購 2 萬股。

**特別股股東行使「優先購買權」：**
**10 萬股 × 20% ＝優先購買 2 萬股**

　　**共賣權**則是在原有股東（特別股或創辦人，對象需明定）轉讓股份給第三方時，特別股股東有權以相同的條件，以其所占的股份比率參與該轉讓案。

　　創辦人已與某第三方談定，以 18 元出售 10 萬股，此時特別股股東便可依其持股比率（如 20%）參與；意即如果他欲行使共賣權，這 10 萬股將有 2 萬股由該特別股股東售出，原本欲出售 10 萬股的創辦人或股東，只能拿 8 萬股出來賣。

**特別股股東行使「共賣權」10 萬股 × 20%**
**＝可售出 2 萬股**

優先購買與共賣權的背後意義，是限制被投資公司原有股東轉讓股份，確保股東與被投資企業的長期投入與共同承諾，**避免不理想和不必要的股東進入**，其益處對公司和股東應該是共同的。

### 狀況**1** 擔心新募資額度被原股東吃掉，如何限縮優先購買權的股東？

然而隨著創業時間拉長，創辦人或初始團隊轉讓股份換現金的情況亦時有所聞，對於具有優先購買權與共賣權對象之限縮，實際執行之方式與例外的情況等，需要在設定時加以考慮。

**舉例來說：**限縮具有優先購買權的股東，可以避免未來公司經營良好且想引入不同投資人與資源時，新的募資額度被原股東完全吃掉（雖然這也可能是一種幸福？）。譬如設定須持股一定百分比以上的特別股股東，才具有優先購買權，且購買權比例的分母是以總股數（含普通股）來計算。

### 狀況**2** 擔心小股東出脫股份給不適當股東，條款該如何設定？

投資人也有可能主張行使優先購買權或共賣權的股份，包括「任何股東欲出脫」的股份，不論是創辦人、員工、或任何股東想要賣出任何股份。這當然是把握股權「不外流」的極致

做法，然而一旦公司員工持股人數較多的時候，實際執行起來較為麻煩。每一筆小交易都需要取得投資人同意「放棄」購買權與共賣權。

若要貫徹條款原本的精神：限制股份任意轉移、避免股權落入不適當的股東手上，在設定條款時，應當在可執行的範圍內，考量投資人在條件下（如持有股權比例）或某些特別狀況（如創辦人、關鍵員工欲移轉股份、或大股東欲移轉多大數額以上的股份時），才能行使的優先購買權或共賣權，這樣一來，也為公司預留未來部分股權流通的可能性。

## ▌強賣權（Drag-along Right）
【創投 O.S.：減少被併購時，因部分小股東阻撓而破局】

在某些設定條件下（如投資多少年後、或多少股東同意的情況下），投資人有權要求其他股東和自己一起轉讓股份給第三方。其他股東需按照投資人與第三方談好的價格和條件，依其持股比率，轉讓股份給第三方。本條件為了避免公司在有併購機會時，因部分股東（亦有可能是創辦人本身）不願意出脫，而造成被併購破局。

在併購為新創出場主要管道的環境下，強賣權可以減少被併購時，因部分小股東阻撓而破局的機會；在極端情況下，亦是強制出場的手段。合約中應明確定義，「什麼條件」會觸發

強賣的狀況：例如「2/3 的已發行特別股股東投票同意、同時董事會多數決議同意該交易內容」；通常這種交易都是併購（取得公司 100% 股權）、或入主（取得公司較大比例之股權）。對創業家來說，若合約中設定強賣，就表示在該觸發條件下，股東（包含創辦人本身）無法獨自「決定」股份的去留，必須服從強賣的要求，將股份轉賣給他人。因此談判的關鍵會在該條件的設定。

### ➤ 【創業家注意！】投資人有可能賣掉你的公司！

比方上面的例子，任何在特別股能控制 2/3 多數、或能主控董事會者，在有需要時，將有機會驅動並觸發強賣權。需特別注意的是，如果是早期（第一輪融資）的公司，特別股可能就只有兩、三位股東，主要的創投可能就占特別股 2/3 以上，董事會成員也很簡單（創辦人不占多數），則這就隱含著創投有機會在不需要創辦人同意的情況下，啟動強賣權，把公司賣掉。創辦人要注意這部分條件的細節。最直覺的方式當然是創辦團隊在董事會中有絕對多數，讓投資人沒有絕對的決定權力。隨著公司壯大、董事會、投資人變多、複雜化，創辦團隊亦有可能已經失去了主宰董事會的絕對優勢，這時創辦團隊與董事會成員間的溝通與共識便非常關鍵。話說若是公司公開發行，經營權也還是可能被外部禿鷹襲擊或投資股民影響，這時創業家亦已經進入另一個新的經營境界了。

在合約的內容中，會非常詳盡地說明如何「執行」這些權力，包括怎麼觸發、幾天內必須要通知誰、收到通知的人幾天

內必須書面回應、如果回應要怎麼進行、公司方要怎麼處理回應與不回應……等，寫得長篇大論。在閱讀合約的時候，創業家可能會覺得很煩，但若有朝一日真的碰到需要執行時，那可是字字句句錙銖必較，必須要符合當初合約上已經設定的工作流程，不然極有可能引發法律疑慮（官司）。

創辦人在拿到合約時，需注意下面兩大重點：

❶ 至少完全了解一次內容；

❷ 模擬工作流程：設想如果需要執行，合約上設定的內容（如期限天數）是否合理，以免未來要執行時才發現超乎想像，引發爭議。

在這裡，不得不再次提醒創業家：出場，才是法人創投最在意的事！幾乎每一條特別條款，都是為了保障能順利出場，減少「做得好但無法出場」的窘況發生的機會。創業家在思考每項特別條款時，除了了解其意涵外，仍應回歸自己公司的性質、體質、出場方式，更能判斷該條款對自己是否至關重要。

強賣權與前面幾小節提到的優先認股、優先購買與共賣權，已經是創投常見、甚至可以說是基本的要求，大概每個有採用特別股投資的創投手中的合約範本內，都已經默認有這些內容了。第一次募資的創業家也許要花點力氣去理解這個對創投來說已經是每天使用的東西。創業家與其針對這些內容與創投「談判」，不如趁此機會，仔細理解創投為了保障出場機會的合約工具、與思考自己對創業本身「最後走向哪裡」、「跟創投一起走到哪裡」，進行更深層的思考。

# 轉換為普通股（Conversion to common share）

**【創投 O.S.：需先設定公開上市最低值＆股份轉換比例】**

任何特別股均有轉換為普通股的權利，通常條款中會明定公開發行（IPO）時，所有特別股均需強制轉為普通股。在 IPO 公開發行市場上主要以普通股公開交易為主，若仍有特別股的存在，將會混淆股東的主從關係與個股股價。因此絕大多數的公開交易公司股票，都是普通股[2]。條款中通常會明定轉換時的比例，如 1：1（1 股特別股轉為 1 股普通股），有時也會有 1：N（1 股特別股轉為多股普通股）。

在一般情況下，特別股之權利與條件都比普通股來得優越，似乎不大有機會在公開發行之前轉為普通股。但事實上，特別股股東選擇轉換為普通股的情境是有的。譬如說該特別股在出場時的清算額設定上，若沒有設定「參加分配權」，則「優先清算額」有可能少於「該特別股轉為普通股後，直接用股權比例分配總出場額」的數字，投資人打打算盤就會選擇直接轉為普通股的方式。詳細可見下節的第三個例子。

有些公司一路融資多輪，已經累積了許多優先清算與各種

---

2 少數公司在公開上市後，仍保留部分特別股股權。如 Facebook，在公開交易市場上以 FB 代號進行交易的是 Class A 股票（一股具有一票投票權），然而公司內還有 Class B 的特別股，由內部人士持有，其一股具有相當於十票的投票權。另外 2016 年時又發行 Class C 股票，在市場上以 FBC 的代號發行，該股份是沒有任何投票權的。這是在公司具有強勢創辦人、絕對競爭力與資本市場（公開市場投資人）的支持下才有可能發生的少數例子。

特別分配條件，這個時候如果公開上市，可在轉換普通股後將特別股的各種個別權利、優先清算等都抹除，特別股股東變成純粹是占比例的普通股股東。如果公司的體質與市場狀況允許，其實持有普通股的創業者、團隊、甚至最早期的股東，都可以公平在公開市場上交易出場。

為了避免創業者急於出場，在公司未成熟前就以非常小的公司價值勉強公開上市，投資人通常會明確定義「符合條件的公開發行」（Qualified Financing）條件。譬如「公司市場價值必須高於 1 億美元」才能公開發行；這個數字某個程度也設定了投資人對基本出場數額的想像。

---

**案例說明**

　一個投入 100 萬美元、占比 5% 的投資人（投後估值 2,000 萬美元），當他設定 1 億美元的公開發行時，便意味著就算他放棄所有特別股的優先清算額，轉換為普通股後，也至少能在公開發行時可以拿回 1 億 ×5% ＝ 500 萬美元，也就是五倍。

---

事實上，公開發行所需要的費用、募資金額等基本條件都很高，能走到公開發行的公司都已經相當具有規模，因此這個數字對早期投資人而言，只是避免公司隨意上市，損害投資人權益；但對晚期投資人來說，就需要稍微盤算投資成本與預期的回收價值，例如估值的 1.5 倍、2 倍、3 倍，端看該晚期投

資人對市場的預期。

對創業者也是一樣，設定合理（在幾年內做得到、在某公開交易市場可達成）的價格，才不會淪為無法執行。關於公開發行與出場相關的資訊，詳見第八章。

■ 案例試算

| 身分 | 投資金額 | 投後估值 | 投資後股份占比 | 最低公開上市價值 | 回收倍數 |
|---|---|---|---|---|---|
| 早期投資人 | 100萬 | 2,000萬 | 100萬／2,000萬＝5% | 20億 | 20億×5%＝1億 ➡ 100倍<br>但事實上，從2,000萬估值成長到公開發行，中間可能歷經了四、五次募資。以每次稀釋15%股份計算，持股比例剩下：5% x (1-15%)^5 = 2.2%<br>20億 x2.2% =4,400萬 ➡ 44倍 |
| 晚期投資人 | 1億 | 10億 | 1億／10億＝10% | 20億 | 20億 x10%=2億 ➡ 2倍 |
| 創業家 | 500萬＋技術入股 | 2,000萬 | 50% | 20億 | 20億×50%＝10億 ➡ 200倍<br>同樣以經歷五次募資，每次稀釋15%比例計算，股份比例剩下：<br>50% x (1-15%)^5 = 22%<br>20億 x22% = 4.4億 ➡ 88倍 (4.4億 /500萬) |

由表可知，公開發行的市值條件，在早期投資人設定的時候，僅是對未來的想像，經過公司各種發展與募資稀釋比例的歷程，才更會影響股權比例與出場價值。然而對晚期投資人來說，極有可能公開發行已經箭在弦上，對公司的規模與發展狀況亦已明晰，這時設定的公開發行市值條件，較有機會接近實際出場的數字，投資人也較能模擬自身的投資回報而作投資判斷。對創業家來說情況也是類似。一開始創業時縱然有雄心壯志要做成公開發行獨角獸，也沒必要在上市條件上把自己綁死，頂多是模塑一個「應該合理」的公開發行條件。但到後期向晚期投資人募資時，公司是否能在若干時間內做到若干目標，已經比較明確，此時既不能隨意把條件寫太高（做不到的目標、投資人不會相信）、也不該只寫公開上市的最低標準（對晚期投資人來說沒有投資價值），此時公司是否具有投資價值，其實已趨近掀牌的時機了。

## ▍反稀釋（Anti-Dilution）

**【創投 O.S.：鞭策創業家創造更高的公司價值，提高估值】**

　　反稀釋條款用來確保該特別股投資人的利益約定，尤其是股權的比例，不會因為後輪投資人的加入而被稀釋。簡單概念就是要維持該投資人的股權比例，或投資價值，通常有新一輪募資發生時，本輪投資人的持股比例將因為新投資人的加入而變少，但只要下一輪價格比本輪高，表示公司總價值增高，則

本輪投資人投資的總價值還是提升。

---

**案例說明**

　　投資人 A 以 100 萬元投資某公司，占比 20%，每股 5 元，得到 20 萬股；公司投後估值 2,000 萬元，公司總股數為 100 萬股（100 萬元 ／ 5 元 ／ 20%）。假如現在有下一輪募資，每股提升到 10 元，再募資 200 萬元，則新增股數 20 萬股（200 萬元 ／ 10 元），總股數變成 120 萬股。投資人 A 的股份 20 萬股，從 20%（20 萬股 ／ 100 萬股）變成 16.67%（20 萬股 ／ 120 萬股），但其價值卻從 100 萬變成 200 萬（20 萬股 ×10 元）。這是投資人所樂見的。

　　反之，假如下一輪募資每股只剩 2.5 元，同樣再募資 200 萬，則新增股數 40 萬股（200 萬元 ／ 2.5 元），總股數變成 140 萬股；投資人 A 的股份 20 萬股，從 20%（20 萬股 ／ 100 萬股）變成 14.28%（20 萬股 ／ 140 萬股），其價值卻從 100 萬變成 50 萬（20 萬股 ×2.5 元）。

---

　　但若下輪價格降低時，本輪投資人則可藉由觸發反稀釋條款，要求公司「增發股份」給自己（需增發多少股份，因計算方式不同而異，請見下文），使其擁有的股份所代表的價值，至少不低於原始投資的價值。

■ 案例試算

| 募資／股價 | 投資金額 | 投後估值 | 投資人A股份占比 | 價值 |
|---|---|---|---|---|
| 第一輪<br>5元／股 | 100 萬<br>占 20 萬股 | 500 萬<br>總股數 100 萬股 | 20 萬股<br>／ 100 萬股<br>＝ 20% | 20 萬股 ×5 元<br>＝ 100 萬 |
| 第二輪<br>10 元／股 | 增資 200 萬<br>200 萬／ 10 元＝ 20 萬股<br>新增 20 萬股 | 總股數＝<br>100 萬 +20 萬＝ 120 萬 | 20 萬股<br>／ 120 萬股<br>＝ 16.67% | 20 萬股<br>×10 元<br>＝ 200 萬 |
| 第二輪<br>2.5 元／股 | 增資 200 萬<br>200 萬／ 2.5 元＝ 40 萬股<br>□新增 40 萬股 | 總股數＝<br>100 萬 +40 萬＝ 140 萬 | 20 萬股<br>／ 140 萬股<br>＝ 14.28% | 20 萬股<br>×2.5 元<br>＝ 50 萬<br>→ 投資人不樂見！投資價值下降了。 |

　　反稀釋的計算方式有數種，例如：股權比例保護調整法（full ratchet）或加權平均反稀釋法（weighted average），以不同的方式計算轉換股價。


## ◆股權比例保護調整法（full ratchet）的計算方式

　　本輪投資股價每股 5 元，投資人投資 100 萬元得到 20 萬股特別股，取得 20% 的股份（意即普通股 80 萬股，總股數為 100 萬股，估值 500 萬元）。

　　但下輪募資價格卻下降到每股 2.5 元，新發行 25 萬股，

募資 62.5 萬元。

此時，在股權比例保護調整法的計算方式下，轉換價格即為新價格 2.5 元，公司需「無償先補給原投資人股份」，使其

股份增加至：100 萬 ／ 2.5 元＝ 40 萬股，

投資前股份比率因此由 20％增為 40％，

投資後股份比率為：40 萬股 ／（原有總股數 100 萬股＋新發行 25 萬股）＝ 32％。

由此可知，觸發反稀釋條款後，投資人可以「保住」其原投資額 100 萬元的價值，直接犧牲掉普通股的占股比率。

## ◆加權平均反稀釋法（weighted average）的計算方式

在新股價（較低）與舊股價（較高）之間，考量發行股數與其造成的稀釋比例，調整計算出一個股價，給予投資人轉換。結果亦是取得比原本稍多的股數，只是不若股權比例保護調整法（full ratchet）那麼激進。常見的公式有：

**轉換股價 ＝ 舊股價 ×（總股數＋假設股價與上一輪相同，新募得的錢應該取得的股數）／（總股數＋由於股價下修，新募得的錢所能取得的股數）**

以上述例子，轉換股價為：

5 ×〔100 萬股＋（62.5 萬元 ／ 5 元）〕／〔100 萬股＋（62.5

萬／2.5元）〕＝ 4.5 元

則投資人在新的這一輪增資後，總共應有

100 萬／ 4.5 元＝ 22.22 萬股

占投前 22.22%，投後 17.78%

（22.22 萬股／（原有總股數 100 萬股＋新發行 25 萬股）

≒ 17.78%）

➡由此可看出，這種調整方式僅稍微調整了股價，使上輪投資人的成本略為降低「接近」本次跌價後的新價格。對不幸價格下跌的創業家來說略為友善。投資人本身還是有「認賠」的部分（調整後的股價 4.5 - 較低的新股價 2.5)。

這些公式乍看之下頗為複雜，其實都是經驗累積的固定公式，並無多加談判調整的必要，只要確認是常見的基本公式中的一種即可。律師難得有機會寫數學公式，在文字說明上會寫得非常拗口，創業家不用太擔心，靜下心來看懂一次、或讓律師解釋一次，便可明瞭。

**創投投資人要求這個條款的其中一個目的是為了防弊：防止創辦人故意以低價發行新股，又自行認購，而稀釋原投資人的股權。**這狀況很容易想像，也是創投營運經驗的累積。另外一部分當然是在公司募資狀況不好，下輪募資價格低於本輪的時候，仍能保護本次投資的價值。但大家都知道，一間沒有價值的公司，投資人就算占再多股份也沒用。所以與其防弊，大家都寧願興利。**反稀釋條款存在的目的，更像是保護措施，而非懲罰或傷害創業者，畢竟，不應該有創業者會想要故意使公司價值下跌。**

無論如何，本條款可以鞭策創業家和其團隊努力為公司創造價值，使得下一輪募資時股價能夠繼續上漲，以避免觸發優先股的反稀釋條款。另一個角度是來自估值的設定，譬如這一輪創業者將估值拉得很高，創投也買單但附加了反稀釋條款，那麼到了下輪就得面對真相：創業者是真的能將估值再向上拉高，還是一不小心觸發了反稀釋而回補股份給投資人？理想上來說，創業家創業的目的本來就是創造更高價值，創投的目的也是相同，所以在正向循環上，反稀釋條款並不會造成太過負面的影響。

　　然而創業維艱，創業市況千變萬化，公司也有很大的可能無法實現原本預期的成長，導致無法向上墊高估值與股價。此時，投資人若需選擇讓公司降價接受新的注資，反稀釋可「暫時」保護前輪投資人投資的價值。但對創投來說，長期擁有一個毫無機會的公司，就算擁有 100% 的股權也沒有意義。若判斷該團隊已經走到極限，更常見的對策不是利用反稀釋爭取幾個百分比的股權提升，而是放棄注資、盡快尋求出場或清算的機會。

## 【創業家注意！】

　　針對這個條款，只要合約內容符合以上說明常見的計算方法，創業家倒也不必執著於爭論條款的去留。若是屬於早期的創業，如果不是以更高的價格進行下一輪的募資，就是被創投停損註銷（write-off），創投也不會再關心了。創業家可以站在創投的角度，去理解此思維模式與應對策略。

# 董事會（Board）
## 【創投 O.S.：確保取得營運資料＆影響公司治理方向】

董事會席次常是投資人爭取的項目。原本熱心提供資料、經常更新近況給投資人的創業家，拿到錢後對投資人的態度就冷了大半；雖不到翻臉如翻書的程度，但親熱消逝的程度，大概可比婚前與婚後。投資人在投後要能持續跟團隊保持密切的關係，規律性的取得營運資料，監督甚至影響公司治理方向，參與董事會就是一個有效的方式。

董事會的席次，以台灣公司來說，常見的有 3 董 1 監、或 5 董 1 監（或 2 監）。席次的安排，在早期的公司來說，通常會盡量讓「可控制的自己人」（創辦人、共同創辦人，或重要管理團隊）占董事會的絕對多數，以確保創業團隊的表決優勢。這時通常第一輪或第二輪融資的領投投資人可以得到一席董事，參與公司運作。

### ▶【創業家注意！】

董事席次並不是無限多的，隨著公司成長，亦常有需要「置換」現有董事，以容納新董事（新投資人）的空間。創辦人要勇敢拿捏，以免董事會裡擠了太多人，影響決策效率。未取得董事席次之投資人，亦可如第三章中提到的，給予該投資人「董事會觀察席」（board observation right）的權利，使之至少能在董事會旁聽，如願得到第一手資料，卻不會影響決策表決。

董事會成員無論是代表投資人，或是本身具備的專業經驗，都將知悉公司重大決策、幫助公司發展，對外也可以說是公司的門面，從董事的名冊便可看出公司的方向與未來。譬如 YouTube 被 Google 併購前，也是經由董事會上的投資人（紅杉，同時也是 Google 的董事會成員）牽線，順利地見到 Google[3]。有力有關係的董事會成員，對公司的發展有巧妙影響，每一席董事都有其存在的價值與意義，不可隨意給予，更不宜當作酬庸授予。如何安排董事會，絕對是每次投資條件的必要討論項目之一。

## 資訊取得權（Information Right）

【創投 O.S.：避免被邊緣化，定期取得被投資公司的基本資訊】

資訊取得權界定了創投可合法查看的公司資訊類型與內容，以及公司應交付資訊的頻率與時限。常見的資訊內容，不外乎是查核或未查核的財務報表（年度、季度，甚至每個月）、預算、人事雇用細節，並給予一般的檢查權以及訪視權。在投資人持續持有特別股份的期間內，公司應按時提供每位投資人所有規範的資訊，以維持營運狀況訊息的通透。

對創業者來說，當下可能覺得這種條款很無聊，甚至浪費

---

3 《YouTube 你的熱情和直覺：YouTube 創辦人陳士駿的創業人生》（2011 年，天下文化出版）

時間，心想「乾脆免了吧」，殊不知對創投來說，投資的當下，就算跟創業家相親相愛、三餐互相問候進度；但根據經驗，在投資之後，創業者拿到錢後總是轉身大玩特玩去了，再也不可能那麼勤快地更新進度，甚至漸行漸遠，無法追蹤了。創投要能繼續管理旗下投資公司與追蹤出場機會，定期取得被投資公司的基本資訊是基礎。因此**資訊取得權看似「簡單」，卻是創投絕對不會讓步的條款。若創業者想浪費時間或律師費來爭執這項條款，並沒有太大意義。**

## ➤【創業家注意！】

　　資訊取得權雖然避不了，但創業家還是可以微調一些細節。例如：用持有股數作為資訊取得的門檻，以免公司關鍵機密資訊（如詳細財報）流向過多、過小的股東。但對於具有一定比例的主要股東，維持資訊通透的承諾是必要的。如果創業家對於主要股東的資訊透明都做不到，那麼一開始根本就不該找外部投資人。若創業家非常小心，也許可將資訊取得加上嚴格的保密條款，在合約中註明。創業家與創投的關係也是基於彼此的信任與互相幫助，不僅是經營者與大股東之間的關係而已。創投在投後管理上取得基本的正式資料是一回事，創投本身與創業家之間是否溝通無礙、互動良好，甚至能交換水面下的資訊，那更是創投投後管理的訣竅。

　　創業者則要特別注意，當第一次拿到正式創投投資人的投資之後，正式的報表（財報、董事會程序文件等等）便不再是

自己做好玩而已，創投是正式的法人，背後可能有更大的法人甚至上市櫃公司投資人，層層都要遵守規範，撰寫繳交季報、年報，即使是小公司，被投資後也要能做到遵循資訊提交、通透的規範，將公司治理導向正軌，創辦人要有心理準備。

## 特殊表決權與保護性條款（Voting Right and Protective Provisions）
【創投 O.S.：維護自身利益，確保公司治理方向】

　　特別股可規範在特殊表決事項或公司重大決策時，擁有否決權或特殊表決權，來維護自己的利益，並確保公司治理方向。重大決策例如：清算併購決定、經營關鍵人員如CEO任命、成立子公司、改變股本（增資）、超過一定金額的投資或併購、借貸、增資、修改章程、發放員工技術股、任命重要幹部、更換審計會計師、更換公司登記主體等。**從創投納入的特殊表決項目，可以看出創投最介意的經營決策，與未來該創投最有可能參與（或干預）的治理項目，創業家亦可趁此機會更進一步了解投資人的特性。**

　　例如有些條款明定，部分決策必須由「各輪特別股」分輪通過，即需要分別徵得 A 輪、B 輪、C 輪特別股股東分別多數同意，決策才算通過。這不但增加了執行的難度，也給投資人極大的決策主控權。**在設計此類條款時，創業家需將投資人的占股比例，包含全部（含普通股）與各輪內（僅含某輪特別股）的比例，均納入考慮。**

某投資條件中明定，「被併購與否之決策」必須經過「A輪特別股股東過半同意」，而A輪主要領頭投資人一家就占了A輪一半以上，這就代表了該投資人對併購決策其實擁有絕對的同意／否決權。即便創辦人擁有「本公司所有股份（含普通股）之一半以上」，也不表示創辦人能決定是否接受一項併購提議。

**當面對一紙併購合約，而創業家與投資人的看法不一致時，此條款將造成決定性的影響。**試想要是創業家並不想賣公司，但投資人因為基金管理等各種因素（如到期、須創造回報）想要即刻出場，在條款約定下，投資人便有權力違背創業家的預期，自行決定公司的未來。從另一個角度想，這也是投資人保護自己出場的機會，避免創業家遲遲不肯出場，造成投資人基金經營的窘境。對某些投資人來說，是非常重要的條款。

過去台灣公司架構只有普通股的情況下，欲取得某決策的關鍵主導權，最直接的方法唯有取得絕對多數的股份，或絕對多席的董事支持。對於投資人來說，「股價要便宜、股份要占多、要能控制董事會」，才能確保公司的發展方向符合設想，也幾乎是最主要的投資決策焦點。對於早期的新創創業家來說，在出資無法與投資人匹敵的現實下，股份被大量稀釋，而失去了努力的誘因。

在特別股架構下，投資人可以利用特殊表決權或保護條

款，確保關鍵項目的主導權，因此可在股價／估值上讓步，也因此能看到某些新創在投資人投入後出現了高額的估值。**我們不能只看到媒體報導高額的估值，而忽略了背後交換的特殊條款。**投資人是精明的，深知保護自己的投資的方式。一家公司的價值不只是一時估值的高低，某些決策權在誰手上，誰就能在關鍵時刻出手，改變公司的命運。

# 員工認股權期池（Employee Stock Option Pool）
【創投 O.S.：創辦人激勵員工的方法】

　　員工認股權是為了激勵現在、未來的員工所預留的認股股份。參與創業公司最大的誘因之一，便是公司成功後能分享甜美（高額）的果實，而不只是每個月的薪水而已。因此創辦人為了吸引並留住人才，預留一些公司股份給員工認購，是常見且有效的方法。要注意的是，認股權只是一個「權利」，得到此權利者可以依據認股辦法，在某個時間、以某個價格，認購公司股份。公司必須先預留額定發行的股份（如總股份的10%），供未來認股權被執行時發放。投資後，雖然這部分的認股權尚未執行（股份尚未賣給員工），但投資人會將此部分納入，計算出「完全稀釋股數」（fully-diluted shares）（將所有已發行的股數加上已經保留但尚未發行的員工認股股數），再計算持股比率。

　　在談投資條件時，有些創辦人也會趁機向投資人要求在該

輪增資（增股）時，以增發股份作為員工認股權用。畢竟這是投資人與創辦人最開誠布公的時刻，等變成既有股東後再要求稀釋他們的持股並不太容易，因為增發的股份間接會稀釋掉原有的股東與新投資人的持股比率，因此投資人也必須認同員工認股對公司發展留才的必要性才行。

## ➤ 【創業家注意！】

　　預留認股權期池的方式也有巧妙，譬如新投資人可能要求公司「將員工認股權期池在投資前發行完成」，意即將員工期池包含在投前估值內，稀釋舊投資人。當新投資人投進來後，便不用為了多發放的員工期池而再被稀釋。

　　又或者投資人要求「達到某些業務、發展目標後，再發放員工認股期池」，這樣可統一投資人與團隊的目標，並激勵團隊盡快達標，以獲得員工認股權。比例方面，從 5% 到 15% 都有見過，大抵上創辦人要約略算算員工認股的股數與將要雇用的高階人才的數量，看看股份的價值「夠不夠」、能吸引多少人，是否能就此達到目標。

　　投資人方約莫就是計較股權稀釋的比例，但相對的，員工期池吸引了人才創造公司價值，增加了投資的價值。這中間的因果無法那麼直接算得出、看得到，所以投資人比較容易從「達到某價值的里程碑就給多少員工期池」的方法，來合理化期池的授與。

　　員工認股權的設立通常伴隨著一份詳盡的執行辦法，每家公司略有不同。包含資格、執行兌現期間（vesting period）、

認購股價、股價是否調整、是否限制交易、離職等處理辦法。即使不是創辦人，每位員工在被授予認股權時，都應該仔細閱讀理解，以保護自己的權利。通常兌現期間會分幾年，如分三年的話，則在被授予後第一年底、第二年底、第三年底可分別執行三分之一的認股權。分年執行的原因很簡單，就是「留才」，讓得到認股權的人才願意多留一年以執行其權利。一般來說，執行辦法與授予名冊都要經過董事會同意（也會寫在投資條件內），有董事席次的投資人，便可確保員工認股權沒有被濫發、濫用。

向投資人要預留的員工認股權已經非常常見，有經驗的創投都能理解。同時創業家也要理解，同意預留員工認股權，也代表該創投願意在可預見的未來，稀釋自己的股份比率，以幫助公司留住更多人才。這對投資人來說，亦是很重要的承諾與對團隊人才的肯定。創業家在跟投資人討論投資條件的同時，也可探測這方面雙方看法是否一致，是否能攜手共創未來。

# 對賭（Bet-on Agreement / Valuation Adjustment Mechanism）
【創投 O.S.：投資人與被投資人都要小心的條款】

對賭條款前幾年在中國相當流行，在台灣或美國則比較少見到。**對賭條款主要是創投與被投資公司針對某些表現目標對賭，若公司達不到目標，則必須調整公司價值，也就是必須給創投更多的股份作為補償。**補償是使用股權的調整達到估

值的調整，因此大部分稱對賭條款的英文為 VAM（Valuation Adjustment Mechanism，估值調整機制）。例如說原本投資時條件是投資 100 萬占比 10%，公司估值 1,000 萬；若未在一年內達成 1,000 萬的業績，則公司須補給投資人 10% 的股份，亦即投資人的 100 萬可取得了共 20% 的公司股份，也就意味著公司估值在一年後降低為 500 萬（100 萬 /20%=500 萬）。

對賭條款比較常用在私募基金（PE Fund），針對後／晚期上市公司，作為不管是投資或併購時採用的一種自我保護手段。通常是在資訊不是很流通，或雙方不信任感比較重的環境下採用。由於私募基金金額通常較大，被其投資或併購的公司常隸屬於大公司，經營已久，財務、產品與人員組成等複雜程度高，藏有不為人知且不利於該筆投資案的祕密訊息機率比較高，有時投資方已盡力做了嚴謹的盡職核實查核（Due Diligence），還是難保投資後不會出現非預期的狀況，損害投資方權益。在這種情況下，對賭條款可以是一個保護做法。

對賭條款若是用在早期投資或創業投資，投資人的意圖與目的也是一樣：在雙方對未來的發展或現在的估值預期可能有落差，投資人與創業家當下無法取得共識時，便使用「賭」的方式來進行協議。

對賭的項目有很多，從業績（公司拿到資金後接下幾年達到某業績 / 營收標準）、里程碑（完成某個關鍵產品，或是獲得某個關鍵生意夥伴或客戶）、甚至賭上市成功。只要能詳細寫出量化目標，且是雙方同意的項目，都可以拿來作為對賭的內容。執行的方法，如股權調整（若沒有達到目標須加發股份

給投資人）、股權回購（若沒有達到目標須買回投資人的股份）、投資額調整（未達到目標創投便不先匯入所有投資額）、現金補償（沒達到目標公司必須賠償投資人）等等，不一而足。

　　對賭條款乍聽之下是兩相情願地賭上美好未來，實際上，要已拿到資金（甚至已經花掉資金）的創業團隊吐回資金，或要已經拿到股份的創投吐回股份，怎麼想都不符合人性、不符合現實；執行上也有極大的困難，甚至經常發生因執行不成而對簿公堂的新聞。另一方面，在快速變化的新創環境裡，可能下個月就有新的競爭者或新技術產生，本來簽署的對賭條款可能也不符合現實環境，這時對賭條款的存在也無益於公司或投資人。

　　身為早期公司的投資人，所面對的風險與不確定性本來就非常高。在面對可疑、不信任、資訊揭露令人不滿意的團隊時，最好的方法並不是試圖用條款規範、設立懲罰性的對賭條款，而是轉頭離開，尋找下一個標的。使用對賭條款，對創投來說極可能是埋下未來管理投資標的的地雷，引發多餘的爭端甚至官司。對創業家來說，若為了投資條件（如估值、占股比例等）而主動提出與投資人對賭，實在是走險棋。一方面對賭的項目永遠都有可能存在爭議漏洞，另一方面創投投資人都是嫻熟的執行者，初出茅廬的創業家不容易與之纏鬥，若要對簿公堂更是人力物力的浪費。其實，創投就算遇到主動提及對賭條款的創業團隊，也會特別小心。創投也心知肚明，當一個創業家在還沒準備好的情況下就募資，想使用對賭安撫投資人先撐過去，難保不會產生後續的誠信問題。

總之，**對賭條款，尤其是懲罰規範性質的對賭條款，出現在投資條件中時，雙方都要特別小心注意。**畢竟投資人與被投資人理論上應當肩並肩、眼光面對同一個方向，期待彼此共榮，而不是面對面、對峙於賭桌的兩側，不是你死就是我活，不是嗎？

## ▌禁止接觸條款（No-Shop Clause）
### 【創投 O.S.：投資人與被投資人之間的「類婚約」承諾】

　　禁止接觸條款（No shop clause）常見於投資條件書（Term sheet）裡。意指創業家在簽下該投資條件書後，已經與該創投有基本的承諾，願意進行進一步的談判討論。於此同時，創投不希望該公司又拿著這張投資條件書，去向其他投資人兜售；就好比已經訂婚了，就不要再跟別人約會的意思；尤其更不該拿著婚約向其他人炫耀，意圖搭上其他對象。創投好不容易找到合適的標的，又好不容易取得初步的共識（投資條件書），自然不希望即將入門的團隊又被人攔胡；尤其是若競爭者得到了這張投資條件書，等於拿到了一張招標案的底價單，若有心要爭取這個案子，便有了一個開價的基礎。

　　**禁止接觸條款通常會列入「時間限制」，比如兩個月，意思是只有這兩個月間，創業家不能接觸其他創投，如果談判投資合約細節時不順暢，或創投不能有效地推進進度，創業家也不必因此被卡住，什麼都不能做。這個時間限制也可以算是保護創業家。**

不過實務上，在簽署投資條件書的時候，創投與被投雙方都要漸漸建立起互信，創投不希望創業家仍在外面三心兩意兜售，創業家則希望創投是真心誠意要盡速投入真金白銀與資源。某些方面來說，這項禁止接觸條款是將江湖基本認知化為文字，達到基本的保護作用。創業家行走江湖，誠信是最寶貴的資產，關於這方面的操作也要有基本常識。

## ▌ 購買參與權（Pay to Play）
### 【創投 O.S.：新投資人洗掉舊投資人的方法】

這個條款顧名思義，就是「付錢才能繼續玩」，沒付錢的人，抱歉，你的持股或權利將會被重新定義。通常在公司募資困難，又亟需資金挹注，否則就要面臨發展瓶頸或生存危機時，如果有創投投資人願意承擔極大的風險進行投資，便有可能設立這個條款：規定前輪的投資人若不再拿錢出來繼續投資，所擁有的股權將被大幅稀釋。譬如把特別股打回普通股、壓低原股東比率（從 60% 壓成 5%、類似減資）、甚至完全打成零、或將公司重組重新開始（重新來過），那麼舊股東所持有的股權價值都沒了。

任何公司一旦走到這一步，一般人都想像得到，舊股東一定氣得跳腳：憑什麼我的股份、權利就這樣白白消失呢？但反過來想，如果公司還有機會、值得支持，那麼原股東怎麼不拿錢出來加碼支持呢？現實上就是公司無法找到其他的投資人，連原投資人都不支持，才有可能被新投資人要求納入此條款。

若沒有這個新投資人的出現，則公司注定要走向滅亡，原投資人的股份價值也是一樣歸零了。也因此部分創投會保留部分的基金額度，來面對「續投」（連續投不止一輪），或不得不面對「付錢才能玩」的情境。

對創辦人來說，避免發生這個條款的最好方法，就是「持續讓公司成長、且在適當的時間進行募資」，不要陷入最後一刻才找到唯一投資人的窘境。購買參與權其實比較像是創投趁機輾壓其他投資人的做法，而不是針對創辦人與團隊。為了要確保團隊能繼續為公司打拚，通常會伴隨員工期池的發放，使團隊不會因為股權重整而完全失去公司股權與驅動力（incentive）。無論如何，創業者必須對本條款有所認知，為了現有股東的權利，兢兢業業地打拚。

## ▌審慎務實，共創利益最大化

特別股條款種類繁多，細節可多可少，甚至有對賭條款等激烈的工具，造成以小搏大的機會。以上僅針對幾個常見的條件進行說明。專業的創投每日浸淫其中，對各種工具的利用、條款細節的掌握、與律師共事的默契，均遠高於創業家。誠實正派的創投並不會故意陷害創業家，然而必須理解的是，創投的出發點當然還是為了其利益最大化。創業家如何在談判過程中，確實掌握條款對公司未來各種情境的影響，亦必須跳脫一廂情願的樂觀主義（比方說，我一定是那斯達克的獨角獸！我一定要以 10 億美元賣給谷歌！下輪估值我一定翻百倍了）。

務實而審慎地評估，理解各方的期待，才能盡快在投資條件上取得共識，引進資源、搶得先機，使公司成長，也更能尊重並利用創投所提供的價值。

# 4 特別條款的兩難

從上面的介紹，我們約略能體會創投利用特別股之各種特別條款，例如隱含未來出場時下限保護（優先清算權 Liquidation Preference）、有獲利機會的參與（參與分配權 Participation）、持有時股權流向的控制（優先購買權 First Right of Refusal ／共賣權 Co-sale ／強賣權 Drag-Along）、下輪跌價保護（反稀釋 Anti-Dilution）、公司治理影響權（投票權 Voting Right ／保護性條款 Protection）等。

## ▍特別條款對實際出場時的影響

在估值數字之外，各種條款對於實際出場時造成的差異是什麼？以下以幾個極為單純的例子說明。

### 例1 優先清算權對實拿出場金額的影響

公司 C 擁有特別的技術與市場能力，其產品已取得客戶認可，打算向創投募資、加大市場力道。創投 V 很有興趣，提出了以下條件：

○投前估值：800 萬，投後估值：1,000 萬

○創投將投資 200 萬、取得特別股。特別股條件如下：

■ 1 倍優先清算權（Liquidation Preference）

■有參加分配權（Fully Participation）、（統一清算分配權，Pari Passu）

乍看之下，創投占 20% 比率（200 萬／ 1,000 萬），未來若有幸公司被併購出場，優先清算與參與分配權如何計算？創投是否就是拿走出場金額的 20% 走人呢？讓我們很快試算看看。

### ◆如果公司以 2,000 萬被併購……

- 創投優先拿走投資金額 200 萬
- 創投再參與分配 （2,000 萬－ 200 萬＝ 1,800 萬）× 20%＝ 360 萬
- **結果**：創投拿 560 萬（1 倍優先清算權金額 200 萬＋參加分配金額 360 萬＝ 560 萬，占出場金額 2,000 萬的 28%），創辦人拿 1,440 萬（2,000 萬－ 560 萬＝ 1,440 萬，占出場金額 2,000 萬的 72%）

### ◆如果公司以 1,000 萬被併購……

- 創投優先拿走 200 萬（1,000 萬－ 200 萬＝ 800 萬）
- 創投再參與分配 800 萬 × 20% ＝ 160 萬
- **結果**：創投拿 360 萬（1 倍優先清算權金額 200 萬＋參加

分配金額 160 萬＝ 360 萬，占出場金額 1,000 萬
的 36%），創辦人拿 640 萬（1,000 萬－ 360 萬＝
640 萬，占出場金額 1,000 萬的 64%）

### ◆如果公司以 500 萬被併購⋯⋯

- 創投優先拿走 200 萬（500 萬－ 200 萬＝ 300 萬）
- 創投再參與分配 300 萬 × 20% ＝ 60 萬
- **結果**：創投拿 260 萬（1 倍優先清算權金額 200 萬＋參
  加分配金額 60 萬＝ 260 萬，占出場金額 500 萬的
  52%），創辦人拿 240 萬（500 萬－ 260 萬＝ 240 萬，
  占出場金額 500 萬的 48%）

### ◆在公司以 500 萬被併購的情況下，假如當初約定的優先清算權是 2 倍：

- 創投優先拿走 2 倍 × 投資金額 200 萬＝ 400 萬（500 萬－
  400 萬＝ 100 萬）
- 創投再參與分配 100 萬 × 20% ＝ 20 萬
- **結果**：創投拿 420 萬（2 倍優先清算權金額 400 萬＋參
  加分配金額 20 萬＝ 420 萬，占出場金額 500 萬的
  84%），創辦人拿 80 萬（500 萬－ 420 萬＝ 80 萬，
  占出場金額 500 萬的 16%）

由上可知，擁有優先清算與參與分配的特別股，在「出
場」時將有不同的計算方式。創投實際上拿走的金額，不若單

純「股權百分比」的既定印象。

實務上，每輪投資人都會要求知道前輪的投資條件，如前輪就有優先清算等權利，在下一輪通常都會再引入甚至再加碼。許多公司在多輪融資後，光是被投資人拿走的優先清算額就已非常可觀（不要懷疑，真的有創投寫下 2、3 甚至 4 倍的優先清算權），若仔細計算，反倒有可能出現「乾脆不再繼續融資，立即以較少金額出場，創辦人還可能拿走更多金額」的狀況。

當然這世界難就難在沒有人能預知未來，但是對於市況的感受與解析，對清算額與出場額之間數字的拿捏，創辦人應該要有基本認知與決策的能力。簡單做一個試算表，把出場金額與相對的分配額做一個模擬，再考量真實市況，捫心自問，這些出場金額的時程與可能性，相信聰明的創業者應該心裡就有譜了。

## 例2 普通股 vs. 特別股實拿出場金額比較

小陳擁有特別的技術與市場能力，他創辦的公司想要進行募資。在台灣架構的股份有限公司主體下，發行普通股對外募資是直覺的選項。然而小陳最近聽聞，有許多創投都傾向投資特別股，同時伴隨以更高的估值，這樣或許可以減少稀釋創辦人的股份。到底怎樣比較好呢？

以下我們可以以數個不同情境來探討：

◆**以投後估值來看：**

**·普通股溢價增資**

- 創辦人：出資 50 萬／每股 10 元（得 5 萬股，占 7 萬股的 71.4%）

- 創投：投資 200 萬／以每股 100 元溢價增資（得 2 萬股，占 7 萬股的 28.6%）

- 投後估值 **700 萬**（5 萬 +2 萬＝ 7 萬股 × 100 元）

**·有優先清算與參與分配條件之特別股**

- 創辦人：出資 50 萬（占總股數 80% 普通股）
- 創投：投資 200 萬（占總股數 20% 特別股）
- 條件：優先清算 2 倍 + 參與分配權

- 投後估值 **1,000 萬**（200 萬／ 20% ＝ 1,000 萬）

　　正如以上的算式所示，以普通股增資時，每股 100 元雖然已經是相對於創辦人原始股價 10 元的 10 倍溢價增資，以第一輪募資來說算是超高的溢價了，試想台灣上市櫃公司裡，百元以上股價的公司有多少？若是一般第一次募資，頂多比面額 10 元多一點，12、15、到 20 元就已經是溢價增資。投資人投資 200 萬會占到：

　　每股 12 元 創辦人 5 萬股（23%）＋投資人 16.67 萬股 (77%) ＝共 21.67 萬股

　　➡公司估值 260 萬

每股 15 元 創辦人 5 萬股 (27%) ＋投資人 13.33 萬股 (73%)
＝共 18.33 萬股

➡公司估值 274.95 萬

每股 20 元 創辦人 5 萬股 (33%) ＋投資人 10 萬股 (67%)＝
共 15 萬股

➡公司估值 300 萬

即使以原來 100 元溢價增資的例子，投後估值 700 萬算起來仍低於特別股的估值 1,000 萬，創投投後占比 28.6% 也比特別股 20% 的案例高不少。這就是在台灣只有面額 10 元的普通股時代，創辦人又出資有限的情況下，坊間「台灣創投都只給很低的估值、新創生存不易」的都市傳說。

假設創業團隊非常具有潛力，也遇上了賞識的投資人，有幸拿到 100 元溢價增資，我們來觀察在不同出場金額下，投資人與創辦人最後回報的變化。

### ◆以 2,000 萬被併購出場來看：

#### · 普通股溢價增資

- **創辦人**：實拿 1,428 萬（2,000 萬出場額 ×71.4% 持股比例＝ 1,428 萬）
- **創投**：實拿 572 萬（2,000 萬出場額 ×28.6% 持股比例＝ 572 萬）
- **出場每股金額**：2,000 萬元 / 7 萬股＝ 285.7 元 / 股
- **創投投報率**：285.7 / 100 ＝ 2.857 倍

### ·有優先清算與參與分配條件之特別股

- **創辦人**：實拿 1,280 萬（2,000 萬－創投的 2 倍優先清算金額 400 萬＝ 1,600 萬 ×80% ＝ 1,280 萬元，占出場額 2,000 萬的 64%）

- **創投**：實拿 720 萬元（2 倍優先清算金額 400 萬＋參與分配金額 320 萬＝ 720 萬，占出場額 2,000 萬的 36%）

  -2 倍優先清算金額：200 萬 ×2 ＝ 400 萬

  - 參與分配：(2000 萬－ 400 萬 )×20% ＝ 320 萬

- **創投投報率**：720 萬／ 200 萬＝ 3.6 倍

　　雖然以「有優先清算＋參與分配條件之特別股」的條件被投資時，創辦人看起來較風光（占總股數 80% 普通股，投後估值 1,000 萬），但比較清算後，創辦人的實拿金額，竟然以普通股較低估值增資（占總股數 71.4% 普通股，投後估值 700 萬）的創辦人拿走比較多（1,428 萬 vs. 1,280 萬）。幸好併購金額還是超過投資金額與投後估值一定比率，此時以「有優先清算＋參與分配條件之特別股」的條件被投資的創辦人，還是拿到多數出場額（64%）。

### ◆以 500 萬被併購出場來看：

　　若公司經營不佳，或大環境不好無法繼續募資，公司以低於上輪估值的價格「賠錢賣」的情況，創投會與公司共甘苦嗎？

### ‧普通股溢價增資

- **創辦人**：實拿 357 萬（500 萬出場額 ×71.4% 持股比例＝ 357 萬）
- **創投**：實拿 143 萬（500 萬出場額 ×28.6% 持股比例＝ 143 萬）
- **出場每股金額**：500 萬／7 萬股＝ 71.42 元／股
- **創投投報率**：71.42 ／ 100 ＝ 0.7142 倍

### ‧有優先清算與參與分配條件之特別股

- **創辦人**：實拿 80 萬（500 萬－創投的 2 倍優先清算金額 400 萬＝ 100 萬 ×80%＝ 80 萬， 占出場額 500 萬的 16%）
- **創投**：實拿 420 萬元（2 倍優先清算金額 400 萬＋參與分 配金額 20 萬＝ 420 萬， 占出場額 500 萬的 84%） -2 倍優先清算金額：200 萬 ×2 ＝ 400 萬 - 參與分配：(500 萬－ 400 萬 )×20%＝ 20 萬
- **創投投報率**：420 萬／ 200 萬＝ 2.1 倍

　　創投在特別股條款設定下，就算公司低價賣出，還是能以優先清算與參與分配，拿走了 2.1 倍的投資額，實際拿走出場金額的 84%「獲利」出場。創辦人雖然被投資時擁有 80% 的股份，換算是 800 萬的價值，但在出場時只拿到了出場金額的 16%，只有 80 萬；也就是說「創投還是有賺」，但創業家就

# 普通股 vs. 特別股實拿出場金額比較

| | | | | | |
|---|---|---|---|---|---|
| | 創辦人出資 | 50 萬 | | | |
| | 投資人出資 | 200 萬 | | | |
| | 案例 | A | | B | |
| | 創辦人股價成本 | 10 | | 10 | |
| | 投資人股價成本（溢價） | 12 | | 15 | |
| 併購出場額（萬） | 投資後股權估值 | 創辦人 5 萬股（23%）＋投資人 16.67 萬股 (77%)＝共 21.67 萬股普通股 ➡公司估值 260 萬 | 占出場額比例 | 創辦人 5 萬股 (27%) ＋投資人 13.33 萬股 (73%)＝共 18.33 萬股普通股 ➡公司估值 274.95 萬 | 占出場額比例 |
| | 創辦人% | 23% | | 27% | |
| | 投資人% | 77% | | 73% | |
| 2000 | 創辦人實拿（萬） | 460 | 23% | 540 | 27% |
| | 投資人實拿（萬） | 1,540 | 77% | 1,460 | 73% |
| 500 | 創辦人實拿（萬） | 115 | 23% | 135 | 27% |
| | 投資人實拿（萬） | 385 | 77% | 365 | 73% |

| | | | | | |
|---|---|---|---|---|---|
| | | | | | |
| C | | D | | E | |
| 10 | | 10 | | 6.25 | |
| 20 | | 100 | | 100 | |
| 創辦人 5 萬股 (33%) ＋投資人 10 萬股 (67%) = 共 15 萬股普通股 ➡公司估值 300 萬 | 占出場額比例 | 創辦人 5 萬股 (71.5%) ＋投資人 2 萬股 (28.5%) = 共 7 萬股普通股 ➡公司估值 700 萬 | 占出場額比例 | 創辦人 8 萬股普通股 (80%) ＋投資人 2 萬股特別股 (20%) = 共 10 萬股 ➡公司估值 1000 萬 * 有 2 倍優先清算與參與分配條件 | 占出場額比例 |
| 33% | | 71.50% | | 80% | |
| 67% | | 28.50% | | 20% | |
| 660 | 33% | 1,430 | 71.5% | 1280 | 64% |
| 1,340 | 67% | 570 | 28.5% | 720 | 36% |
| 165 | 33% | 358 | 71.5% | 80 | 16% |
| 335 | 67% | 143 | 28.5% | 420 | 84% |

不一定了。這就是呈現了優先清算權對下限保護的能力。除非被投資公司完全倒閉，不然創投都有機會至少拿些什麼出場。上頁表比較創辦人與創投拿到出場額的「比例」百分比，便可明白。

有趣的是，表中將「些微溢價增資」，也就是用 12、15、20 塊增資的例子也加入試算，可以看到，在增值出場（2000 萬賣掉）的狀況下，全部普通股的架構確實會「公平地」將大部分出場金額按股權分給出資較大的投資人。然而在低價出場（500 萬賣掉）的狀況下，創辦人也還是「公平地」拿回屬於自己的比例的出場額，A~D 例的創辦人實拿金額，比 E 還要高！這可能是當時風光用 1,000 萬估值募資的創業家，所沒有想到的。

我們曾在分享交流的場合，以此例向初創業的創業家說明特別股條款所造成的差異。第一次聽聞此觀念的創業家，莫不驚訝於優先清算權對實拿出場金額的影響，亦有創業家對創投的「貪婪無良」甚表不滿。

事實上，創業投資本來就是風險極高的金融活動，時間拉得長、未知風險又多，但因為高回報的可能性，所以吸引了行業內最精明也最聰明的從業者。發展數十年來，因應各式各樣的市場情境，各種「好用」的條款，漸漸成為從事創投行業的基本工具。創業家大可不必執著於辯論各種條款的存在意義，或在談判桌上意欲削除所有的條款。特別股在募資時確實比普通股具有更多的彈性，能吸引創投以較小的占比稀釋，投入創業家所需要的現金與資源。

創業家的目標是將公司經營成功，募資只是其中一個階段，條款的談判與設定只是此階段運用的工具而已。創業家若能適當了解，而非對工具的存在與使用方法一無所知，相信一定能順利通過這個階段，將寶貴的時間精力專注在事業發展上。

## 例3 參與分配權可能造成投資人與創業團隊對出場金額的歧異？

新創 K 公司曾跟 V 創投募資 A 輪，兩方最後的投資條款是 V 創投投資 500 萬，投後估值是 2,000 萬，因此 V 創投占了 25%、K 團隊占 75%。為了簡化算式及概念，假設 K 公司只有這輪募資，且沒有任何其他員工期池等。

做了一陣子，某天一間大企業 F 有意併購 K 公司，開價 5,000 萬。在瘋狂慶祝的同時，對錢計較的創辦人和創投就會開始算，我們可以拿回多少錢？於是拿出合約看一下當初的特別條件：

### ◆ 1 倍優先清算權，無參與分配（Non participating）時

按照合約規定，V 創投至少可以執行優先清算權，拿回投資額 500 萬，然後「不」參與分配。F 的開價有 5,000 萬，絕對夠給 V 創投當初的投資額 500 萬。但剩下的 4,500 萬難道就全都歸屬於團隊嗎？事情沒有這麼簡單。

V 創投發現，當他把特別股轉成普通股時，按占股比率

（pro rata）來分錢，V創投可以分到 5,000 萬的 25%，也就是 1,250 萬，遠遠勝過優先清算額 500 萬。因此 V 創投會選擇這個方案，將其特別股轉為普通股，實拿金額 1,250 萬，放棄優先清算權。團隊就拿其餘的 3,750 萬。

## ◆ 1 倍優先清算權，完全參與分配（fully-participating）時

按照優先清算的規定，要先把 V 創投的投資額 500 萬還回去，剩下的 4,500 萬，再依照比率來分配。

V 創投會得到 1 倍優先清算金額 500 萬 +（完全參與分配金額 = 4,500 萬 × 25% = 1,125 萬）= 1,625 萬。

K 團隊則拿到 4,500 萬（出場金額 5000 萬 − 1 倍優先清算金額 500 萬）×75% = 3,375 萬。

在此可以看到，當條款包含「參與分配」的時候，V 創投的實拿金額就從「不參與分配」的 1,250 萬變成 1,625 萬。有參與分配的創投可以拿走比較高的金額。

## ◆ 1 倍優先清算權，4 倍上限參與分配（cap participating）時

上限參與分配即投資人將參與分配，但設立該倍數為上限，金額超過時便不繼續參與分配。此類型條件可激勵團隊拚向更高金額的併購機會，避免當高金額的併購發生時，一大部分的額度仍被投資人拿走。會同意這樣條款的情況，可能在是新創公司有較大的談判優勢時，創投才有可能「放棄」可能的更高出場金額。

回到此例，出場分配時，V 創投先執行優先清算權，拿回

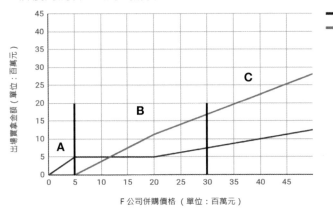

1倍優先清算、無參加分配

V創投實拿金額
K團隊實拿金額

出場實拿金額（單位：百萬元）

F公司併購價格（單位：百萬元）

500 萬；剩下的 4,500 萬，再依照比率來分，只是這次 V 創投就算參與分配，最多也不能拿超過 4 倍的投資額，也就是不能拿超過 500 萬 ×4 倍＝ 2,000 萬。不過以 5,000 萬的出場金額來算，就算完全參與分配，V 創投也只能拿到 1,625 萬，低於 2,000 萬，還不到觸發上限的數額。因此分配金額就維持在 V 創投拿 1,625 萬，K 團隊拿 3,375 萬。

　　從上述情境可發現，出場實拿金額會因為條款的不同而異，且通常是出現在「不參與分配」和「有上限參與分配」條件時。

　　承上例，我們以 1 倍優先清算權，搭配「不參與分配」或「有上限參與分配」條件，以圖示探討出場金額、創投實拿金額、團隊實拿金額的關係。

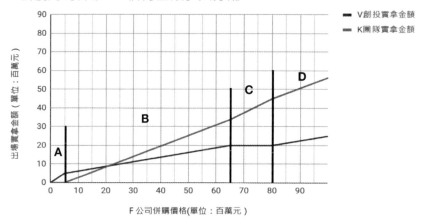

**1倍優先清算權、4倍有上限參與分配**

圖例：
- ■ V創投實拿金額
- ■ K團隊實拿金額

縱軸：出場實拿金額（單位：百萬元）
橫軸：F公司併購價格(單位：百萬元)

圖中標示區域：A、B、C、D

　　從這個圖表可以看出，在 A 區（F 公司用很低的價格併購時），創投可以優先清算權拿回全部投資額；而在 C 區（F 公司用較高價格買時），創投會選擇把特別股都轉成普通股，單純按照比率分配，放棄優先清算權。只有在 B 區時，大約是 F 公司出價 500 ～ 2,000 萬之間，可以看到 V 創投實拿金額的線是平的。也就是無論 F 公司出價 500 萬或 2,000 萬，V 創投實拿的金額都是一樣的。但對於團隊 K 則差非常多，因此有可能會造成創投與團隊之間對於併購價格的一番激烈討論。V 創投會希望趕快賣一賣，K 公司則會想要再拗一下、談判到更高的價格。

　　如果加上 4 倍的有上限參與分配，又可觀察圖表不同的變化。A 區一樣是 V 創投可以拿到全部出場份額；但這裡的 B 區的狀況是剛剛「不參與分配」情境所沒有的，在這段出場價

格區間中（約 500 萬到 6,000 萬），V 創投的優先清算額和參與分配額加起來，尚未超過 4 倍的投資額，且仍大於轉換為普通股直接分配，因此 V 創投會選擇執行優先清算權與參與分配權。

直到 C 區，由於合約上 4 倍的天花板效應開始產生，大約 6,500～8,000 萬的併購價格區間，V 創投最多只能拿到 2,000 萬，其餘的都是歸屬於團隊 K。過了這個區間，當併購價格大於 8,000 萬（D 區），V 創投就會選擇將特別股都轉成普通股，直接按占股比率分配，因為在此時，25% 的普通股的出場價值，已經超過特別股執行特別條款所能拿到的上限了。

實際狀況通常不若這些例子這麼單純，由於出場前可能已有多輪投資人，出場方式也不一定全是現金，有時搭配換股，在投資人或團隊亟欲出場的時候，甚至都有機會另外協調條件，以利出場順利進行。在此舉上述例子說明，只是讓讀者能領會創投使用特別股工具時所隱含的意圖，理解在不同場景下創投的想法如何被影響，進而現實且理性地規劃執行創業募資活動。

看了這麼多特別股條件的說明，有些創業家可能覺得「實在是太麻煩了，直接公開發行，讓大家都變普通股就沒有這些煩惱了」。理論上雖然如此，實際上要能公開發行的企業，營收規模與經營規模均有更高的標準，對新創公司通常是更漫長的一條路。

# 5 估值
## ——如何找出讓創投業者買單，創業者又不吃虧的估值？

估值怎麼算？這個問題幾乎可以名列創業家的頭號問題。創業風氣興盛下，媒體對於募資成功的新聞莫不以極大的標題煽動讀者的熱情：「某某團隊以多少天價估值融資成功！」「創辦人從輟學生一躍成為億萬身價富翁！」彷彿只要有創投青睞投資，具有野心的年輕創業家都能在高估值的加持下瞬間富貴。

然而，經過前面說明的各種特別股條件，讀者應該可以想像，媒體耀眼的報導，僅針對估值一數字進行吹捧，完全忽略了藏在合約裡的條件細節（也或許是因為媒體無法取得相關資訊）。創投亦經常使用特別股的條件交換較低的持股比率，相對造就了高估值的表象。

儘管估值並不代表一切，創業家還是需要報出一個估值，才能開始與創投討論。究竟要怎麼估值呢？假如上網搜尋，任何人都可以找出一堆估值的質化量化工具，甚至坊間的「鑑價公司」也聲稱可以公正、有根據地給估值報告。對於創業階段屬於晚期的團隊，由於營業額、財務相關數字皆已完備，甚至可以以接近公開發行公司的評估方法，如 PS（市銷率）、PE（市盈率）等，來做價值估算。

但對於早期團隊，處於還沒有穩定營收（甚至沒有營收）、公司仍在燒錢開發市場的階段，創辦人如何拍腦袋說出一個數字，來說服創投投資人「這是合理的」，這可就是一門藝術了。由於估值的數字需要創投來買單，理解創投怎麼衡量估值，才能開出接近創投能投的「甜蜜點」，而非開出過高或過低的價格，影響了被投資的機會。

## 創投業者對新創公司估值時最常採用的方法

每位創投從業者都有其獨門絕招，來判斷一個團隊適當的投資估值。尤其對於投資新創較早期的創投，當可見的數字都還不能有效套入任何既有模型的時候，創投各有自己的方法來判斷（並說服自己）。主要依據有市場類似題材的價格、當地市況、對團隊的了解信任、對該團隊出場機會的預估等……以下針對創投對新創公司估值時常採取的方法說明：

### 方法1 比較法

「比較」是間接利用市場機制來推算的價格。創投發現任何一個有興趣投資的團隊時，都不會是第一次聽到該題材的時候。相反地，通常創投已經對該題材有所涉獵，包括研究各式圍繞著該題材的新聞、話題、國際其他團隊動態等。因此對於

類似題材、類似階段的團隊應有的估值常有基本概念，其他已經被投資、被揭露的估值數字無論是否「合理」，至少是某一家創投認可的結果，我可以不同意，但仍可以參考。

另外要注意的是，**用比較來判斷估值時，不要陷入「美國矽谷怎樣怎樣，所以我至少怎樣怎樣」的迷思。創業投資是非常在地的行業，出場的機會與市場資源、花費與競爭程度，也因地理位置而有極大的差異**。雖然如此，有時候在同個市場要找到完全可以比對的公司非常困難，還是可以以國外類似的公司估值，向投資人舉例說明，一方面可以讓創投了解價格參考的對象，一方面也表達該題材在投資圈的市況熱度。

舉例來說，若是台灣創業者做一個社群服務，拿 Facebook 現在的估值來合理化自己的估值，恐怕會讓創投臉上三條線……Facebook 的規模與發展已經如此巨大，初創公司若要以需求與發展方向來說明題材的合理性，還勉強說得通，但若要拿估值硬與之相比，只是顯得更為渺小與不合理。比較合適的方式是，找出同市場、區域的公司，有相似題材者，來互相做個比較。若創業者是做一個國際通用的題材，假如是 SaaS 服務（軟體訂購服務），則可以找國際上其他競品是否有揭露的募資資訊，來做推算與比較。如果你的可比較對象都是跟你一樣的小公司時，這些資訊有時候不容易得到。若要用比較法來說服自己或投資人的話，創辦人得要費點心思了。

比較常見的是找類似的競品公司，或未來可能併購的對象，或相似商務模式、或相同產業題材的公司，搜尋他們的募資新聞，推敲他們的募資金額，再經由比較彼此間的競合關

係、各項表現，藉此合理化目前創業家的開價。例如一家旅宿預定平台，對標 Airbnb 的數值可能太高，但是對標該類型的估值「方法」卻有可能行得通：例如每月產生的訂房晚數、每筆訂單價格、每年產生的交易額，以多少比例乘積來產生估值。這套路數當然對創投來說是看得很習慣了，創投能找得到的資訊一定不比創業家少，且「此能不能跟彼作比較」，創投自有一些想法。創業家可以試著講故事比比看。

要小心的是，當你舉一個已經大舉募資的同區競品為例的時候，投資人第一個想到的並不是「這是個好題目、有估值那麼高的可比較公司」，而是「大盤已經下好離手了，現在還沒搶到資本的團隊要怎麼競爭呢？」

## 方法2 由未來預估數字推算

針對已經有部分營收數字與可見之預測者，利用未來預估的數字來支持自己提出的估值。常見的方法是，以最近一期的營收加上「預測成長率」，推測未來 12 個月的營收規模，再參考同業的 PS 倍數（市銷率，股價營收比），得出聲稱的估值。這裡可以看出許多盲點：例如預測成長率往往以非常樂觀的數字來計算，以得出較高的預測營收。另一方面，PS 倍數究竟多少才算合理，每個創業家或投資人心裡都有自己的想法。再者，由於募資活動經常會拖延數月，在過程中創投得以持續向團隊索取更新的數字，逐步驗證。若估算太過於不現實，也容易露出馬腳。

譬如若是創投聽到創辦人宣稱「未來一年業績要做到1,000萬元」,而創投並不急著投資(創投通常不急……),只要過三個月再找創辦人來問「那你現在做多少了?」立刻就可以秤出創辦人說話的虛實。創辦人不要忘記了,「時間」是最公平殘酷的東西。創投有的是時間,這輪不投還有機會下輪投,只要多花一點點時間就可以驗證。

## 方法3 由出場數字往回倒算

剛才提過,投資人對於某些題材的市態業況有一定了解,或有能力取得資訊,因此對每一個團隊的出場數字可以有約略的概念。以某些醫療器材產品為例,由於醫療器材的全球通路非常昂貴,一般來說,小型新創團隊無法自己布建,此類團隊常見出場方式,就是獲得大型國際醫療品牌認可後併購,隨後利用國際品牌的通路,推向所有市場。大型品牌商產品線眾多,許多都是併購得來的,內行的創投,便具有「哪類的產品、做到什麼程度、就能以多少價格被併購」的見解,甚至推動能力。

假設某產品在該創投的認知中,最好的狀態可以2,000～3,000萬元被併購。今日來了一個團隊,產品、團隊、市場推進等進度都不錯,但距離能被併購的規模大約還需要二年。此時創業家若出價投前估值1,200萬,募資300萬,身為創投還有興趣參與嗎?

實務上,對創投來說,如果最好的狀態也不過是2倍的投

報成績，承擔那麼大風險與花那麼大精神，並不是很划算。同樣的資金，創投也許寧願拿去投資晚期項目，甚至資料透明的公開市場，以較低的風險換得更有保證的回報率。

## 擁有一家成功公司的 1% 股權，遠比擁有一家失敗公司的 100% 股權有意義

創業家在思考估值時，多半會在估值與稀釋程度上再三琢磨。誠然，創辦一家公司耗費所有的時間與心血，誰都希望能盡量保住自己的股權占比，最大化最後出場時的獲利。但創業家也必須承認，創投投入的金錢與資源，是自己的能力範圍內無法給予公司的（不然就不必找創投了，不是嗎？），而這部分的價值，的確是需要用公司的股份去交換的。

創投與創業家在投資前雖是站在對立的兩方，各自都要最大化自己的利益；但在投資後絕對是屬於同一條船上的水手，共同目標都是開往出場的彼岸。到那時候，擁有一家成功公司的 1% 股權，遠比擁有一家失敗公司的 100% 股權有意義。期許創業家與創投都能理解彼此共生的業態，尋求對估值看法的交匯點，共同創造美好的未來。

# 6 小結

投資條件在過往只有普通股的年代相當簡單，大家只需著眼於股價。隨著創業環境的改變，新創事業對於資金募集的方式也不同，台灣《公司法》從閉鎖性公司、無面額股票，過渡到 2019 年新《公司法》後，特別股的彈性使用也已經納入，使台灣的新創募資與國際接軌。

由於特別股的條款種類繁多，亦都是過去創投歷史演變、針對各種情境衍生出的項目，盲目採用所有項目並不是明智的做法，反而讓雙方拉長談判時間、互增不信任感。創業家與創投們也需要對特別股的使用方式進一步了解，因應台灣的環境，作最有效的應用。

最基本的概念仍是：單純「股價」（錢）並不是投資籌碼的唯一項目，反而是許多後續的各種優先權利、公司關鍵決定的主導、出場時的下限保護機制、下輪的優先權等，取代了股價，成為投資人欲談判的項目。也因此在股價／占比的讓步下，造成估值乍看較高的現象，大家可不要被估值報導給誤導了。

投資條款的細節雖然看起來很多，事實上許多內容也是彼此沿用（抄），僅在細節（如數字）上微調。創投以及其律師

常可一瞬間拿出一整本投資條件，實在是因為這是經常使用的東西，抽屜裡早有數十種版本可用。第一次創業的新創家要花許多時間去了解，以保護自己的權益。千萬不要偷懶隨便簽名，之後公司怎麼被賣掉的都不知道！

　　向專業創投募資，是新創公司邁向更大規模的重要一步。脫離了凡事好說話的單純天使投資人，簽下複雜的投資合約，進入機構投資人的生態圈，更上層樓。對創業家來說，除了持續努力外，心態的調整也是必要的。機構投資人在投資之後，會嚴謹地追蹤並要求資訊的透明，如投資條款中的資訊權，就會要求公司固定於每月或每季提供財務報表，每年必須由大會計師事務所進行審計簽證等。董事會的流程、文件、形式等等，更是必須按照法律規範進行，不可隨便。尤其對於國家、主權類型的投資人（如國發基金），要求更是嚴謹。

　　創業家不能再像初創時凡事從簡，由自己太太、妹妹在家記帳，表哥、叔叔掛在董事會當人頭。必須提醒自己，股東成員已經有專業以投資獲利為生的創投，從此以後，公司的一切運作必須更加正規，即使過程中可能增加工作的負擔，也不能因循苟且。

　　經過數輪投資的淬鍊，創辦人在募資活動的準備、條款的談判、投資後投資人的管理，也會漸漸成熟成長；公司本身的規範、財務、流程等也會更加完備透明。體質良好的公司與創辦人，才有機會漸漸邁向公開上市或被併購出場，走到最燦爛的一幕。第八章會針對「出場」展開進一步的說明。

# 投資條件與估值

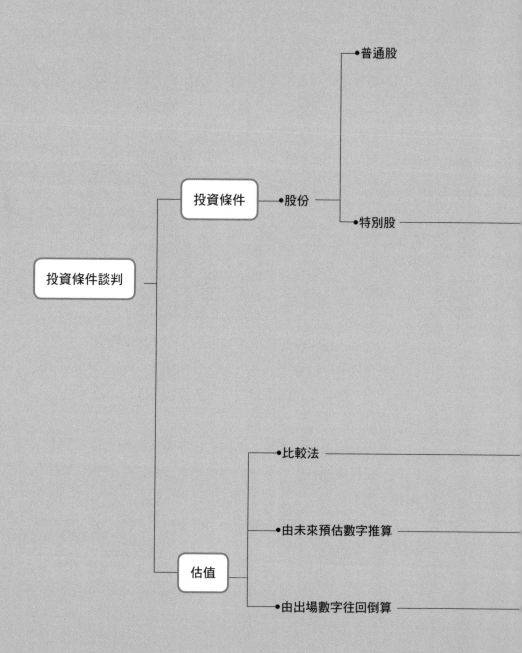

優先清算權 ———— 當公司被清算時，保護投資人的措施

參加分配權 ———— 執行優先清算後，剩餘金額的分配方式

優先分派股利 ———— 間接鼓勵創業團隊將盈餘用在公司的成長

贖回權 ———— 在特別的情境下才會行使的權利

優先認股權 ———— 投資人避免股權被稀釋的方法

優先購買權與共賣權 ———— 限制公司股份轉移的對象

強賣權 ———— 減少被併購時，因部分小股東阻撓而破局的機會

轉換為普通股 ———— 通往公開發行的前哨工作

反稀釋 ———— 防止創辦人故意低價發行增資股並自行認購

董事會 ———— 取得營運資料，影響公司治理方向

資訊取得權 ———— 定期取得被投資公司的基本資訊

特殊表決權與保護性條款 ———— 創投者維護自身利益，確保公司治理方向

員工認股權期池 ———— 創辦人激勵員工的方法

對賭 ———— 投資人與被投資人都要小心的條款

禁止接觸條款 ———— 投資人與被投資人之間的婚約

購買參與權 ———— 新投資人洗去過去投資人的方法

前提：投資者已了解該領域概況

注意：比較對象必須合理

前提：已有部分營收數字與可見之預測

注意：容易過於樂觀

前提：投資人對該市場有涉獵，對該公司出場價值有大略概念

注意：容易看出投報率，左右創投投資意願

7

# CONVERTIBLE NOTE

# 可轉換公司債

" 新創團隊的營運數據還不充足，
不容易談出好的估值與條件，

因此有愈來愈多的早期創投、加速器、
天使投資人，使用別種金融工具來投資，
先不占股，而是以債權的方式來投資，
再於適當的時機將債權轉成股權，
省去早期談判過多投資細節的成本。

這就是「可轉換公司債」。
"

# 1 什麼是
# 可轉換公司債？

上一個章節講的投資條件與估值，以及各種條款的說明，或許會讓不少還身處在早期階段的創業家備感壓力。一來可能不是很理解到底估值應該抓多少比較合理，二來也對於每個條款的談判感到陌生，不知如何下手。除此之外，由於時勢所趨，越來越多的創業加速器或孵化器，必須在相當早期就出手投資一些入選的新創團隊，因此在營運數據還不完全足夠的情況下，的確是不容易談出一個好的投資估值與條件。

有鑑於此，越來越多的早期創投、加速器、天使投資人，會乾脆使用別種金融工具來投資，先不占股，而是以債權的方式來投資，再於適當的時機將債權轉成股權，省去早期談判過多投資細節的成本。一般我們稱此種投資所使用的工具為「可轉換公司債」。

可轉換公司債又叫做「可轉換債」，英文有 convetible notes／ bonds／ debts 之類的稱呼，都是在講類似概念的投資工具。

**簡單來說，就是投資人先將資金投入，但尚未討論詳細的估值與特別條款，僅以債的形式呈現，再設定到期日與轉換方**

式，將債權的形式轉成股權形式。也就是投資人給新創的錢，不在這一輪占股份，而是以借貸方式借錢給新創公司，成為公司的債權人，而不是股東。

但這筆債權主要目的不是要新創還錢，而是要在下一輪募資時，把向投資人借的錢以「股權」的形式還給他。

可轉換公司債之所以流行於早期創投業界，很大的原因在於其結構與內容簡單，早期創業團隊和投資人之間能快速定案，法務（律師）的費用也比較低。

早期創業團隊資源有限，不足以快速談定前述特別股合約等細節。而時間就是金錢，小小團隊忙著開發市場產品都來不及了，哪能花大把的時間跟創投交涉，就算拿到該筆投資，時間也耽誤不少。

另外，有些團隊認為自己的產品成績尚未完全顯現，可能不利於估值的談判，因此希望能延後討論估值的時機：先拿錢，稍後再討論估值。

由此可知，可轉債並不是一般的借貸，**創投在使用可轉債時，常伴隨著未來轉換成股權時的條件；也需針對在債權到期之前，公司若發生清算或併購事件，訂立特別的處理方式。**

早年可轉換公司債大部分是用在較後期的公司，是為了達到某個大型募資門檻，而做的一種中間過程的投資方式；有可能是找外部新的投資人參與，也常見於原始股東再出資投資時使用。但由於上述的優點，尤其是免於談判估值和特殊條款這兩項，也開始在相當早期的公司募資中盛行起來。

## ▍早期創投業界偏好的投資方式

承上述，這個模式原本在新創圈並不是流行的投資方法，不過矽谷在過去幾年開始頻繁地使用可轉換公司債的投資架構，而且是還在天使和種子輪的階段，就把股權和債權一起列入投資時的選項。

根據美國新創會計、稅務、人資服務公司 Kruze，在 2019 年做的一份市調報告顯示，就美國來說，從 2016 到 2019 的募資中，使用債權機制融資的總金額如下表。

從表中可以看出，使用債權相關的投資工具募集金額，過去幾年裡，每年都維持雙位數的成長率，在創投和新創公司的投資工具選擇中，大獲好評。因此新創公司若要對外募資，千萬不能不注意這項受歡迎的募資工具。

本章將說明可轉換公司債的使用時機、常見的內容、背後的意涵，以及在台灣的實際使用狀況。

### 美國債權融資規模

| 年 | 2016 | 2017 | 2018 | 2019 |
|---|---|---|---|---|
| 金額（美元） | 58 億 | 65 億 | 84 億 | 100 億 |
| 成長率 (%) | — | 12% | 29% | 19% |

資料來源：Kruze，達盈管理顧問整理

# **2** 可轉換公司債的 使用時機

傳統的股權投資，是投資人將金錢給予被投資公司，公司發行股份給投資人，代表投資人的權益。

　　看似簡單的買賣，卻充滿一大堆實際操作技術在裡面，其中對新創公司來說，最貴的（不論是金錢成本或時間成本）應該算是談判，以及完成整個流程的成本。

## ▍種子輪➡新創團隊節省談判成本， 將心力傾注在產品

　　在進行一般股權募資時，有很多非常重要的談判，都是必須被討論的。像是估值、股份占比、特別股的特殊權益、董事席次⋯⋯等（更多股權投資的討論已在第六章詳述）。

　　而實做股權募資所需要的法律文件、發行新股的動作⋯⋯等，既耗時且費錢。所以在很早期的種子輪投資時，若採用可轉換公司債這樣的工具，對早期新創團隊（A 輪以前）來說，著實是一個不錯的選擇。新創團隊可以不用花這麼多時間去經歷這些又貴又煩的談判。尤其是大家最頭痛的估值問題，也就是公司現在到底值多少錢？這些都可以被延遲到下一輪更完整

的募資輪再來討論、定案，不用現在就花一堆時間去想或談估值和其他特別股的特殊條款，可以把時間和錢省下來去做產品、跟客戶溝通。

　　同理，對投資人來說，不需要花這麼多時間去談公司價格和權益，相對也是比較輕鬆；再者，讓被投資的新創公司能夠專心做產品及推廣市場，也好過把錢給律師和會計師去處理雖然很重要，但非常昂貴的文件申請。也因此，愈來愈多新創團隊及投資機構在早期投資時，會選擇使用可轉換公司債。

## ▌公司將進入下一輪募資時➡ 利誘投資人積極參與

　　另外一個情況是公司曾經融資過，如 B 輪的公司，在成長至下一輪（C 輪）的過程中，需要多一點點的時間與金錢，來達到更漂亮、更好的募資故事及經營數據；這時該公司可以向原投資人或下輪可能有興趣的投資人，募集可轉換公司債；在下輪定價尚未出來、但在「可預見的一段時間內」，可以成長到該程度的說法下，以「提早支持公司可以獲得優惠」作為利誘，吸引可轉換公司債的投資人參與。

　　對原投資人來說，若原本就有意願參與下一輪，且本來就充分了解公司狀況，以參與可轉換公司債支持投資對象是常見的行為。而對新投資人來說，通常是「有心想參與下一輪」者，且對公司的發展看好，想要早一點跟團隊多些互動，因而參加可轉換公司債的投資。

# 3 可轉換公司債的內容

可轉換公司債需要談判的內容雖然少了很多，但畢竟還是金錢交易，有正式的合約內容，且必須適當地說明「可轉換」的相關條件細節，所以仍有一些必須要談定的條件項目，以下一一說明：

## ▍1. 設定轉換條件（Conversion）

定義在何時，或在什麼樣的條件下，投資的債權該轉換成股份。這個項目定義了整個可轉換公司債的基本框架，也隱含了投資人與創業者彼此認定這次的**債權投資關係**，將在「什麼時空狀況下」結束。

**在公司的法律結構上，債權所享有的償還權利，畢竟還是優於股權，所以公司經營者必須要知道股債比例，以及這些債權的轉換條件。**

關於轉換條件，最重要就是定義「到期日」和「下輪（符合資格的）融資事件發生」這兩點。

## 到期日＝還錢日

既然是債，便有債務到期日，也就是借錢要還的還錢日，時間從六個月到兩年都有。

對公司創辦人來說，在這個日期前公司必須做出成績、找到下輪投資人，且談判出適當的定價，以觸發可轉換公司債債權人轉股東的事件。不然債務一到期，若債權人不願意延展，公司就要還債；若公司沒錢還債，債權人就能依法清算公司，拿回屬於自己的債權額度。

**經營者須有「到期的債權人最大」的觀念，千萬不可等到債權人登門清算時，才驚覺公司的所有權已經不歸自己所有。**

## 下輪（符合資格的）融資事件（Next Qualified Financing）

在可轉換公司債條款中會註明，符合什麼樣的條件（如多少額度的融資）才能稱之為一個「符合資格」的融資事件，也就是所謂「下一輪」。

前面說明過，可轉換公司債存在的價值，就是讓創辦人延後估值討論的時間，讓公司可以在表現更成熟的時候，向投資人談判更高的估值。

所以在本債到期之前，理論上應該能發生一輪融資活動，有適當的定價與領投投資人。當此事件發生時，可轉換公司債的債權便會依照當初合約規定的轉換價格轉成公司股份。

　　Ａ新創公司以可轉債的方式向Ｂ創投公司募資，雙方於合約中約定如下：

　　債券持有人於以下任一事件發生之 30 日內，有權依規定將公司債轉換為公司股份（以下稱「股份」）：

　　到期日前公司及／或其台灣子公司「Ａ新創科技股份有限公司」為增資，包括但不限於公開發行新股、私募、發行其他公司債或股權性質證券（以下合稱「增資」），且其價值高於美元 \$_____。

　　合約上寫明到期日（Maturity Date），通常是 365 天之後；而符合募資發生的條件常是一個金額數字，例如 100 萬美元。

　　也就是說，Ａ公司拿了Ｂ創投投資可轉換公司債的錢後，在「365 天內」若能成功募資一筆新的「大於 100 萬美元的資金」時，可轉換公司債的債權就會以合約內定好的條件，自動轉換成股權給Ｂ創投。

　　關於轉換條件，有時也會依據合約雙方的需求增刪，可依情況來做最適合雙方的條件規定，只要雙方同意且合理，其實都滿鼓勵新創團隊可以發揮創意，談出一個皆大歡喜的合作方式。

　　舉例來說：有的轉換條件會寫成是，當公司尚未有下一輪符合資格的融資產生前，就發生了公司出售的事件時，其債權可以依照投資人的選擇轉成股權，或是用若干倍數的價格買回

債權。其用意是確保投資人在公司發生重大事項時，可以依較優的條件，把錢拿回來。

## ▌ 2. 設定利息（Interest）

因為是借貸的關係，理所當然會有利息存在。到期還錢，或是到下一輪轉股時，利息都會滾入以計算出最後的金額。一般而言，就是雙方談好的利息數字，或是直接用法律訂定的利率。以台灣《民法》第 203 條規定：「應付利息之債務，其利率未經約定，亦無法律可據者，週年利率為百分之五。」代表若合約上沒有約定，那法律就直接給你一個利率，也就是年息5% 的意思。利率當然是一個持續變動的數字，須看當時時空背景來做調整。以本書撰寫時的 2020 年第三季來看，5% 的年息已是相當高的利率，因此需要視情況談判調整。

對創業家來說，要小心那些要求高利息的投資人；早期可轉換公司債的投資人如果只要求高利息，有可能是對早期投資的價值與風險了解不足。早期新創公司投資是一個高風險、高報酬的投資管道，但高風險高報酬其實沒有說得很完整，完整說法應該是「高風險高風險高風險」。

新創公司成功機率非常低，投資人若抱著太多的保本保息的前提投資，或是誤解、故意忘了這種可轉換債的連結標的是相當高風險的新創公司股份，進而要求高利息，以期望當新創公司最後若經營不善，還可以行使債權搶先把所有剩餘資產能撈就撈；與持有這種心態的投資人合作起來，對新創公司經營

團隊對來說也是相當痛苦。大部分的投資人在選擇可轉換公司債作為早期投資時，著力點不全然是利息的保護，而是為了簡單方便快速，因此也往往抱持著當債務人倒閉時，會選擇放棄行使債權的權利。

當然，不可諱言的是，創投也有可能因為創業公司的經營不如原先預期，而在債權到期時，直接拿回本金加利息就離去——雖然這並不是一般創業投資喜歡的回收方式。

## ▌3. 假設發生其他事件（清算、併購、上市）

在可轉換公司債到期之前，若發生公司清算、被併購，或上市等事件，該公司債要如何處理，也需要在條件中規範。常見的方法如「直接還錢」加上一個獲利的趴數，或甚至是倍數（比如2倍）。

因此合約上可能會有類似這樣的文字：

**到期日前，「A新創科技股份有限公司」與他人發生收購、合併、併入其他公司或其他任何與前述相似之「A新創科技股份有限公司」組織變更情形，或「A新創科技股份有限公司」移轉主要資產（包括有形資產與無形資產），或「A新創科技股份有限公司」之經營團隊、研發團隊或所營事業發生重大變更。發生以上之轉換事件時，債券持有人得取回原先購買公司債金額之百分之一百四十（140%）。**

# ▎4. 轉換價格

轉換價格是可轉換公司債最精華的部分，通常包含以下幾個項目：

## 優惠折扣

一般來說，投資人會要求在下輪融資發生時，得到轉換成股份的「優惠折扣」（Discount），也就是以打折後的價格來轉換。

### ◆可轉換公司債同意債權人可以 75% 的價格來轉換：

即下輪若定價一股 100 元，債主之前投入的金額便可以一股 75 元轉成股份，也就是「用 75 折購買」的意思。

### ◆在可轉換公司債中設定，下輪估值的轉換上限為一股 70 元，且採與「優惠折扣之打折後價格」相比孰低者：

即下輪融資若定價一股 100 元，債主仍可用 70 元來轉換，而不須用 75 元（100×75% 優惠折扣＝ 75）轉換。然而，若下輪融資只有一股 60 元，債主則可選擇使用 60×75% 來轉換股權。

### ◆也有人訂出「若到期日時沒有下一輪融資，則直接用╳╳價格轉換」的條件，以處理公司可能融資失敗的狀況。

即下輪融資雙方約定若有融資成功，就照上面兩種方式計算選擇，若沒有，即直接以一股 70 元的方式轉換。

## 估值上限

另外，也有投資人設立轉換價格（估值）的上限（Valuation Cap），作為保護、增加利益的方式。

由於投資人提前將資金投入，在情況不明時先承擔了風險，提供優惠折扣是很合理的。優惠折扣雖然似乎很好聽，但對於早期投資者來說，即使是七折、八折的優惠折扣，與提前承擔的風險還是不成比例；尤其對於一下子成長很快、估值瞬間拉得很高的公司來說，可轉換公司債的投資人提前進入並不能得到夠多的好處，也會影響其投資意願，因此許多創投的討論焦點會放在估值的上限。

**案例說明**

假設某個創投很喜歡一個創業團隊，即使該創業團隊現在只有雛型產品（prototype），才剛驗證一點點成績（traction）出來，團隊也只有 3～5 個人，但該創投仍然非常有興趣想要投資。

通常這時，創業家和投資人之間就會開始談投資時的估值；創投可能會說：「我覺得你們值 2,000 萬台幣。」

而創業家會說：「抱歉，我覺得至少 5,000 萬台幣。」經過一番爭執後，雙方決定用可轉換公司債來規避這個爭論，公司發行可轉換公司債、投資人拿到該債權，皆大歡喜。

　　於是創業團隊用可轉換公司債的方式拿了一筆錢，把團隊養大，產品做成熟，也成功地獲取更多高價值的客戶。這時由於公司前景看漲，另一個較大型的創投也來表達投資意願，且開出了一個 3 億台幣的估值，整個創業團隊相當開心，努力的過程終於有回報了。

　　但此時，當初最相信這個創業團隊、願意在該團隊什麼都沒有的情況下伸出援手的第一家創投，卻從本來可以用約 2,000 萬上下，或當初創業家提的 5,000 萬上下的估值價格，一下變成要被強迫接受 3 億的基數來做股數計算，等於貴上十幾倍，這狀況反而是懲罰了當初願意投資早期的投資人。

　　**這時估值上限就可以緩解這個問題。**在一開始談可轉換公司債的條件時，雙方可以設一個上限（例如 3,000 萬台幣），約定當下一輪的估值大於這個上限時，可轉換公司債的持有者（就是可轉換公司債的投資人）仍可用這個較低的估值價格，轉換成股權；亦即可以用比較便宜的價格買入股權。

　　用上述例子來說明，假設當初使用可轉債的投資人投資 500 萬台幣，獲得一個估值上限 3,000 萬台幣的可轉換債權；後來當大型創投用 3 億的估值投資 3,000 萬時，團隊需釋出占比為 10% 的股數給該大型創投。

　　這時原本的可轉換債債權人，卻可以用當初 500 萬台幣的金額，就獲得約 17% 的股權（500/3,000 ＝

16.66%）；換算 3 億台幣的估值，這 17% 的股份約等於 5,000 萬台幣（3 億 *16.66% ＝ 4,998 萬元），相當於 10 倍的回報率。

看到這裡，各位是否注意到一個很有趣的現象，就是討論「估值上限」其實就跟討論「估值」一樣！因此，**創業團隊們千萬不要覺得發行「可轉換公司債」就可以什麼都不用管，也完全不去考慮估值計算，創業者還是必須對自己可接受的估值範圍（fair price）要有概念或想法。**

轉換價格訂立的時間是在可轉換公司債募集的時候，然而觸發轉換甚至到期日通常是數月甚至數年後，屆時公司的狀況可能遠遠跟當初想像的不同；當初設定轉換價格的數字，之後也可能跟現實不符合。公司若飛快成長，則顯得設的上限太低，「便宜了投資人」，甚至影響下輪投資人的意願（例如前面有太多可以用便宜價格轉換的可轉換公司債投資人，等於間接稀釋了新投資人的股份）；又或者被投資公司因此根本不想讓投資人轉股，寧可還款解除關係。

另一種狀況是若只有打折轉換條款，沒有上限，當公司下輪定價高，可轉換公司債投資人轉換後比例仍太低，也有可能影響轉換意願。

無論如何，轉換價格其實就是投資人提前投入、買張門票參與的重要（甜頭）因素。如果條件不吸引人，精明的創投可是不會買單的。

# 4 可轉換公司債的常見格式

由於可轉換公司債在矽谷與許多創業生態圈內頻繁地使用，著名的加速器亦公開分享了「公版」制式化可轉換公司債內容，可供參考。以下以最常見的 SAFE（Simple Agreement for Future Equity，未來股權簡單協議）作為公版例子。

目前可轉換公司債的合約，除了一般正式的標準合約之外，矽谷知名加速器 Y Combinator，在 2013 年下半針對可轉換公司債的合約，進一步做了一個更新的版本，也就是 SAFE，這個版本站在創業家的角度，思考並設計了一個新的合約關係。

要注意的是，SAFE 這類最簡易版的合約內容，其實對創業團隊較有利（當然，這想法可能與你站在投資方或被投資方有關）。不過普遍來說，台灣的創投法人若使用可轉換公司債投入早期團隊，仍會要求如上節說明的許多基本項目。

本書附錄亦有 SAFE 其中一個版本，以及我們團隊實際在台灣使用過的版本參考。

# 站在創業家角度的 SAFE
## （Simple Agreement for Future Equity）

　　SAFE 可說是進化版的超簡單投資合約。SAFE 本質上不是債權，並不是借貸關係，因此 SAFE 沒有包括到期日（Maturity Date）及利率（Interest Rate），但還是有估值上限（Cap）和優惠折扣（Discount）可以使用。

　　Y Combinator 之所以會推出 SAFE，是因為 SAFE 就像其全名一樣，是一個極為簡單且對創業家相對安全許多的投資合約，差不多 5 至 6 頁即可完成，旨在更降低雙方的溝通及法律費用成本。

　　另外，SAFE 取消債務的型態，也給了新創團隊很多好處，像是不用擔心債務的優先處置權、沒有額外的利息負擔，以及到期日等。

　　SAFE 的精神就是「簡單」，發明者希望合約簡單到一個極致，因此選擇把不同情況的條件合約，以不同份來分開，而不是在單一份合約把所有情況寫進去。有的合約版本有「估值上限」但沒有「利率」；有的版本是有「打折」但沒有「估值上限」；有的全都有，有的沒有「估值上限」也沒有「打折」……等。

　　值得一提的是，即使在矽谷，不少創投對於 SAFE 或相當偏向保護創業家的合約，接受度並不高。由於早期投資的風險性太高，因此對創投來說，若再簽一個對自己本身不具有合理風險對應保護機制條款的投資合約，將會大大降低投資意願。

就實際經驗上來講，基本上 A 輪前的早期創投不太會用 SAFE 投資，都偏向選擇使用擁有完整條件的可轉換債，以確保投資方本身的權益；天使投資人則較有可能用 SAFE。所以創業家自己要斟酌投資方的角色，以及其對於 SAFE 的接受度，以免一味地堅持使用 SAFE，導致無人願意投資的窘境。

# 5 可轉換公司債的 背後意涵與注意事項

以上的說明應該可以給讀者一個清楚的大方向，為什麼愈來愈多早期新創公司會選擇拿可轉換公司債而不是走股權募資，尤其在可以「延遲估值數字的討論」這點上，非常具有吸引力。

但任何事情有好處就也有壞處。以下是幾個較常見到，在 A 輪前先做可轉換公司債，之後要募 A 輪股權時，會遇到的問題。

## 新創團隊在 A 輪前做可轉換公司債， 應注意的問題

### 濫發債權導致不清楚股份狀況：

由於可轉換公司債的設計，本質就是一個相當簡單的投資方式，不用太多的細節討論，只設定一個估值上限，其他條件都照一般標準的數字來走即可。因此往往會讓創業家有一種錯覺：好像可轉換公司債是一個不費力氣、毫無代價、簡單至極

的募資方式。因此在早期只要遇到可能的投資人（尤其是天使投資人），就會習慣性地力推可轉換公司債的投資合作模式。

久而久之，創業家可能在不自覺的情況下，忘了自己拿了多少錢、給出了多少張可轉換債，甚至其中的條款是什麼，導致最後要認真做一輪 A 輪的股權募資時，才驚覺這些可轉債要全部一次跟著 A 輪的條件轉換成股份。再**經過計算，發現原來在這樣的轉換機制下，自己只剩相當少的股份數量，失去了公司擁有權，以及更努力的動機。**

可轉換公司債這種不談股權數量的投資方法，在早期募資時相當輕鬆簡單，但若不稍微注意，到後來要做股權募資時，會被反咬一口，不可不慎。

除此之外，對投資人來說，要是看到之前有非常多相當混亂、不同條件的可轉換債尚未被轉成股權，全部要一起跟著這一輪轉成股份，也會造成這一輪新投資人相當大的困擾。因為可轉換債之後的 A 輪股權投資人，只想要知道這一輪進去可以占多少股份，以及在什麼樣的保護權益下，這些基本該談的條件。新投資人並不想幫新創計算之前所有的可轉債轉換成股份後各是多少，然後再看自己要投多少才可以拿到想要的占比。

因此常見的做法是，給一個投資後（post-money）的占比，希望新創團隊自己把之前簽過的所有合約一個一個拿出來，仔細清楚地算出來到底給誰什麼條件、可轉換成多少股份；反正 A 輪新投資人就是要占到談好的占比。**如果經營團隊可以處理清楚之前所有可轉債的股份轉換狀況還好，怕的是因為拿太多**

小額的可轉債資金，導致後來要做這件事情時溝通成本太高，時間拖太久，甚至無法處理清楚，而失去了新的 A 輪投資者，這才真的是得不償失。

## 債權人不准下一輪募資：

前面在講「轉換」時曾提到，當發生「符合資格的募資」時，債權會自動依照合約規定的條件轉換成股權。雖然合約中會再註明什麼叫做「符合資格的募資」，但為了更進一步確保雙方的利益，有些可轉換債的合約上，會再給投資人一個可以阻擋募資發生的權利（veto right）。

為什麼要給這種權利呢？因為假設新創團隊還無法達到該合約提到的符合資格門檻，但又遇到一個金額還不錯，且願意做股權投資的投資人，這時就會造成債權人與新的股權投資人之間的衝突。

想像門檻若是 100 萬美元的募資金額，這時新的投資人願意做 90 萬美元的股權投資，並維持著差不多的估值，而且也沒有太大的折扣空間，身為債權人有可能會行使該權利，來確保自己不是被經營團隊擺了一道，期望後續有更高的股權募資來衝高估值。但對新創團隊來說，則失去了一個可能可以繼續維持兩年的營運資金。

建議新創團隊在談判下輪募資門檻時，可以好好思考：

(1) 自身狀況的合理性，不要大家都談 100 萬美元，你也就跟著定一個 100 萬美元的門檻。重點是要合理預想自己的

募資規劃，好好算一下大概需要在什麼時間點，募多少錢。

(2) 簽合約時也要特別小心釋出特殊權利的條款。建議像阻擋型的權利不要隨便給任何可轉換債的債權人，可以給比較熟悉創業、給比較多錢、或比較站在創業家立場的投資人。

## 沒有下一個募資發生時：

前面提到，可轉換債畢竟是一個債權，所以當合約上的到期日到了，依照合約精神，債權人是可以依法行使債權，要求債務人償還債務。

所以如果一開始因為手頭緊找了不是很熟悉創業生態的創投，或一開始就不認定或不期望以轉換股權的方式來償債的投資人，往往會在時間到了沒多久，就開始行使債權，要求新創團隊還錢。這時對於新創團隊來說，如果還在努力調整營運模式試著賺錢，有這麼一個債權人反而是一個相當痛苦的事情。

倘若營運狀況不佳，可能發生的狀況就是再去借錢來還給該債權人，或是更慘的，公司結束營運，清算後把剩餘資產還給債權人。大部分了解新創的天使投資人，都可以理解創業的困難和風險，都會自動或**再重新談判雙方都能接受的方式，來延長到期日**，不至於主動要求行使債權。所以當初如果有慎選投資人的話，就比較不會碰到這樣的困擾。

即使營運非常好的時候，也會有一些要注意的事項，例如，**有些可轉換債的合約上會加註一項條款：如果在發生下一輪募資案之前，就有其他公司提出併購的要求（這時團隊還屬**

早期，所以最常見的是所謂的人才收購〔acquire-hire〕，主要是為了納編人才進來而開出的併購案〕，這時債權人可以要求獲得加倍的投資報酬，有時甚至可以談到兩倍至三倍。如果新創團隊算一算，發現主要的併購收益都到了債權人身上，便很有可能要跟債權人重啟談判，這時的談判場面不會特別好看，因為債權人等於手握一個賺大錢的機會，要他把到嘴的肥肉吐出來是相當困難的事；若處理不好，很容易將整個併購案給搞砸，後悔莫及。事實上，若一開始簽署了這樣的條款，通常很難全身而退，因此強烈建議，**不要**接受這個條款。

## 債權人拿太好的條件，導致新投資人不願意投資：

　　這也是一個當初太濫發可轉換公司債，結果新創發展很好時常遇到的問題。當新創團隊努力一陣子後，獲得新的 A 輪投資人願意投資，這時 A 輪投資人給出一個投資人與團隊都可以接受的不錯估值，理論上應該是開開心心的美事一樁。但這時投資人發現，公司之前拿了一大堆可轉換公司債，累積了為數可觀的債務，且簽的估值上限是一個無法正確反應當時公司營運狀況的數字，這些因素將會造成新投資人很有可能卻步，進而停止投資評估流程。

　　其中以優先清算權（liquidation preference）最為明顯。因為債權人理論上是跟 A 輪的投資人，以相同的優先股方式將之前的債權轉成股權，所以會享有一樣的優先清算權利，但因為是以低於估值上限轉換，所以等於是用相當便宜的價格取得

股份，如果再加上同樣的優先清算權，對於債權人來講，等於是擁有相當高、且對其他股權投資者近乎不公平的報酬率，也影響了股權投資者本身的投資報酬率，因此很有可能會因為跟當初設想的股權架構差異太大，而選擇放棄投資。

# 6 在台灣使用可轉換公司債實務

在台灣，原本新創公司是無法發行可轉換公司債的。直到 2015 年新增閉鎖性股份有限公司之後，凡登記於此型態的公司才可以發行可轉換公司債，以及其他特殊權益，如無面額股、具有特殊權益的特別股等原本均不被允許的較彈性之股權規劃。

不過其特性仍無法完全取代公司成立在境外的各種極為彈性股權規劃的優點，因此台灣不少新創公司若有需要一些特殊的股權設計，或未來向海外發展、募資架構時，許多人仍選擇直接在境外成立母公司當控股公司，台灣再以子公司的型態來完成公司架構。

## ▌修法後可轉換公司債鬆綁，卻尚未普及

有鑑於此，台灣於 2018 年三讀通過了近 20 年來最大幅度的《公司法》修法，並在同年 11 月 1 日正式上路。修法後的新《公司法》，針對募資工具的鬆綁，允許一般未公開發行的股份有限公司，也可以發行可轉換公司債，藉此方式來募資，期望達到與國際接軌的目的。目前就算是一般股份有限公司，

也可以透過可轉換公司債，吸引到更多國際的潛在投資人。

由於法令剛通過，目前在台灣使用可轉換公司債投資的創投尚不算多數。台灣大部分創投都是成立已經有二、三十年歷史的機構，而未公開發行的股份有限公司能夠發行可轉換公司債，則是 2018 年底才開始允許的事；因此這幾十年下來，幾乎每一件案子都是單純的股權投資，所有所學的認知、評估方式、談判方式等，都是基於「我多少錢進去、拿多少股份」的架構基礎上，一下子要轉作早期未上市公司的可轉換公司債，著實有其觀念和心理上轉變的難度。

因此，新創團隊在台灣募資時，也要有這樣的心理準備，有些創投會對於可轉換公司債的投資方式較不熟悉而躊躇，也可能造成募資溝通成本的提高。

## ▌目前對可轉換公司債尚未有細節規範

相較於公開發行公司辦理私募，應遵守之《證券交易法》第 43 條之 6 與《公開發行公司辦理私募有價證券應注意事項》等規定，《公司法》亦於 2018 年修法，允許非公開發行公司均得私募可轉換公司債或附認股權公司債，同時取消非公開公司私募公司債總額之限制（《公司法》第 248 條第二項）。然而《公司法》或經濟部均尚未就非公開發行公司私募普通公司債、可轉換公司債或附認股權公司債訂有任何細節性規範。

因此，實務上，非公開發行公司假如想要私募一般公司債或特別的可轉換公司債，確實面臨了沒有太多規則可循的情

況。這恐怕也是《公司法》修正後，非公開發行公司在籌資工具選擇上，仍卻步於私募公司債的原因之一。

我們曾經一度想在台灣未上市新創公司使用「可轉換公司債」投資，卻面臨了「是否符合私募」證明，以及須將所有內容公開至台灣證券交易所等執行適法建議等狀況。對於新創公司來說，可轉換公司債的合約包含了極為機密的內容，如估值上限等，公開該內容對新創公司極為不利。而目前《公司法》第 248 條第一項所規定的「……向證券主管機關辦理之……」之說明，根據函釋指的還是「公開發行」公司。對於非公開發行公司實際執行方式，則尚未釐清。台灣的公司創辦人如欲利用可轉換公司債這類型的融資工具，建議可先跟律師、會計師討論實際執行面。

由於法規本身已經彈性鬆綁可轉換公司債的使用，對新創企業而言將會是不可或缺的募資利器。立法者與主管機關本來的意向即是讓非公開發行公司在私募公司債時，不須受限於公開發行公司相關規定，使其籌資便利。相信隨著時間累積案例，闡釋立場與執行單位也會與時俱進，減少非公開發行公司之疑慮與法遵成本，創造更友善的募資環境，提高創業動能。

**新創的可轉換公司債募集對象為特定人，主管機關應可朝較寬鬆的方向解釋；甚或，未來可聯合公協會團體——創投公會或新創組織，請求主管機關以函釋方式放寬處理。**

總而言之，台灣的未上市新創公司若要使用可轉換公司債，於執行面上將如何漸漸演化，仍須持續觀察努力。創業者可關注這方面的發展狀況與實際案例，作為參考。

# 7 小結

創業家在募集可轉換公司債時，不能只想到這是一個可以很快拿到錢的捷徑而已。不要忘記，債的本質還是債，投資人可能會要求還錢償債。如果公司在債權到期時沒有現金，債權人的權利是最大的，足以要求清算還錢，扣押公司財產，甚至拿走公司經營權。

另外，創辦人也不要因為可轉換公司債內容比較簡單，就到處舉債。要知道這些債最終不是要還，就是要轉。如果有一天，終於獲得新投資人青睞，給了一個定價，卻發現前面有一堆債權人必須要先還債或用低價轉換股份，那麼新投資人的投資價值也會被削減（還一部分債）、權益也被間接稀釋（可轉債債權人低價取得股份），對新投資人權益的侵蝕、乃至於影響投資意願，都是可以預見的風險。創辦人不能只想到美好的那一面，對於舉債可能的風險，不可不知悉。

目前投資大環境上，還滿多人在討論到底天使輪及種子輪是要直接走股權投資，還是以債權的方式做可轉換公司債？老實說，我們研究後認為，大部分創業者會遇到的問題都一樣，卻沒有一個標準答案，端看個案狀況來評估。哪個方式對自己有利，也要參考很多因素；像是投資人和團隊的籌碼，誰比較

多？誰可以談到更好的條款？公司是否有信心可以順利募到下一輪？下一輪的估值有把握抓多少？甚至團隊急不急？這些都是參考因素，因人而異。

　　不過，不只矽谷或國外，台灣也愈來愈常看到天使投資人以可轉換公司債的方式來投資新創公司，雖然大部分發債主體還是以海外的公司架構來做。不過台灣開始努力鬆綁法規，允許未公開發行公司發行可轉換公司債來募資，因此建議新創團隊們可以花點時間了解這個投資方式，並提早掌握必須注意的事項，了解細節與可見風險，審慎規劃。

# 什麼是可轉換債

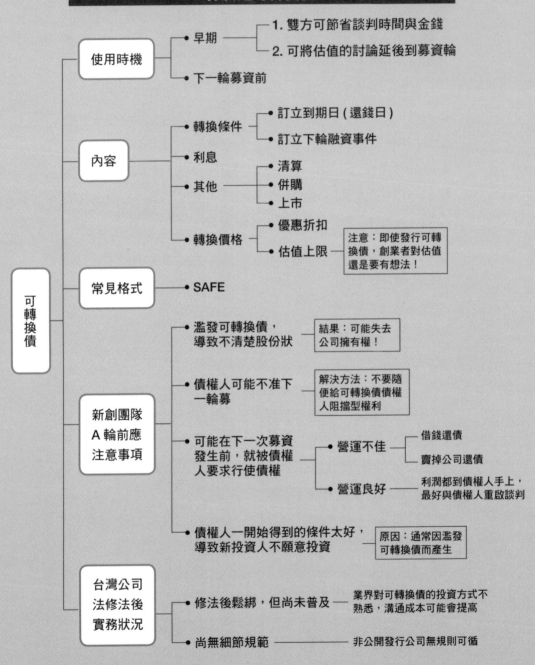

可轉換債

- 使用時機
  - 早期
    - 1. 雙方可節省談判時間與金錢
    - 2. 可將估值的討論延後到募資輪
  - 下一輪募資前

- 內容
  - 轉換條件
    - 訂立到期日(還錢日)
    - 訂立下輪融資事件
  - 利息
  - 其他
    - 清算
    - 併購
    - 上市
  - 轉換價格
    - 優惠折扣
    - 估值上限 — 注意:即使發行可轉換債,創業者對估值還是要有想法!

- 常見格式
  - SAFE

- 新創團隊A輪前應注意事項
  - 濫發可轉換債,導致不清楚股份狀 — 結果:可能失去公司擁有權!
  - 債權人可能不准下一輪募 — 解決方法:不要隨便給可轉換債債權人阻擋型權利
  - 可能在下一次募資發生前,就被債權人要求行使債權
    - 營運不佳
      - 借錢還債
      - 賣掉公司還債
    - 營運良好 — 利潤都到債權人手上,最好與債權人重啟談判
  - 債權人一開始得到的條件太好,導致新投資人不願意投資 — 原因:通常因濫發可轉換債而產生

- 台灣公司法修法後實務狀況
  - 修法後鬆綁,但尚未普及 — 業界對可轉換債的投資方式不熟悉,溝通成本可能會提高
  - 尚無細節規範 — 非公開發行公司無規則可循

※ 達盈管理顧問製表整理

# CONVERTIBLE BONDS AGREEMENT
# 可轉換公司債契約

This Convertible Bonds Agreement (the "Agreement") is made and effective _____
本可轉換公司債契約（以下簡稱本契約）簽署並生效於　　年_____月_____日

BETWEEN: _____ (the "Bonds Holder"), an individual having his principal place of living located at

_____ (以下簡稱"債券持有人")，其地址為：

AND: X Company Computing, Inc. (the "Company"), a corporation organized and existing under the laws of \_\_\_\_\_, with its head office located at:
[Address]

X Company Computing, Inc. (以下簡稱"公司")為根據\_\_\_\_的法律成立而存續之公司，公司總部位於：[地址]

(The above are individually referred to as a "Party" and collectively as "Parties" in the following context.)

WHEREAS, The Bonds Holder hereby offers to subscribe for _____ sheets of Convertible Bonds (the "Bonds") of the Company at a price of USD$_____ per sheet. The total consideration ("Consideration") of the purchased Bonds is USD $_____.
鑑於，債券持有人再此提出以每張美金_____元的價格購買認購公司發行之可轉換公司債（以下稱"公司債"）\_\_\_\_張，共計美金_____元（以下稱購買金額）

By execution of this Agreement, the Parties hereby acknowledge and agree to the below terms and conditions.
經簽署本契約，債券持有人與公司瞭解並同意以下條款。

The Parties agree and represent as follows:
雙方當事人同意且聲明如下：

1. ISSUE OF BONDS
   發行公司債

   The Company will authorize the issue of its Bonds without interest bearing in the aggregate amount of USD$450,000 to be dated mmdd, yyyy and the mature date is on mmdd, yyyy (the "Maturity Date"). The Bonds are calculated in units of sheets and a price of per sheet is USD $_____
   本公司授權發行無利息公司債，總額為美金 45 萬元整，發行日自　年　月　日起，至　年　月　日到期（以下稱"到期日"）。公司債以張為單位計算之，每張面額為美金_____元整。

   The Bonds Holder shall not sell, give or otherwise transfer any of the Bonds to third party without the prior written consent by the Company. In the event that the Bonds are transferred, the Bonds Holder shall notify the Company of the name and address of the transferee within five days after transferring.

除公司事前書面同意外，債券持有人不得出售、贈與或以其他方式轉讓任何公司債予第三人。若公司債轉讓時，債券持有人應於轉讓後五日內將受讓人之姓名及地址通知公司。

2. REPRESENTATIONS AND WARRANTIES OF COMPANY
公司的陳述與擔保

The Company hereby warrants and represents the following:
公司特此擔保與陳述如下：

Company is a company duly organized, validly existing and in good standing under the laws of British Virgin Islands and has the corporate power and authority to carry on its business as it is now being conducted.
本公司係依據_____的法律而成立，為具有正式組織、有效存續且資格完備之公司，且擁有在公司經營範圍內進行經營的權力。

Company shall timely issue to Bond Holder the latest quarterly financial statement and certified public accountant approved latest annual financial statement of Company and its Taiwan subsidiary「X公司」.
本公司將即時提供本公司與其台灣子公司「X公司」之最新每季財務報表及經會計師查核之最新年度財務報表予債券持有人。

3. CONDITIONS OF CONVERSION
轉換條件

The Bonds Holder shall be entitled to convert the Bonds into shares described in Article 5("Shares") within 30 days or retrieve the amount of the Consideration based on the Article 4 after the happening of any of the following events:
債券持有人於以下任一事件發生之 30 日內，有權依第 4 條規定將公司債轉換為第 5 條所描述之公司股份(以下稱"股份")或取回購買金額：

3.1 The Maturity Date occurs
到期日發生。

3.2 Qualified Capital Increase of the Company and/or its Taiwan subsidiary「X公司」(Company and said Taiwan subsidiary are collectively referred to as "X Company"), including but not limited to any public or private issuance of new shares, the issuance of other convertible bonds or securities of equity nature, (collectively the "Capital Increase") with value exceeding USD $____ prior to the Maturity Date.
到期日前公司及/或其台灣子公司「X公司」(以下合稱「X」)為增資，包括但不限於公開發行新股、私募、發行其他公司債或股權性質證券(以下合稱"增資")，且其價值高於美金 $____ 。

3.3 A acquisition, consolidation or a merger of X Company with or into any other corporation or entity, any other change of X Company similar to aforementioned events, or the transfer of X Company' material assets (including tangible and intangible assets), or the significant change of X Company' management team, development team or scope of business prior to Maturity Date.
到期日前 X 公司與他人發生收購、合併、併入其他公司或其他任何與前述相似之 X 公司組織變更情形，或 X 公司移轉主要資產(包括有形資產與無形資產)，或 X 公司之經營團隊、研發團隊或所營事業發生重大變更。

3.4 The Company will give a notice to the Bond Holder in writing or by phone when the happening of any of the aforementioned events.
當前述任一事件發生時，公司會以書面或電話通知債券持有人。

**4. PRICE OF CONVERSION**
轉換價格

4.1 In the case of the events listed in Article 3.1 happens, the conversion price of per Share will be determined based on the pre-money valuation at USD$ _____ of the Company. The Bonds Holder is entitled to retrieve the amount that the original purchase price of Bonds multiplied by one __ _____percent (_____%) when he does not agree to the conversion price.
發生 3.1 條之轉換事件時，債券持有人每股轉換價格將以公司投資前估價美金_____元整計算。若債券持有人不同意該轉換價格，得選擇取回原先購買公司債之金額之百分之_____(_____%)。

4.2 In the case of the events listed in Article 3.2 happens, the bonds could be converted into Shares and the company will calculate the amount of the Shares that can be converted at the price of Shares issued in that Capital Increase events(the "Original Amount") then multiplied the prescribed amount by _____percent(_____%), the outcome will be the total number of Shares that the Bonds Holder could be converted. The Bonds Holder is entitled to retrieve the amount that the original purchase price of Bonds multiplied by_____ percent (_____%) when he does not agree to the conversion price.
發生 3.2 條之轉換事件時，公司以該次增資時之每股股價，先計算可轉換股數(以下稱"原始股數")，再將此原始股數乘以百_____(_____%)，即為債券持有人所得轉換之總股數。若債券持有人不同意該轉換價格，得選擇取回原先購買公司債之金額之百分之_____(_____%)。

4.3 In the case of the events listed in Article 3.3 happens, the Bonds Holder could retrieve the amount that the original purchase price of Bonds multiplied by _____ percent (_____%).
發生 3.3 條之轉換事件時，債券持有人得取回原先購買公司債金額之百分之_____(_____%)。

**5. THE TYPE OF SHARES**
股票類型

5.1 In the case of the events listed in Article 3.1 happens, the Bonds Holder is entitled to convert the Bonds into the same type of preferred shares issued in 2012. The rights and the obligation of the Bonds Holder are exactly the same as the original preferred shareholders after the conversion.
發生 3.1 條之轉換事件時，債券持有人有權將公司債轉換為_____年增資案所發行之特別股，債券持有人行使轉換權後所享有之權利義務與該原有的特別股股東相同。

5.2 In the case of the events listed in Article 3.2 happens, the Bonds will be converted into the same type of shares issued at next round Capital Increase case.
發生 3.2 條之轉換事件時，公司債將轉換成與下一輪增資案相同類型之股票。

**6. NON-DISCLOSURE**
保密

Except for the information otherwise publicly available, all information or facts obtained such as Company business report and financial statements as a result of or in the performance of this Agreement or as the shareholders of the Company shall be held in confidence by the parties, and no disclosure shall be made to ant third party except as required by law or to the attorneys, accountants, bankers, investors or similar advisers to the parties.
除公開之情報外，基於本契約之結果或本契約之義務履行或依本契約成為本公司股東所取得之所有情報與事實例如公司經營報告及財務報表，當事人雙方應保密，且除依法律上之要求或對其律師、會計師、銀行家、投資人、或當事人的類似顧問予以公開之外，均不得向第三者公開。

**7. FORCE MAJEURE**
不可抗力

Neither Party shall be in default hereunder by reason of any failure or delay in the performance of any obligation under this Agreement where such failure or delay arises out of any cause beyond the reasonable control and without the fault or negligence of such Party. Such causes shall include, without limitation, storms, floods, other acts of nature, fires, explosions, riots, war or civil disturbance, strikes or other labor unrest and other governmental actions or regulations which would prohibit either Party from performing his obligations hereunder.
任一方當事人對於因不可歸責於己之事由所致本契約義務之不履行或遲延不須負違約責任。該不可歸責之原因包括但不限於風暴、洪水、其他自然災害、火災、爆炸、暴動、戰爭或市民暴亂、罷工或其他勞工爭議、或其他政府對於禁止任一方當事人履行本契約義務之行動或規定。

**8. ENTIRE AGREEMENT**
完全合意

This Agreement constitutes the entire Agreement and supersedes all prior agreements and understandings, oral and written, between the parties hereto with respect to the subject matter hereof.
本契約包含構成完整協議，並取代此前各方之間因本契約所有達成的一切口頭及書面之契約或協議。

**9. HEADINGS**
標題

The headings contained in this Agreement are for reference purposes only and shall not affect the meaning or interpretation of this Agreement.
包括在本契約中之條款標題僅供參考方便之用，均不得以任何方式影響本契約之意思或解釋。

**10. GOVERNING LAW**
準據法

This Agreement and all transactions and matters regarding the Company and the issuance of Bonds and Shares shall be governed by, construed and enforced in accordance with the laws of British Virgin Islands. Those matters not provided by the laws hereof shall be governed by, construed in accordance with the laws of the Republic of China.
本契約有關於發行債券與股票之交易與公司事項應受英屬維京群島法律之拘束，並按其解釋與執行。如有未盡之處，由中華民國法令作為適用或補充解釋之依據。

**11. JURISDICTION**
管轄法院

The Parties hereby agree that any disputes arising out of this Agreement shall be brought to Republic of China Taipei District Court for the first instance jurisdiction.
各當事人同意因本契約所生之爭議合意由台灣台北地方法院管轄。

**12. SEVERABILITY**
可分離性

If any of the provisions of the Agreement is or becomes illegal, invalid or unenforceable under the law of any jurisdiction, it shall not affect the legality, validity and enforceability of such provision under the law of any other jurisdiction, and of the remaining provisions of the Agreement.
本契約之任一條款，如遭任何管轄權之法律判斷違法、無效或不可執行時，不影響該條款於其他管轄權法律下之合法性、效力及執行力，亦不影響本契約其他條款之合法性、效力及執行力。

13. DEFAULT
   違約條款

   Shall either Party have any material breach or violation of its obligations under this Agreement, and fail to cure such breach or violation after receiving request of cure from the other Party in writing within a period of 60 calendar days or more specified by the other Party, such other Party is entitled to a claim of punitive damage of USD _____.

   當事人之一方重大違反本契約所定之義務，經他方當事人定 60 日曆天以上之期限催告其履行屆期不履行者，他方得請求懲罰性違約金美金 _____ 萬元。

14. NOTIFICATION
   通知

   Except as otherwise provided in this Agreement, all notices, demands and other communications hereunder shall be in writing and shall be delivered personally or sent by facsimile, other electronic means or nationally recognized overnight courier service addressed to the party to whom such notice or other communication is to be given or made at such party's address as set forth below, or to such other address as such party may designate in writing to the other party from time to time in accordance with the provisions hereof, and shall be deemed given when personally delivered, when sent electronically or 3 business day after being sent by overnight courier.

   除非本契約有其他規定，所有通知、要求以及其他聯絡，均應以書面為之，並以親自遞送或是傳真方式、其他電子通訊方式或國際認可隔日送達快遞方式送達至下方之通訊地址，或經由雙方書面同意，寄至與下方通訊地址不同之住址，若親自遞送或利用電子通訊，以對方收到的當天為送達日，若利用隔日送達的快遞方式，則應視寄出後三天為送達日。
   其地址及通訊方式如下：

   To Bonds Holder
   Address:
   Attention:
   Telephone：
   Facsimile：

   債券持有人：
   地址：
   主要聯絡人：
   電話：
   傳真：

   To X Company Computing, Inc.
   Address:
   Attention:
   Title: Chairman
   Telephone：
   Facsimile：

   X Company Computing, Inc.
   地址：
   主要聯絡人：
   電話：+
   傳真：

## 15. MODIFICATION
契約之修改

Any addition, deletion, or modification of this Agreement shall not be effective without the prior written consent of all both Parties and with the signature of the representative person of each of the Party who is duly authorized.

本契約內容之增加、刪除或修改,非經雙方當事人事前以書面協議並經有權之代表人簽署不生效力。

## 16. MISCELLANEOUS
其他

The attachments hereof constitute part of this Agreement and have the same effect as this Agreement.

本契約之附件皆屬本契約之一部分,與本契約具有同一效力。

The Parties hereby agree to be bound by this Agreement and any prior oral or written agreements and understandings between the Parties are superseded after this Agreement enters into force.

雙方當事人在此同意受本契約之拘束,並於本契約生效後取代任何雙方當事人間先前口頭或書面之協議及承諾。

The governing language of this Agreement shall be Chinese, and any translation into any other language shall be solely for the convenience of the Parties.

本契約所使用之主要語言為中文,若翻譯為其他語言者,亦僅供雙方當事人參考之用。

IN WITNESS WHEREOF, this Agreement has been executed by each of the individual parties hereto on the date first above written.

本契約於當事人相互間之允諾、承諾及同意下,當事人於本契約文件首載日期簽署本契約。

COMPANY：X Company Computing, Inc.          BONDS HOLDER

_____          _____
Authorized Signature                     Authorized Signature
Name:                          Name:
姓名：                           姓名
Title:  Chairman                         Title:
職稱：董事長                       職稱：

EXIT

出場

**" 一般人以為，創投最在意的是**
**投資標的的項目、前景、金額……**

其實，投資時間屆滿前能否順利出場，
才是創投腦袋裡的重中之重。

這一章要告訴你，有哪些「出場」的方式，
又各有什麼好處或缺點。 **"**

# 1 創投的出場機制

在創業投資的世界裡,一般人直覺會認為,對創投最重要的事情應該就是「投資」吧!但現實並不完全如此。**資深的創投從業人員知道,「投資」只是坐上牌桌,「出場」才關乎能否滿手籌碼歡心下桌。**事實上,在做每個投資決定的時候,創投們想的並不只是眼前看得到的投資內容,而是未來出場的機會。如果沒有辦法在基金存續期間出脫持股,創投是無法投資該標的的;創投其實在投資評估時,心裡就先盤算著出場的機率與可能的回報。對創業家而言,成功出場代表豐厚的財務回報;創辦人也可以選擇公開上市,繼續持有公司的股份與控制權,上市股票的價值仍能反應創辦人的身價。

## ▍「出場」才是創投最在意的事

許多未上市的私人產業很賺錢,可能是家族持有,公司希望股東永遠不要出售股權,一般的年限基金(Vintage Fund)是無法投資的;因為有年限限制的創投,必須在一定時間內返還本金與獲利給最終端的股東。

一般來講，創投出場的方式不外乎以下幾種：1. 上市（IPO）、2. 併購（M&A）、3. 未上市出場（Trade Sell）。

近年來創業風氣大盛，大眾也約略有「創業不容易、成功機率很低」的概念。坊間甚至流傳「創投事業就跟買樂透一樣，十注中一注、賺一百倍就很好了，其他都是打水漂」這樣的都市傳說故事。**但真實狀況其實不是如此，以下我們會討論實際運作的數據。**

根據美國創投協會的統計[1]，2004 ～ 2013 年間，美國創投參與大大小小共 21,640 筆出場紀錄中（含清算倒閉、被併購或成功上市），回報率（ROI）在 0 ～ 1 倍之間者占 64.8%，也就是「連本金都沒有完全拿回來」的案件超過 60%。這的確呼應了「創業投資成功率很低」的概念。回報率 1 ～ 5 倍的案件大約占 25%，這些可以說是創投手上前段班的同學了。出場回報率越高，出現的比率便急速下降；回報率 5 ～ 10 倍的投資占 5.9%，10 ～ 20 倍的投資占 2.5%，回報率 20 ～ 50 倍的投資只占 1.1%。真的要投到回報 50 倍以上的公司，機率更低至 0.4%；不要說投十中一，投 100 家都碰不到一家呢！

在創投資金有限、時間亦有限的現實條件下，創投並不能依賴機率渺茫「中樂透」式的出場機會；反之，**如何讓那64.8%、0 ～ 1 倍的後段班公司少虧一些，讓 25%、1 ～ 5 倍的前段班同學數量多一點，才是務實的做法。**創投也不會等到

---

1 美國創投協會（National Venture Capital Association）定期發布各種統計，都是公開資訊，分析詳盡，讀者可自行到官網搜尋更多的資料。

後段班公司完全賠光倒閉後才進行處理。這也說明了為什麼創投有那麼多樣化的「下限保護」(downside protection) 特別股條件。

在第六章中我們列舉了特別股的許多條款，其中提到「一倍的優先清算權」（1X Liquidation Preference）是各種條款中出現機率最高的，可說是特別股條款的基本款；該條款保證投資人在出場時至少有一倍以上的回報。然而統計數字中仍有超過 60% 的 ROI 是低於一倍，顯示有絕大多數的投資是虧錢的，被投資公司根本沒有被併購的機會就直接收攤，創投的投資風險其實非常高。

## ▌ 基金規模趨向兩極，出場大不易

出場是創投最在意的事，創投越早出場，內部報酬率（Internal Rate of Return, IRR）也越高。因為 IRR 與總投資時間強相關，創投基金管理人會盡量提高 IRR，要不提高回報率、要不縮短總投資時間，以極大化最終端投資人的回報。然而實際市場狀況卻是出場的時間越拉越長，出場時間拉長直接影響創投投資早期案子的意願，因為 IRR 可能不會好，甚至無法在創投的存續年限內出場。

美國創投協會每年發布創投投資出場統計，平均出場時間的中位數和平均數，自 2000 年起一路攀升。在 2000 年以前，創投投資平均出場時間低於 4 年；2008 年出場時間的平均數為 5 年；到了現在，這個數字已經超過了 6 年。試想，一個有

年限（Vintage）的創投基金，存續期間如果只有 8 年，前面的 3 年是投資期，第 3 年後就不能再投資；如果該基金在第 3 年投資一個早期的案子，就必須在剩下的 5 年處分投資，否則在基金年限屆滿前，創投將無法完全出場並清算基金。基金存續期間，即使投資的公司體質優良，但只要基金還沒有全數出場，基金經理人便要面對投資期屆滿、投資人要求解散基金的壓力。自然而然地，創投對於早期投資便不會太積極參與，並與公司一直走到最後出場。

**常聽到台灣新創公司創辦人抱怨創投不願意投資早期案件，其實這是全球現象，主要原因就是新創出場時間越來越長。**

近年來孵化器與加速器在全球各地大量出現，就是為了可以彌補傳統創投不介入早期案件的缺口。孵化器與加速器的出現，讓新創公司可以在種子期先活下來，傳統的創投基金才得以在稍後階段接棒進場。

此外，為了因應新創公司出場時間變長，許多創投基金勢必要延長年限；過去基金的年限約在 8 ～ 10 年，現在的趨勢已經拉長到 10 ～ 12 年。然而，基金時間拉得太長，會影響終端投資人投資創投的意願，因此不可能把基金年限無限地延長下去。

另外，這幾年基金的規模也往兩極化發展。許多小型基金專門投資種子期的公司，這類基金有時被稱為微型基金（ Micro Fund）。由於種子期的投資金額較小，Micro Fund 的規模也相對小，但是總投資案數目很多，以高案件數量來提高「中

獎率」。Micro Fund 因為投資的案件過多，往往無法在投資後輔導公司，甚至參與董事會。Micro Fund 比較像天使投資人。

矽谷的 Micro Fund 規模大約在 2,500 萬美元左右，甚至更小。Micro Fund 當然也有年限的問題，所以許多現行的 Micro Fund 傾向在公司成功融資 A 輪或 B 輪後，就將持股賣給其他投資機構，不一定會跟公司走到最後；這樣的出場方式與傳統的創投思維也不相同。

反之，近年市場也出現許多「巨型基金」（Mega Fund），專門投資超大型案件，尤其是投資準獨角獸。美國著名基金紅杉資本（Sequoia）在 2016 與 2018 年分別籌資 20 億與 80 億美元的單一創投基金，令矽谷為之譁然，因為過去的認知是，2~3 億的創投基金就算是大型基金了。然而，比起軟銀孫正義在 2019 年籌組 1,000 億美元的願景基金（Vision Fund），Sequoia 的 Mega Fund 規模又小了一大截。許多人認為，傳統創投基金變得越來越大，且只投資 IPO 前的案子，或漸漸走向私募基金的型態發展，已非傳統創投的運作方式。

根據美國創投協會對每一輪融資的統計，這 10 年來，從種子輪到 D 輪融資的平均值都沒有大變動，但 D 輪之後的融資卻急速上升。2018 年 D 輪以後的融資平均值不到 3 億美元，到了 2019 年跳升至 4 億美元以上。這個現象與 Mega Fund 的形成互為因果。Mega Fund 代表市場上過多的資金苦無出路，游資氾濫，遂湧入晚期的創投基金。巨型基金不可能投資太小的早期案子，於是都擠進晚期的大案子中。所謂的獨角獸就是超額資金推波助瀾下的結果。關於獨角獸現象會在最後一章討

論。

　　觀察這 10 年美國創投產業的發展，Micro Fund 與 Mega Fund 形成兩極化趨勢。因為平均出場時間拉長了，傳統的創投無法充分投入早期投資，Micro Fund 便蔚為風潮，彌補了新創圈早期資金的缺口。也因為出場時間拉長了，新創公司必須持續地融資，在市場資金充沛下，持續地推升融資金額與估值，投資晚期案件的 Mega Fund 也因而蓬勃發展。

　　台灣目前沒有此類趨勢；第一、台灣不如美國案源眾多，沒有微型基金生存的空間；第二、台灣也缺乏獨角獸，所以沒有類似私募基金或晚期巨型基金的投資機會。

# 2 公開上市（IPO）
## ——創投、創業家變現的最佳時機

公開上市（Initial Public Offering, IPO）是將公司列在公開發行市場上（如：紐約交易所〔NYSE〕、那斯達克交易所〔NASDAQ〕、台灣證券交易所〔TWSE〕、香港交易所〔HKSE〕等）。新發行公司與承銷商依據市況訂定一個初始價格後，讓市場上所有投資人自由交易。當一家公司公開發行後，公司治理、資訊揭露等都必須符合當地主管機關規範，否則就有觸法風險。

台灣的制度，公司在 IPO 前有一個「公開發行」的法律位階；公開發行即使尚未正式上市也未登錄興櫃市場，仍需要揭露若干公司資訊。這個制度的設計是為了公司在準備上市時先符合相關規範，台灣的所謂「公開發行」與 IPO 是有區分的。其他市場則沒有這個規定。

公開發行其實是向市場上不特定的投資人募資，目的是繼續經營並放大公司的成長。**對創業家來說，公開上市絕對不是創業的結束，反而是新的開始。但對創投投資人來說，在經歷了漫長的等待後，被投資公司公開發行，就是創投終於能自由地出場變現、實現利得的時機。**

## 公司狀態好再公開上市，股價更值錢

為什麼要等到公開發行？創投在公開發行之前不能賣股票嗎？

其實創投在被投資公司仍未公開時，若有特殊需要，在合約範圍允許下，還是可以賣出持股。無論是被現有其他股東買走（如執行 Right of First Refusal，優先購買權）、或賣給其他有意願的投資人，創投總會想辦法賣股套現。不過這類交易若非在該公司有特別亮眼表現時發生，一般來說交易價格都不會太好；因為買家也很清楚，好的股票不會半途被倒出來，投資人有信心的話就會繼續等下去，待公司在最佳狀態時登上公開市場，享受更高的評價。

一般而言，IPO 的價值比併購會好很多，以美國創投公會的統計，IPO 的平均價值是併購案平均價格的 5 倍以上。可見走向公開發行的公司，是較有規模的公司，同時也隱含了公開市場給公司更好的評價。

## 公開上市等於創業成功，然而並不容易

對創業家來說，當公司經營到足夠的規模，能夠負擔上市的流程與費用，掛牌後享受更好的市場評價，意即在公開市場以更便宜的成本募集資金，創業團隊也有機會出脫一部分持股，以犒賞自己創業以來的辛勞。而原本由幾個投資機構法人寡占的股權結構亦可以調整，也就是原始創投出場離開、換成

公開市場上的基金經理或散戶。公司的經營團隊即使 IPO 後總股權低於 20 ～ 30%，還是有機會控制經營權。除了股票可以流通之外，公司上市後還有種種好處，例如：提升品牌效應；更容易向銀行融資，且籌措資金成本更低；有更多機制招募人才。方方面面都是理想中的「創業成功」。

不過現實往往是殘酷的，走向公開市場的公司數量，遠遠低於被併購的數量，不是人人都有機會光榮地走進交易所敲響上市掛牌的鐘聲。相關數據參見 P.203 第五章之「創業募資有多難？實際數據告訴你！」一節）

## ▍影響公開上市的市場因素：
## ▍所在環境的熱門產業類別 & 資金活躍度

公開上市除了與公司本身經營規模有關外，與資本市場的市況更是絕對相關。

首先，每個市場在不同的時間點都有其偏好的產業題材，這通常反映了該市場的強勢產業、或當時承銷方有心包裝吹捧的題材。譬如台灣證券交易市場正是不折不扣以科技類股為主的市場；科技類股（包含半導體、光電、電子零件、通信、資訊、生技）的總市值長期占整體上市公司市值的 50% 以上，台積電一家公司的市值就占整個市場的 25% 以上！

台灣的資本市場對科技類股非常友善，投資人對科技產業題材都有基本了解，承銷營銷單位也有豐富的操作經驗。但也有例外，台股在 2012 年左右，有一段時間本土投資人對連鎖

餐飲特別青睞，過去連鎖餐飲在資本市場從未被關切過，也鮮少有投資標的，但在這段時間，資本市場給這些公司超過30倍的本益比（PE Ratio），帶動了許多本土創投尋找連鎖餐飲的標的，算是台灣資本市場流行的另類題材。

其次，資本市場本身的資金活躍度，更是影響公開上市的時機與難易程度。譬如美國在 2000 年網路泡沫以後，公開上市數量驟跌，2008 年金融危機時也下降到低點。當市場缺乏資金的時候，任憑公司發展性與題材再好，上市也會變得極為困難。

以美國資本市場為例，美國 IPO 在 1980 ～ 2000 年間，平均一年有 310 家公司上市，但 2000 年只有 111 家公司。在互聯網泡沫（Year 2000 Internet Bubble）後，IPO 的門檻逐漸提高導致上市機率變小，這個現象對資本市場有長遠的影響。

2001 年，美國又爆發安隆公司（Enron）的會計醜聞，最終導致總部位於休士頓的美國安隆能源公司破產，進而引發一度貴為全球前五大的安德信會計師事務所（Arthur Anderson）解體。這個醜聞既是美國歷史上最大破產案，也是最大的審計失敗事件，影響巨大，甚至被好萊塢拍成電影。為了彌補安隆案對資本市場的影響，美國國會於是通過《薩班斯─奧克斯利法案》（Sarbanes-Oxley Act），除了加重專業機構與公司主管的刑責，還提高獨立董事的地位與席次，導致公司上市的維持費用大幅提升，間接增加美國上市的費用與上市後的維持成本，讓上市的進入障礙更高。

前一節我們指出，創投 E 輪以後的投資金額攀升，主要

原因是許多公司無法如期 IPO，IPO 變得越來越困難；資本市場游資過多，晚期的超大型創投基金不斷投入鉅額資金，造成墊高估值的結果，而獨角獸大量的出現與這些背景有關。我們會在下一章專文討論新世紀的獨角獸現象。

## ▍公開上市條件，各國要求大不同，別想越級打怪！

　　每個資本市場都有其特色、也都希望能吸引有價值的公司上市，間接吸引投資人，讓資本市場更活潑。公開上市是創業家的夢想，然而以台灣團隊來說，除了在台灣上市，難道不能去更大的市場上市，享受更大的資源嗎？常聽到創業家述說「那斯達克上市計劃」，究竟這是癡人說夢，還是理想遠大？

　　要回答這個問題，可以從一個簡單的現實面來說明。公開上市前必須通過上市條件、審核流程，由承銷商輔導，協助公司將內控內規、財務、法務、股權結構都做到合乎主管機關規範。上市前亦需要承銷商宣傳造勢，尋求第一批承接公開發行股票的投資人。這些林林總總都需要費用。

## 案例說明

　　假設一家公司要在台灣上市，目前約需付出大約 100 萬美元（3,000 萬台幣）的費用（含承銷佣金，法律與審計服務等一次性專業費用）；付出這筆費用時，公司會想要從這次公開發行募集至少 1,000 萬美元（即 3 億台幣），如果籌資金額太低，代表 IPO 融資到的錢大多被專業服務機構拿走，何苦勞師動眾上市呢？

　　通常 IPO 會稀釋 10 ～ 15% 的股權，假設上市的融資金額為 3 億台幣，以釋出約 15% 股份進行公開發行的比率計算，公司的市值在上市時為約 20 億台幣（3 億 /0.15=20 億）；我們可以預估，20 億市值是在台灣上市的最小規模，低於這個數字就不符合經濟規模。

　　如果公司股價以本益比（PE Ratio）10 倍計算，約當是一年稅後淨利達到 2 億元的公司（20 億／ 10 倍 =2 億）；若本益比以 30 倍計算，約當是一年稅後淨利達到 6,600 萬元的公司（即 20 億／ 30 倍 =6600 萬）；讀者可以這個邏輯自行估算在台灣上市的條件。

　　當然，還有許多新興科技產業未獲利就上市，這又另當別論了。這樣的例子在台灣近年新藥產業不勝枚舉，台灣目前的新藥上市櫃公司，在 IPO 時幾乎都沒有獲利。

　　依此邏輯，那斯達克上市的門檻呢？以目前的費用來推估，差不多是 2 ～ 3 億美元的公司市值。而在美國公開市場，許多共同基金不能操作市值 5 億美元以下的標的，就算公司願意降低價格只求上市，勉強上市之後也沒有交易量，完全失去在公開市場上募資與釋股的意義。尤其美國或香港上市後的維持成本比台灣高很多，如果上市市值低於 5 億美元，在美國上市這條路可能走不通；之前討論到美國整體上市難度在 2000 年後變高，因為在前次互聯網泡沫（Year 2000 Internet Bubble），IPO 費用日漸提高，導致於美國上市公司的整體數量，長時間來看是減少的。台灣 IPO 數量下降趨勢雖然沒有美國嚴重，但趨勢也是往下的，這個現象值得關注。

　　除了 IPO 的費用外，上市後在不同市場也有不同的維持費用與後續的隱形支出。

　　首先，美國交易市場的規費是台灣的 10 ～ 20 倍以上，法務與審計費用也比台灣高出許多；除非公司有穩定的獲利來源

支應這些費用，否則這些額外的負擔都會稀釋公司的獲利。

再者，台灣創業者不見得有語言與專業能力，可以直接對應當地的投資人召開法說會與股東會，這些都會產生額外的支出，創業者在考慮海外掛牌上市時不可不慎。以經驗來看，對絕大多數的台灣創業者來說，台灣的資本市場足以提供所需的支持，當然也有極少數營業規模已經符合國際等級的新創公司，但是比例非常低。

總而言之，公開發行是成熟公司有效且便宜的募資手段，既然對公司來說是為了再次募資，市場的選擇與對自身公司特性的理解，創辦人走到這個階段應該是了解的。現實的殘酷，也不容許創辦人光喊口號「那斯達克發大財」就能克服。各個資本市場為了鼓勵新創所設的次級交易市場（例如：台灣的興櫃與中國的創櫃板與新三板等），這些次級交易不一定能達到籌資或釋股的目的，公司創辦人必須能理性地選擇最適合的市場，讓創投開心下車，讓公司邁向新的里程碑。

香港資本市場規模僅次於美國，居全球第二位，但上市費用也相當高，僅略低於美國。至於中國與日本資本市場，一則由於當地不接受境外公司上市，再者這兩地的財報及稅務規範與國際通用會計準則不同，外國公司若打算在這兩地 IPO，股權改造過程動輒三年，阻卻不少外商在此公開發行的腳步。

大多數創辦人對 IPO 的流程與市場的選擇可能都很陌生，這其中有許多操作細節需要注意，要與專業機構（例如：券商、會計師、律師等），根據當地的法規與資本市場的氛圍（Market Sentiment）來決定；尤其是上市的時間與估值沒有一定的準

則，這時候有經驗的創投便能在董事會裡扮演關鍵性的作用。

## 不同地區上市最低估值門檻試算表

| 上市地點 | 台灣上市 | 那斯達克上市 |
|---|---|---|
| 上市費用 | 100 萬 | 400 ～ 600 萬 |
| 募資 | 1,000 萬 | 5,000 萬 |
| 約當公司市值 | 6,600 萬 | 2 ～ 3 億 |
| 每年維護費 | 10 萬 | 100 萬 |

（單位：美元）

# 3 併購（M&A）
## ——最常見的創投出場形式

新創生態系活絡的條件之一，就是熱絡暢通的併購機會。由上一節我們知道，能經營到公開上市的公司實在是鳳毛麟角，並不是所有的創業投資都能夠透過 IPO 出場，但透過併購出場的機率卻大得多，只要市場內有併購的機會，新創公司在達到某些成績後就能獲利出場，也是非常吸引人的結果。

根據美國創投協會統計顯示，從 2011 年開始，歐美地區每年都有超過 2 萬件併購案、總市值達數兆美元的規模，其中有許多是跨境的併購案。這麼多大大小小的併購案，顯示新創公司在這個生態系內有更多的彈性選擇：出場（被併購）、快速擴張（併購他人）、升級（被併購至大公司繼續經營）等。

## IPO 遠在天邊，
## 「併購」才是實際且常見的出場方式

相較於公開發行的天價市值，美國的資料顯示，併購個案金額的中位數只有 5,000 萬美元，IPO 的初始估值通常是併購案的 10 倍以上起跳，但是因為市場上有大量的併購案數量，

才累積起全年數兆美元等級的市場規模。

　　對投資人而言，IPO 上市的光環十分耀眼，創投當然不會排斥 IPO；但是考量現實環境，並不是很多公司能夠有 IPO 的體質，併購還是創投十分歡迎的出場機制。尤其是在特別股的架構下，創投往往有優先清算權（Liquidation Preference），公司若要 IPO，特別股通常會自動轉換成普通股（Auto Conversion），除非上市的估值遠大於被併購，創投通常會希望公司被併購，投資人馬上就可以現金落袋，而非路途遙遠的上市計畫；即便是公司成功上市，創投通常也會被要求鎖股若干時間，不能馬上實現獲利；上市閉鎖期間，股價可能有很多變數。所以 IPO 對創投而言，存在太多不確定性。

　　至於併購出場，需要的時間一般比公開發行短，這也意味著，假如做得對，新創公司的創辦人與經營團隊可以比較快出場，開始下一段的投資旅程。

　　值得一提的是，創投對每一輪估值的認定都會根據最終的出場估值來推估，創辦人必須在創業前期就要了解這個現實。在第六章的〈估值〉中提到，「創投會用市場認知的出場金額倒推目前估值」，就是這個意思。如果市場上超過 1 億美元的併購案數量稀少，新創公司就必須說服創投，為何你辦得到？創投對估值的認定，來自於對最終出場估值的想像。

# 「併購」不會憑空發生，
## 創業者應努力進入大企業的併購雷達

　　媒體常把被高價併購描述成煽情的故事，有如麻雀飛上枝頭變鳳凰。**其實併購的發生，經常來自雙方早就有的商務合作或私人互動，也經常是雙方的投資人間有所重疊、甚至是雙方董事會裡有共同的成員；併購案的發生，往往是長時間醞釀的結果。**許多新創公司在成立、確立方向的時候，就已經將「未來誰能併購我、因此我該怎麼做」納入考慮。

　　試想，如果一家大公司要買一項他缺少的業務或技術，在大張旗鼓併購之前，一定先有內部專業團隊掃過一輪相關公司，事先認識、試用、評估，甚至先進行業務合作（這樣最能知道對方實力）。一家公司在被併購前，本來就在併購者的雷達裡了。天外飛來一筆的併購，現實上是不存在的。

　　**所以，當台灣的創業團隊說「谷歌會來併購我」之前要先思考，自己是否至少已經在併購生態系內？怎樣可以進入該雷達掃描範圍內？否則只是不切實際的妄想而已。**

　　有些產業 IPO 發生的機會很低，但不代表新創公司就不會獲得創投基金的青睞；例如 EDA（Electronic Design Automation）產業。EDA 是指設計半導體的自動化軟體，屬利基型產業，總體市場規模不夠大，而且客戶的規模往往比新創公司大得多，以致服務與行銷費用極高。新創公司一開始不可能有完整的產品線，現況已有 2 ～ 3 家的大公司如益華電腦（Cadence）與新思科技（Synopsys）等，寡占整個市場，新

創公司要成長到可以 IPO 規模的機會極小，所以這些新創公司在一開始成立就以被併購為目標，投資人也很清楚這個方向。

　　大公司也在積極尋求併購標的，併購比自主研發更有效率，以致有一段時間 EDA 的投資活動非常活絡；因為一開始新創公司就以被併購為目標，開發大公司產品線不完整的部分。在 EDA 行業中，**新創公司不會花大筆費用在行銷拓展業務，只鎖定少數有指標性的客戶**。大公司在意的是產品線的互補性，而不是實際業績，所以許多新創公司都是在產品嶄露頭角的早期階段就會被併購。

　　新創公司總融資金額越高，表示公司經營團隊釋出的股權比率也高，因此被併購時，獲利也變少；所以這個行業的習慣是，只把資源花在研發與幾個指標性客戶的關係上，也因為新創公司一開始就嚴格控管燒錢的速度，只花錢在核心技術開發，所以新創公司在出場可以放大最終的回報率。如果公司一開始就以被併購為目標，公司在人力資源的配備就會有很不同的思考方式。

## 台灣併購市場尚不活躍，創業者應積極開發海外市場

　　根據資誠聯合會計師事務所 2018 年發表的台灣併購生態相關報告，台灣在 2018 年有 115 件併購案，總市值約百億美元。對比歐美的規模雖然是小巫見大巫，但至少台灣並不是併

購沙漠，尤其總體併購案金額超過 40% 是外資併購台灣企業。前十大併購案中，有併購海外通路或技術、製造併購競爭者提升規模、私募併購公司取得經營權重整。

以台灣最有競爭力的半導體產業而言，歷經了 40 年的發展，如今已邁入產業成熟期，從封裝測試、晶圓代工，到前端的 IC 設計產業，大公司不斷透過併購來放大規模經濟，深化國際競爭力。科技產業如此，不少傳統產業也累積了許多併購的經驗。

我們試著整理台灣軟體網路新創公司被大公司併購的案例，這是近幾年全球創投最熱衷的項目。我們發現，在公開資訊中只有 30 多筆。在這樣稀少的例子下，難以累積創業家成功被併購，然後在大公司內學習大公司的經營方式，進而成為天使投資人，繼續投資其他新創公司、指導後進者複製出場方法，或利用前次創業累積的資本再創業的經驗。[2]

由於台灣軟體網路公司長期缺乏這種正向的循環，整體產業的氛圍相對矽谷或中國都來得低迷。尤其台灣前二大本土網路公司鮮少進行任何有分量的併購，缺乏「要快速成長、取得人才技術，用併購比較快」的觀念。過去十多年的時間，台灣的軟體網路產業沒有太多投資的亮點。

台灣小型軟體公司林立，在台灣的市場規模下，常常只能做到小賺或損益平衡，無法達到創投需要的事業規模，更遑論

---

2　見《矽谷成功經濟學》（童振源、方頌仁、陳文雄主編）2016，頁 44。2016 年的統計只有 20 家，這幾年已經超過 30 家，顯示台灣網路軟體服務產業逐漸加溫。

出場管道。在這樣的環境下，台灣創投不是很熱衷這個題材，偏偏這二十多年來網路軟體是全球最熱門、最具成長性的題材，美國、中國的資金莫不大舉投入，創造出各種改變人類生活風貌的服務與商業環境，台灣錯過了這波機會殊為可惜。台灣的軟體新創團隊要設法往外走，除了拓展海外市場，也需要尋求海外的被併購機會。

雖然成功案例不算多，但這是軟體新創公司唯一的活路。創業家和創投也不必氣餒，只要一開始就把眼光放大，與有經驗的國際前輩交流，將思考的角度從自己放眼併購者，了解其併購決策的觀點，進入併購者的雷達中，相信未來會有更多台灣新創併購出場案例；假以時日，或許被海外大公司併購也將會是旺盛的出場管道了。前面舉的 EDA 產業例子，或許可以給台灣軟體網路新創公司參考。

## 改變觀點！
## 併購不是創業失敗，而是健康的出場方式

優先清算權提供創投很大的誘因來推動併購案，台灣過去只有普通股，創投對設立在台灣的公司沒有優先清算權，所以對於推動併購不一定那麼積極；加上在台灣 IPO 比其他資本市場相對容易（尤其是科技類股），所以併購與 IPO 的差異沒有那麼懸殊。

然而，在新《公司法》的架構下，允許新創公司發行特別股，甚至開放境外公司在台股上市後，許多公司直接設在境

外，所以特別股的架構已經是台灣目前的網路軟體服務業主流。在特別股的架構下，創投的心態對併購會十分不同，後續發展值得觀察，新創公司創辦人也必須理解這一點。

實務上，目前台灣併購案件發生機率仍比國外低得多，其中有許多文化與制度的原因。首先，台灣往往存在一個迷思，把被併購這件事當作「失敗結案」而非「成功出場」，創辦人不會在公司情況最好的時候思考併購這件事，而是在公司遭遇到經營困境或資金缺口時，才會考慮併購選項；這是台灣併購活動較國外冷清的潛在心理因素。

## 台灣近 20 年新創網路軟體被併購出場紀錄

| 公司名稱（英文） | 公司名稱（中文） | 公司類型 | 出場方式 |
|---|---|---|---|
| Cyberlink | 訊連科技 | Multimedia Software 多媒體、軟體 | IPO （公開上市） |
| Trend Micro | 趨勢科技 | Security Software 資安軟體 | IPO |
| GigaMedia | 和信超媒體 | Online entertainment 線上娛樂 | IPO |
| Kimo | 奇摩 | Internet Portal 入口網站 | Acqusition （收購） |
| Ubid | 力傳 | EC Platform 電商平台 | Acqusition |

| 104 | 一零四資訊科技 | Internet Services 網路服務 | IPO |
|---|---|---|---|
| iaSolution | 曜碩科技 | Java virtual machine 工具軟體 | Acqusition |
| G.T. Internet Information | 久大 | e-commerce marketing solution 電子商務 | IPO |
| wretch | 無名小站 | Social Network 社群網站 | Acqusition |
| PCHome | 網路家庭 | Internet Portal 入口網站 | IPO |
| Monday | 興奇科技 | EC Platform 電商平台 | Acqusition |
| Diitu | 地圖日記 | Groupon Like Service 團購服務 | Acqusition |
| PCHome | 商店街 | EC Platform 電商平台 | IPO |
| 591 etc. | 數字科技 | Internet Services 網路服務 | IPO |
| i-part | 尚凡科技 （愛情公寓） | Social Network 交友平台 | IPO |
| Gogolook (WhosCall) | 走著瞧 | Mobile app 行動服務 | Acqusition |
| ezfly | 易飛網 | Internet Services 線上旅遊平台 | IPO |
| Broadweb | 威播科技 | Security Software 資安軟體 | Acqusition |

| | | | |
|---|---|---|---|
| Armorize | 阿碼科技 | Security Software 資安軟體 | Acqusition |
| FMT | 富邦媒 | eCommerce 電子商務 | IPO |
| StorySense Computing | StorySense Computing | Phone number search APP 行動服務 | Acqusition |
| Gomaji | 夠麻吉 | Group buy 團購網站 | IPO |
| KuoBrothers | 郭家兄弟 | eCommerce 電商平台 | IPO |
| eCloudvalley | 伊雲谷 | Cloud IT Service 雲端服務 | IPO in plan |
| Mobix Corp | 松果購物 | eCommerce 電商平台 | IPO in plan |
| Kingwaytek Technology Co Ltd | 勤崴國際 | digital map systems 數位地圖 | IPO |
| Galaxy Software Services Corp | 叡揚資訊 | IT Service 網路服務 | IPO in plan |
| Green World FinTech Service | 綠界科技 | Fintech 金融科技 | IPO in plan |
| Study King Co Ltd | 學習王 | Online education 線上教學 | IPO in plan |
| Mitake Information Corp | 三竹資訊 | Message service 資訊服務 | IPO |

資料來源：達盈管顧製表整理

# 改變制度！台灣併購市場逐漸活化

制度面的影響則更大。台灣過去有一段很長的時間，技術股「非費用化」，意思是公司可以大量發行新股給團隊作為技術股，發行的新股不必列入公司費用；新股雖會稀釋原股東股權，但是公司可以以極小的股權來留才，或者是併購其他新興的團隊。公司股價若遠高於面額 10 元，可以大量發行新股來吸引競爭對手的團隊參加，而不必直接併購對手的公司。

「費用化」的意思是，公司仍然可以發行技術股，但技術股的發行價格必須參考市價或合理的評價，發行的新股必須變成公司的一次性費用，計入當年的損益之中；一旦成為費用，對公司的獲利有很大的影響，公司可能因為發行過多的技術股而使得獲利大幅下滑，甚至由盈轉虧，直接影響上市公司的股價。

舉例來說：A 是股本 10 億台幣的上市公司，投資人期待當年獲利為 5 億元，亦即每股獲利（EPS）為 5 元（股本 10 億元即有 1 億股，5 億元 /1 億股 =5 元 / 股）；假設市場平均本益比為 20 倍，所以股價在 100 元（即 5 元 ×20 倍），A 公司市值是 100 億台幣 (100 元 ×1 億股 =100 億元 )。

新創的競爭對手 B 公司，希望以 5 億元出售，在會計制度新股「費用化」前，以市價來看，價值 5 億台幣，A 公司只要最多發行 500 萬股新股即可取得 (500 萬股 ×100 元 =5 億元 )。但是 A 公司以 10 元來計算發行的價值，所以「費用」看起來像是 5,000 萬元而非 5 億元，股本只變成 10.5 億元，公

司不必耗費手上的現金，只須稀釋股東少部分的股權，便可帶來很大的潛在業務，這對股價越高的公司越有利。所以台灣公司傳統的思維是把股本弄得很小，以極大化每股盈餘與股價，這樣的併購槓桿會越大。

實際上，A 公司甚至不需發行那麼多股票來換股併購 B 公司，只要發行少數股票來吸引核心團隊，遠小於 500 萬股，不必花錢補償 B 公司先前的投資人或購買過去累積的專利與無形資產。在這樣的制度設計下，對 B 公司的投資人非常不利，因為 A 公司可以輕易發行新股挖角，投資人在 B 公司的投資血本無歸。

然而，在「費用化」以後，公司發行的新股不再能以 10 元的面額來計算成本，必須參考 100 元的市價，於是 A 公司發行新股來利誘 B 公司核心團隊的成本變得很高；無論以現金或發行新股，反應在財務報表上是相同的，都要認列 5 億元。此時，A 公司不會傾向挖角，而會直接進行換股或現金併購，不但不會有法律糾紛，還可以光明正大地取得 B 的所有專利與無形資產。這也是為什麼台灣的大公司近年併購活動逐漸加溫的原因。

在兩家公司開始討論併購時，買方當然希望價錢越低越好，反之賣方則希望越高越好。買方怕賣方為了抬高價錢而虛報業績與產品開發進度，通常會把「前金」與「後謝」分開。所謂「前金」是為了打發所有投資人，先讓舊投資人下車，新公司在乎的是團隊的存續，而非被併購公司的原始投資人。為了併購後留住公司人才，併購主體的公司常常會給予重要團隊

「後謝」；最常見的後謝是股票選擇權，一般的原始投資人無法享有這些股票選擇權，而且股票選擇權不會馬上變現，要若干年才能變現，方能留住人才。

另外，所謂的「業績特別獎勵」（Earn-Out）條款也很常見。Earn-Out 類似「對賭」條款，通常是為了鼓勵經營團隊兌現併購前所承諾的財務預估或產品開發進度而設計的；意即團隊在達到若干里程碑後可以獲得另外的獎酬金額；通常原投資人不一定能夠參與，因為這個設計是為了獎勵經營團隊。因為被併購公司為了更高的併購價格，很有可能在併購談判時虛報業務目標，Earn-Out 的設計，有助於團隊不會誇大未來的業務目標，以達到雙贏的結果。

無論是 Earn-Out 或股票選擇權的設計，都是把投資人與團隊的利益分開來，畢竟買方在意的是原團隊可否繼續執行，而不一定會那麼在乎原來的投資人；而賣方團隊也希望換手後能夠繼續發揮所長，並獲得額外的獎勵。

在談判的同時，買方為了防止賣方虛報業績與產品開發進度，也時常會預留一部分併購金額由銀行代管（Escrow），等 1 ～ 2 年後才支付剩下的款項，通常是 10 ～ 20% 的金額，以防止交易的糾紛，也多少可以保障買方，讓交易順利進行。總之，這些條款在併購的協議談判中行之有年，有許多標準範例可以參考，律師對這類的合約也很有經驗。

# 如果公司以被併購為目標，創辦人需要注意什麼？

　　第六章我們已經強調特別股的影響力，尤其是在特別股的架構下，創投在併購時會執行優先清算權（Liquidation Preference），這對團隊最後的收益有絕對的影響。

　　舉例說明：A 公司希望釋出 20% 的股權來融 A 輪資金，用來開發新產品，公司很有信心能在新產品完成後出售公司。根據過去同類型的公司出售的價格，有可能落在 3,000 ～ 5,000 萬美元之間。A 公司在談了 40、50 家創投之後，有三家創投願意給投資條件書（Term Sheet），經過不斷協商，大部分的特別股條件都相同，但三個 Term Sheet 的估值與優先清算權非常的不同。以下是三個 Term Sheet：

- A 投資 200 萬美元，最終估值 1,000 萬美元，1X 優先清算權，統一分配清算權（Pari Passu）
- B 投資 300 萬美元，最終估值 1,500 萬美元，1.5X 優先清算權，統一分配清算權（Pari Passu）
- C 投資 400 萬美元，最終估值 2,000 萬美元，2.5X 優先清算權，統一分配清算權（Pari Passu）

　　直覺上，當然是 C 創投的 Term Sheet 最好，估值最高又給更多資金，比起 A Term Sheet，C 創投給團隊兩倍現金，可以有多一點的資源來開發新產品，對未來併購案的時間充裕

一些。對 C 創投而言，他們願意給更高估值，但是稍微高一點的優先清算權可以平衡風險。就實務面，哪一個 Term Sheet 對團隊最好？

本節最末所附的表格是根據 3,000 萬與 5,000 萬美元的併購所推算的結果。創辦團隊最在乎最後的金額與比例，如同第六章所說，優先清算權對創辦人能在出場時拿到的比例影響甚巨，尤其是出場估值較低時影響愈大；併購案金額如果愈高，優先清算權的影響也相對小，5,000 萬的結果就比 3,000 萬對創辦人有利。如果公司有幸能夠賣到更好的價格，優先清算權的影響會越來越不明顯。

如附表所示，優先清算權讓創投在「分配比例」上占了便宜，所以好像 A Term Sheet 最有利，因為其優先清算權最低。

然而實務上，這有許多值得商榷，如果公司被併購的金額在 5,000 萬美元以上，其實創辦團隊能拿到的絕對金額在三個 Term Sheet 來看相差不大，雖然 2.5X 的優先清算權導致分配比例上看起來有點吃虧，但是 B 與 C Term Sheet 因為給予公司資源大得多，所以公司最終成功出場的機率也大得多，而且把餅做大的機會也更高。所以 A 與 C 不見得那麼不好，不能只在「分配比例」上斤斤計較。

A Term Sheet 表面有利，但極有可能公司根本無法在有限資源內被併購，或者公司還得再融一輪資金，日後的稀釋效果會更大，甚至下一輪乏人問津而倒閉，反而得不償失。因為優先清算權所導致的「分配比例」的差異，在實際情境上反而不一定是重點。

在募資時我們會建議創辦人，還是必須保守估計自己公司的長期現金流量，而不是過度執著於估值與稀釋比例，因為在創業路途上會有許多無預期困難，過度樂觀的財務規劃，常常變成日後的災難。當然，如果公司最終以 IPO 出場，所有特別股在上市前都會變成普通股，這裡對優先清算權的討論不會是問題。

優先清算權對創辦人能在出場時拿到的比例影響甚巨，尤其是出場估值比較低時影響較大，讀者可以下表為參考自行模擬計算這個數字。

# 不同金額出場試算

出場金額較小➡清算倍數的影響比較大
★建議：A 對創業團隊比較有利。

## 3,000 萬美元出場

單位：萬美元

| 情境 | A | B | C |
|---|---|---|---|
| Liquidation Multiple 清算倍數 | 1 | 1.5 | 2.5 |
| Investment (MUSD) 投資金額 | 200 | 300 | 400 |
| Valuation 估值 | 1000 | 1500 | 2000 |
| Funds to VC 創投取得金額 | 760 (200 萬 *1 倍 )+(3,000 萬 -200 萬 ) *20%=760 萬元 | 960 (300 萬 *1.5 倍 )+(3,000 萬 -450 萬 )*20%=960 萬元 | 1,400 (400 萬 *2.5 倍 )+(3,000 萬 -1,000 萬 )*20%=1,400 萬元 |
| % to VC 創投取得比率 | 25.33% | 32.00% | 46.67% |
| Funds to Founders 新創取得金額 | 2,240 | 2,040 | 1,600 |
| % to Founders 新創取得比率 | 74.67% | 68.00% | 53.33% |

出場金額越大，清算倍數影響越小。
➡創業團隊取得金額差異不大。
★建議：C 對創業團隊比較有利

## 5,000 萬美元出場

單位：萬美元

| 情境 | A | B | C |
|---|---|---|---|
| Liquidation Multiple<br>清算倍數 | 1 | 1.5 | 2.5 |
| Investment（MUSD）<br>投資金額 | 200 | 300 | 400 |
| Valuation<br>估值 | 1000 | 1500 | 2000 |
| Funds to VC<br>創投取得金額 | 1,160 | 1,360 | 1,800 |
| % to VC<br>創投取得比率 | 23.20% | 27.20% | 36.00% |
| Funds to Founders<br>新創取得金額 | 3,840 | 3,640 | 3,200 |
| % to Founders<br>新創取得比率 | 76.80% | 72.80% | 64.00% |

投資金額較小➡可能還得再一輪融資。
➡股權稀釋更多。
★建議：審慎評估長期需要的現金流量。

# 4 未上市出場 (Trade Sell)
## ——出場的保護機制

在創投行業中，Trade Sell 意指現有股權（即老股）在沒有公開市場交易情況下，私下撮合交易；它可以是投資人之間的交易，也可以是公司創業團隊成員之間的交易，也可以是任何現有投資人將股權釋出給新投資人。由於公司尚未有公開交易的管道，這類交易都是私人約定的行為。

## ▍投資條件書中，保護投資人權益的條款

新創公司為了防範股權的交易沒有規範，在投資條件書常常會有許多條款來保護所有投資人的權益。例如：

### 共賣權（Co-Sale）

當有股權交易的行為觸發時，賣方必須通知所有投資人，而且所有投資人有權利以同樣的價格與同等占股比率出售（即 Pro-Rata），甚至可以訂定現有投資人有優先購買權（Priority Right）；現有投資人有權利執行或不執行買賣的行為，但這個條款確保了買賣資訊的透明，**Co-Sale 幾乎在特別股的投資**

條件書中都存在。

　　值得關注的是，在台灣過去只有普通股的投資環境下，沒有這種條款，《公司法》也沒有限制私人的交易行為。任何股票一旦授予投資人，公司不能限制其交易行為，公司或其他投資人只能在交易後發現。傳統《公司法》的思維是為了讓小股東有自由處理股權的權利，不會被大股東或公司經理人限制；這樣的設計雖然保護了任一股東的權利，但也造成交易的浮濫，公司的股權不易在 IPO 前集中，新創公司股權在很早期就分散，甚至常常有創投投資後發現創辦團隊私下釋股，公司甚至在營運或產品開發未上軌道前，就有灰色交易市場（或未上市股票交易管道），這個現象目前仍然存在。

　　新《公司法》的修正中允許限制交易，例如在閉鎖性公司中，嚴格限制新創公司的私人股權交易行為；閉鎖性公司適合早期新創公司，股東不得超過 50 人，而且可以在公司章程限制股票轉讓，嚴格規範了未上市股權的私人交易，不至於在公司早期階段，股東或團隊就頻頻換手，投資人也可以限制公司創辦人私下轉賣持股。

　　未上市交易由於資訊不透明且不對等，常常造成許多弊端，例如：團隊往往在公司未上軌道前就出脫持股，更有不肖團隊釋放不實資訊，坑殺不知情的投資人，這是台灣資本市場一直存在的現象。主管機關於是設立了「興櫃市場」，讓有潛力的新興公司能夠在申請主板上市或上櫃前，就能夠有交易的機會，把未上市私人的交易導入興櫃市場，政府部門也比較能夠監控。興櫃的設計就是為了導正未上市交易的亂象，迫使公

司在未正式上市前，就有相對透明的資訊。

此外，有時某些管理層因故退出，為了擔心可控制股份減少，經營團隊之間會有強迫買回或優先買回的條款，甚至預先訂定價格，以確保股權集中；這樣的條款雖與 Co-Sale 的精神相斥，但投資人通常會支持這樣條件加在 Co-Sale 條款之上。

值得注意的是，台灣的《公司法》比較保護小股東權益，一旦技術股或選擇權登記在員工名下，理論上，公司經營團隊對員工的技術股或選擇權是無法限制，只能「道德勸說」，做私下的協議；如果要保護團隊股權不分散，只能在境外公司或閉鎖性公司實施；除非是雙方合意，否則一般設立在台灣的股份有限公司，是無法強制員工賣回或放棄已執行的股份。

## 贖回權（Redemption Right）

贖回權在其他法律術語上有不同的意思，然而**在一般創投特別股條款的意涵是指：投資人要強迫公司買回股權**。該條款有時又寫成「Buy-Back」。

- **使用時機1**：對投資人來說，公司如果在一定時間內無法順利 IPO 或被併購，投資人沒有可行的出場機制下，可強制要求公司買回股權，贖回價格（Redemption Price）與執行時間都可以在投資條件書上事先約定。
- **使用時機2**：當有併購機會發生，但是經營團隊卻反對此合併案時，投資人也可以啟動此機制，要求團隊尋求另外

的投資人買回手上的持股，這也是投資人透過未上市出場的出場方式之一。

實務上，贖回權的執行很不容易，公司之所以無法順利IPO或被併購，常常是因為經營遇到了困境，也無法吸引新投資人融資下一輪；此時公司或經營團隊應無法履行這個條款，甚至為了執行這個條款而影響到新投資人的投資意願。所以許多投資條件書中沒有特別強調，大約只有1/3的投資案會放進這個條款。

## 創辦人的特別股（Founder's Preferred Share）

另外再提一個較新的趨勢，雖與創投出場沒有直接相關，卻是新一輪投資人可能會面臨的狀況，即創辦人的特別股，這是為了保障創辦人在創業過程中，能有部分變現的機會。

創辦人的特別股又稱為 FF Preferred Shares，是最近十年來的新趨勢，也算是未上市出場的一種方式。過去的股權設計，團隊手上持有的都是所謂普通股，而投資人持有特別股；因為稅賦考量，普通股的股價訂得非常低，只有在IPO或併購後才能反應真實價值。

在本章最開始我們談到，由於近年新創公司出場的時間越拉越長，公司創辦人雖然有許多股票，但是缺乏現金，這個股權設計是讓創辦人手上的若干比例普通股，可以在下一輪轉成特別股，並且出售給下一輪的投資人，其出售價格參考下一輪

的估值。這些出售的股票只是轉成下一輪的特別股，所以不會稀釋原始投資人的股權，加上新創公司通常付不出特別高的薪資，這筆錢可以使創辦人有餘裕專心創業，而且創辦人為了能夠一部分變現，對完成下一輪的融資會更賣力。

FF Shares 通常只在公司初創期才會發行，因為種子輪股票與 A 輪差價很大，所以誘因也很大，但之後每輪之間的差價不一定夠大，所以再發行 FF Shares 的意義就不大了。

實務上，FF Shares 會特別歸一類股票為「FF Class」，FF Shares 執行上要配合當地稅法，必須經過董事會核定，而且不能任意轉移給其他人，必須嚴格控管。至今台灣幾乎沒有見過這類條款，在美國也不算普遍，未來發展趨勢值得關注。[3]

## ▎創投生態導致次級市場買賣

以上是股權設計對未上市出場的若干敘述，但條文之外，我們也觀察到近年愈來愈多的投資人，在公司的後輪融資就出脫持股，這在過去並不常見。投資圈之前的不成文說法是，正規的投資人會關注公司每一輪的融資，在最後才出脫持股。

然而前文已討論，出場的平均時間越拉越長，使得創投無法在年限內出脫，與團隊走完整個投資循環，要不只在中晚期才投資，要不早期投資人必須在成長期就出脫，因為投資人有

---

3 事實上，坊間大部分英文的創業書籍，極少討論到 FF Shares，畢竟它還太新，讀者若有興趣深入研究，可參考網路上的討論。

這種需求，創投的次級市場（Secondary Market）就此產生。所謂次級市場是指有別於公開發行的市場，許多 Mega Fund 只在次級市場買賣那些熱門的獨角獸公司股票，這類的市場往往因為資訊不透明，獲利與風險都很高，不公開給一般投資人，類似於私募基金的交易。

台灣因為一直存在未上市股票的交易，次級市場的交易不是問題，反而是過去未上市買賣交易弊端太多，許多台灣的投資機構對「老股」交易有嚴格的規範與限制。例如，創投基金經理人透過「老股」交易來圖利自己，自己先買入股權再以差價透過人頭賣給該創投基金；或者創投之間互相交易，拉抬股價，也是買賣老股常見的弊端。

最重要的是，老股交易價金不會進入公司，對公司實際的現金流其實沒有貢獻。公司在早期階段最缺乏的是營運資金，對創辦人而言，會希望新投資人把錢投到公司，而非在股東之間流通，新創公司過早出現頻繁的股權交易其實不是很好，員工也容易浮動。總而言之，正規的創投基金對這類老股的交易有嚴格的控管機制與審核流程。

# 5 小結

對新創公司創辦人而言，在募資時想的常常是融資金額以及公司估值與投資條件；但是對創投基金經理人而言，在投資前想的卻是如何出場，因為公司估值來自對出場價值的想像。創投經理人可能很欣賞公司團隊或產品，也很認同新創公司的經營方式；但也會因為估值過高而卻步。新創公司的創辦人必須理解創投出場時的思維，方能在談判桌上對話。

# 創投的目的：出場

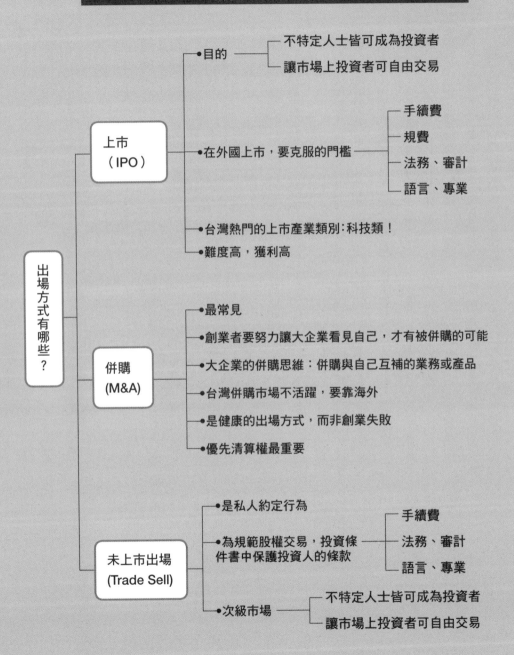

出場方式有哪些？

- 上市（IPO）
  - 目的
    - 不特定人士皆可成為投資者
    - 讓市場上投資者可自由交易
  - 在外國上市，要克服的門檻
    - 手續費
    - 規費
    - 法務、審計
    - 語言、專業
  - 台灣熱門的上市產業類別：科技類！
  - 難度高，獲利高

- 併購（M&A）
  - 最常見
  - 創業者要努力讓大企業看見自己，才有被併購的可能
  - 大企業的併購思維：併購與自己互補的業務或產品
  - 台灣併購市場不活躍，要靠海外
  - 是健康的出場方式，而非創業失敗
  - 優先清算權最重要

- 未上市出場（Trade Sell）
  - 是私人約定行為
  - 為規範股權交易，投資條件書中保護投資人的條款
    - 手續費
    - 法務、審計
    - 語言、專業
  - 次級市場
    - 不特定人士皆可成為投資者
    - 讓市場上投資者可自由交易

※ 達盈管理顧問製表整理

# MYTH OF UNICORNS

# 結語：獨角獸現象的迷思

> **獨角獸現象席捲全球投資圈，**
> **是否表示我們得窮一切力量、資源，**
> **打造屬於自己的獨角獸？**

獨角獸是資金簇擁的結果，市場資金過度向獨角獸
傾斜的結果，形同對其他新創的排擠效應，
一家撐死、沿路餓死。

想通了這一點後，
我們還要追求打造屬於自己的獨角獸嗎？

# 1 所有新創者的夢想：成為獨角獸？

$2020$年的 8 月，也是這本書準備收尾之際，行政院國發會在「亞洲矽谷計畫」上宣告了：「未來四年政府預算將投入新創 100 億，並提供 600 億元青年創業優惠貸款，同時匡列創業天使基金等四大方案投資新創 1,500 億元，目標是要新增二家新創獨角獸。」在這個政策目標下，相信會有資金活水進入台灣的新創圈，但是獨角獸是什麼？它對台灣新創圈又有什麼意義？

所謂的「獨角獸」企業，是指成立不到 10 年、但市值超過 10 億美元，又未在公開市場上市的新創公司。這個名詞最早來自於創投基金經理人艾琳·李（Aileen Lee）女士，在 2013 年發表的一篇文章，標題為〈歡迎來到獨角獸俱樂部：從 10 億新創公司當中學習〉（Welcome To The Unicorn Club: Learning from Billion-Dollar Startups）。文章中，Aileen Lee 檢視了許多在 2000 年成立的軟體新創公司，發現只有 0.07% 的公司最後成長到市值 10 億美元，機率非常低。因此她的結論是：「這樣的公司像傳說中的獨角獸，人人都聽過，但沒有人真正看過。」

獨角獸公司在 2013 年間還是稀有動物，幾乎沒有人見過。

然而到了 2019 年，全球已經有超過 347 家獨角獸，其中還有 17 家估值超過 100 億美元的「十倍獨角獸」（Decacorn）！

美國創投圈近 10 年來發明了一個新名詞：Mega Deal，意思是「超大型投資案」。所謂 Mega Deal，是指任何一個單次融資超過 1 億美元的投資案。

在第二章我們介紹了美國創投的基金規模，中位數的基金規模平均值在 5,000 萬美元左右，每一位創投基金經理人一定希望每個基金至少有十多個投資案，才不會使基金績效受單一投資案影響過大；假設一個基金規模在 5,000 萬美元，那某單一投資案可能落在 300 ～ 500 萬美元。所以美國大部分的傳統創投基金，單一投資金額可能不會超過 1,000 萬美元。試想要參與 1 億美元的融資案，起碼要投資 1,000 萬美元（即 10%），甚至要超過 1,000 萬美元。所以絕大多數的創投基金是不可能參與 Mega Deal 的。在第八章，我們提到創投有大型化的趨勢，有許多 Mega Fund 成立，這些 Mega Deal 其實與 Mega Fund 門當戶對，Mega Fund 並不投資一般的案子。

根據美國創投協會統計，2000 ～ 2010 年，Mega Deal 極少，每年案例不超過個位數；到了 2013 年有 35 個案例，到了 2015 年有 105 個案例；而 2018 與 2019 年，每年都突破了 200 個案例，2020 年應該也會維持這個趨勢。這幾年成立的 Mega Fund，除了積極參與後輪超高估值的融資，也購買創投之前輪的老股，使得有些創投能夠在 IPO 前，甚至公司獲利前，就在次級市場出脫持股獲利。由於市場資金充沛，許多 Mega Fund 在這幾年不斷成立，市場交投熱絡。

《哈佛商業評論》（Harvard Business Review）2017 年有一篇文章分析獨角獸的成因，比較 2012 年以後與 2000～2012 年間的新創公司估值，2012 年後估值成長率是 2000～2012 年間的兩倍；**估值的野蠻成長造就了獨角獸現象。**[1]

　　當時 Mega Deal 是指 1 億美元的融資，1 億美元的融資是獨角獸公司的基本門票，畢竟要造就 10 億美元估值的公司，不能靠幾百萬美元拱起來，因此以 1 億美元融資來評估獨角獸的形成是合理的。市場上有這些豐沛的 Mega Deal，才能夠一輪一輪、不斷的堆疊出這麼多的獨角獸。雖然說獨角獸在 2013 年仍寥如晨星，但是在 Mega Deal 的形成，慢慢地醞釀出獨角獸，獨角獸不是騰空而出，是歷經十多年的寬鬆貨幣政策所形成的，超高額的投資堆砌出超高的估值，這只有在資金過度寬鬆的情形下才會發生。

---

1　"How Unicorns Grow". Harvard Business Review. Retrieved 2017-03-30.

# 獨角獸現象的光與影

## ▌低利時代，催生獨角獸誕生

　　獨角獸的產生，其實是資金寬鬆背景下的結果，特別是在2007年次貸危機之後，全球陷入長期的低利率時代（甚至負利率）；在寬鬆的資金環境下，投資人一輪一輪投入資金，墊高獨角獸的估值，使其利用資本的力量，快速推進服務的地區與內容。公司往往不必在意盈利與否，透過補貼來吸引客戶，只要不斷征服更多用戶，就能夠繼續得到投資人的支持，在不必擔心獲利之下，讓業績持續成長，一輪一輪墊高估值。

　　IPO的機率在2000年互聯網泡沫化後變低了，導致IPO所需的時間也跟著拉長（參見第八章）。公司無法透過IPO到公開市場籌資，使得創投基金投資人必須不斷地投入資金，否則沒有獲利能力的獨角獸也會死亡。每一次的融資就膨脹一次估值，推波助瀾之下，不斷地創造出更多獨角獸公司。

## ▌獨角獸獨占資源，創業環境雪上加霜

　　雖然在寬鬆的大環境，資金不斷流入創投產業，但流入的

資金並非雨露均霑。美國創投協會統計，美國 Mega Deal 占整體創投總投資金額的比率；**在 2018 與 2019 年中，少數幾個 Mega Deal 幾乎吃掉整體創投將近 50% 的資源，Mega Deal 對萌芽期或成長期的新創公司會有長期的排擠效應，對整體創業環境不一定是好事。**現實的資本市場裡，Mega Fund 希望獨角獸公司能夠很快的上市，一旦上市的路途遙遠，資金都卡在獨角獸身上，相對就擠壓到其他新創公司獲得投資的機會。

另外，許多高估值公司背後的融資紀錄，都是相同一批投資人，一輪一輪持續投入、互相將估值墊高。在前一章我們有提到，根據美國創投協會的統計，對美國新創公司每一輪估值的統計，從種子輪到 D 輪，近年來每一輪的平均投資金額變化不大，但新創公司 E 輪以後估值大幅攀升，正是前述的獨角獸現象。創投不斷推升估值的結果，當公司在公開市場掛牌上市後，表面上高估值風光上板，隨後沒多久便被成本極低的投資人倒貨，股價甚至崩盤。

獨角獸的神話會不會只是曇花一現？有些獨角獸公司剛上市時，大舉吸納市場資金，輾壓了該年的資本市場。2012 年 Facebook 以 1,004.2 億美元的估值上市，當年美國所有 IPO 的金額只有 1,288 億美元；當年的 IPO，有超過 20 家創投投資的科技新創公司總市值還不到 Facebook 的 1/4！2019 年 Uber IPO 也是超重量級，間接造成了當年度 IPO 特別興盛的印象，其實當年 IPO 市場的熱絡，也僅僅是這一家公司造成的錯覺。

美國市場如此，全球獨角獸第二大產地中國的情形也差不多。由於沒有中國的直接統計數據，我們無法佐證資金排擠效

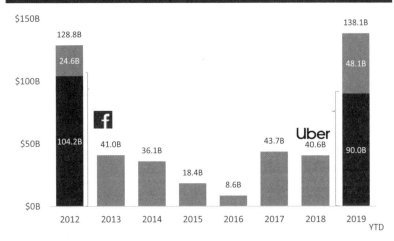

## 美國近年創投基金所支持的公司 IPO 金額

$150B

128.8B

24.6B

$100B

104.2B

138.1B

48.1B

$50B

41.0B   36.1B

18.4B   8.6B

43.7B   40.6B

90.0B

$0B

2012  2013  2014  2015  2016  2017  2018  2019 YTD

資料來源：美國創投協會公布數字；2019 年統計至上半年

應，但是可以透過香港資本市場來觀察（註：香港證券交易所
是世界第二大，僅次於紐交所）。更由於近年中美之間的緊張
關係，中國新創企業這幾年的出場機制，逐漸由在美國上市轉
到香港上市。

　2018 年是香港 IPO 最活躍的一年，融資 1 億美元以上的
IPO 案件超過 40 個，整體 IPO 的件數或金額都獨步全球。
2018 年也是中國科技公司在香港上市的高峰，單單這一年，
包括小米、美團、映客等在內共有 28 家新經濟公司在香港上
市，融資額累計約 1,360 億港元，占當年募資總金額的近一半。

　值得注意的是，香港交易所為了吸引「新經濟」類股在港
交所掛牌，刻意把上市的獲利標準降低；也正因為對獲利要求
相對寬鬆，加上市場資金對新經濟企業近乎瘋狂的簇擁，間接

導致了赴港 IPO 企業一波災難性的「破發潮」（即「上市後股價跌破發行價」）。許多獨角獸沒有獲利，無法以傳統本益比來評價，因此很大一部分 IPO 的估值，是建立在市場對新經濟的想像上，而投資風險則反應在「破發」的現象上。

據中國《證券時報》統計，2018 年上半年在港股發行的新股，破發率達 72％；其中 19 家掛牌中資股之中，就有 13 家在上市首日跌破發行價，占所有赴港上市中資公司比重高達 68.4％。若進一步檢視可發現，在成功 IPO 的 101 家企業中，有 24 家去年歸屬母公司的淨利潤為負值，占比達 23.8％。2019 的情況也沒有改善，上半年港股 IPO 首日破發率為 39.2％，2018 年同期僅為 26.5％，較前一年增加了 12.7 個百分點。

破發的現象同時反映了估值的泡沫，即使 IPO 的估值看似與最後一輪的估值相近或更低，似乎有套利的空間，然而這些獨角獸的新經濟公司，背後經常是同一批投資人一路把估值拱上來的，所以他們的平均成本遠低於最後一輪的估值或 IPO 價格，一有機會套現，便一路在公開市場把股票倒出來，導致破發的現象頻仍。

破發一旦持續發生，會造成資本市場的機構投資人卻步，認購的意願低，即使破發後也不急著追買股票，長期下來，投資人對這類獨角獸公司會持保留的態度，不利於資本市場的長期發展。本書完稿之際，原本應是全球最大 IPO 的螞蟻金服在香港與上海兩地同步上市計畫突然喊停，後續變化仍值得密切關注。

以台灣目前的資金環境，並沒有發生這類 Mega Deal 與 Mega Fund 現象。台灣資本市場因為對獲利要求比較高，破發的比例很低，也不存在新經濟的泡沫，所以也沒有超額的資金追逐新經濟題材，不容易憑空創造出獨角獸來。台灣的整體新創環境與美國、中國截然不同。

## ▌獨角獸泡沫化，能否讓市場清醒？

2019 年，超級獨角獸全球共享辦公室業者 WeWork 上市延遲，創投市場沸沸揚揚。2017 年軟銀（Softbank）以 200 億美元的估值第一次投資 WeWork，2019 年 1 月 WeWork 又以 470 億美元的估值募資，軟銀願景基金（Vision Fund）也是主要投資人；在此之前，軟銀已經投資 106.5 億美元，公司希望以 900 ～ 1,000 億美元的估值 IPO，大型投資銀行，如摩根大通集團（JPMorgan Chase）與高盛（Goldman Sachs）都為此案背書。

然而 WeWork 最後一輪融資不到 6 個月，資本市場不斷修正對其估值的看法；2019 年 8 月，在 80 億美元估值 IPO 都乏人問津的狀況下，WeWork 管理階層不得已撤銷紐約交易所上市的 S-1 申請（即在美國上市前對公眾的招股說明書，類似台灣的公發說明書）。創辦人諾伊曼（Adam Neumann）在 IPO 不成功後同時被逼退，但他本人早在提交 S-1 之前，在次級市場出脫了不少股權。市場估計軟銀為了趕走諾伊曼付出了超過 16 億美元的代價，至今投資人與創辦人兩造仍有法律訴訟在

進行。

　　大眾透過 S-1 的資料發布中，才發現 WeWork 接連三年累計虧損超過 30 億美元，公司透過業務的成長來推升估值，但是業務的成長是靠大量的補貼換來的；業績成長但虧損也擴大，公司無法自己產生現金流，現金是透過投資人持續注入的，一旦公司無法募資，立刻陷入財務危機。

　　軟銀願景基金在 2020 年接手公司經營權，軟銀願景基金把 WeWork 的估值從 470 億美元打成 29 億美元，估值減損超過 90%；而新冠疫情後，公司再度陷入經營危機，軟銀願景基金又於 2020 年 8 月輸血紓困，再投入 11 億美元給 WeWork。

　　WeWork 的 IPO 給資本市場帶來警訊，資本市場開始對獨角獸現象有許多懷疑。雖然在行文的此時，短期資金環境仍然寬鬆，Mega Fund 仍願意注入資金到流動性較低的獨角獸公司，然而未來金融市場一旦開始有流動性風險，股票缺乏流動性的獨角獸公司將會首當其衝。

　　這就是為什麼許多獨角獸公司急著上市，因為上市公司的股票會有很高的流動性，可以大幅降低投資人流動的風險。亦即一旦發生金融危機，投資人比較有出脫的機會，不會連賠錢殺出的機會都沒有。尤其早期的投資人成本相對低，當估值膨脹成為獨角獸，投資人不會斤斤計較獲利的比例，反而會擔心股票的流通性；意即在景氣蕭條時期，投資人連認賠殺出的機會都沒有。

# 3 台灣市場能培育出 獨角獸嗎？

## ▌ 為什麼我們對獨角獸如此執著？

　　台灣以「科技島」著稱，長期以來台股科技類股市值占比超過 50% 以上，只有少數資本市場擁有這樣的特性，堪與那斯達克相提並論。當發展中國家如印尼與印度，都已經產生數隻獨角獸，唯獨台灣缺乏獨角獸，是不是代表我們在資本市場或科技新創活動上已經落後國際？

　　台灣政府在 2018 年聲稱「2 年內我們要找到並培養出獨角獸」；此前也有台灣加速器獨步全球，創造出「合體」台灣獨角獸的概念：宣稱自己生態系內超過 300 家公司的合體是數隻獨角獸——種種現象可以感受到，朝野各界對台灣缺乏獨角獸而感到萬分焦慮。

　　就事論事，獨角獸是市值超過 10 億美元的未上市新創公司，那麼這家 2 年內就要成功的「準獨角獸」，目前應該至少已經是估值超過 5 億美元的新創公司吧？就像大公司要併購新創一樣，雷達上早就有候選公司的名字，不會有天外飛來的獨角獸。合體的獨角獸只是加速器的文宣，對台灣長期的產業發展並沒有實質意義。

獨角獸的產生，其實是有野心的創業家、創投家和資本環境所堆砌出來的。**獨角獸反應近 10 年來資金寬鬆的現象，配合著創業家的雄心壯志、投資人瘋狂貪婪的追捧，還有最重要的：「利用資本、利用資本、利用資本快速推動改變人類的生活」的情操，和「想發大財」的人性，這些才是值得探討的原點。**

## ▋ 台灣為什麼沒有獨角獸？

第一：台灣資本市場因為上市所需費用較低，因此公司上市估值門檻比其他鄰近的主要資本市場低得多。新創公司因為上市相對容易，而且散戶活躍使得股票流動性也很不錯，公司上市後再籌資也很容易（所謂的 Secondary Public Offering，SPO），上市以後仍可以應業務需要來籌資。

上一章我們提到，台灣公司大概在 6,000 萬美元（約 20 億台幣）的估值就可以拿到上市的門票，在這樣的資本市場所營造的環境下，許多新創公司不須蹲到獨角獸的估值（即 10 億美元）就可以上市。

第二：能夠創造出獨角獸的公司，一定要在大市場（例如美國或中國），或者高度成長的新興產業（例如特斯拉〔Tesla〕之於電動車），這類公司才可以提供投資人對估值足夠的想像空間。台灣如果要有獨角獸，一定不會是只靠內需市場或傳統的零組件供應商，這類公司可能獲利能力很好，但是無法有極高的估值。目前台灣幾家準獨角獸公司，如 KKBOX、

Gogoro、Appier[2] 等，都是具有跨境能力的新科技題材，而且是世界同類型公司的佼佼者，否則沒有成為獨角獸的資格。

第三：台灣新創圈本地資金的比例非常高，很少能夠吸引太多國際的熱錢。這幾年印尼誕生了幾隻獨角獸，很大的原因是許多國際熱錢進駐，因為印尼有人口數量的優勢，也是未開發的經濟體，許多國際投資人認為，印尼互聯網產業有機會複製當年中國互聯網發展的態勢。在國際熱錢湧入推波助瀾之下，創造出數家獨角獸公司。

反之，台灣已經是發展相對成熟的經濟體，不可能有爆發性的成長機會，熱錢不會流入台灣，在有限的資金環境中，不易塑造出獨角獸。

## ▌投資人的「偏食」，造成既有產業萎縮

政府部門為了扶植新興科技產業，允許特殊科技產業不需有獲利就可以上市。近年最好的例子是 2015 ～ 2017 年間活躍的新藥類股，因為有《生技新藥產業發展條例》，鬆綁許多稅務、人才聘用與股權的限制，交易所也放寬新藥公司的審查條件。新藥公司往往在營收極小、遑論獲利的階段就上市，在公開市場以更便宜的成本籌資，讓台灣的新藥公司能夠有足夠的銀彈打國際賽。

---

2 KKBOX 是亞洲音樂串流服務的第一品牌。Gogoro 是國際電動機車領導廠商。Appier（沛星互動科技）這是亞洲的數位廣告運營商。

以當時龍頭浩鼎與中裕為例，這兩家公司都是研發型公司，公司在上市時幾乎沒有業績，但利用資本市場籌資以開發新藥，在 2016 年新藥股最高點時市值為約 1,400 億與 750 億台幣；即使 2016 年後新藥公司股價修正，中裕股價仍在 2018 年創新高，市值超過 850 億台幣。同時期還有許多新藥開發公司，都利用市場支持的高股價進行融資活動，也吸引許多在國外有成功經驗的資深創業家回台發展。

當資本市場過度投入，通常會創造一輪短期投資泡沫，但是新興產業往往需要這種超額投資，來帶動產業長期的發展；過去在電腦／主機板、半導體、網通、面板、LED、太陽能等產業都發生過。然而，與其他資本市場不同的是，本地投資人給予新藥公司很高的估值，卻一直對軟體與互聯網產業缺乏關注，以致軟體與互聯網產業缺乏資金與退場機制，這個現象我們在第八章已經探討過了。或許這與台灣資本市場向來青睞硬體製造，卻不知如何對軟體或網路這類沒有實體產品的虛擬產業評價有關。

此外，台灣科技業積極打入硬體製造供應鏈，較不需考慮品牌和行銷；而軟體多為獨立產品，沒有供應鏈，業者也不知如何行銷。

# 4 小結

**誠如**第一章的歷史回顧所述，創投是一個很新的產業，大體上是二戰後才發展出來的新興物種，目前仍在不斷演進之中；而且創投是很具地域性的產業，本書的撰寫參考了美國與中國的資料，美國的統計完整地展現創業圈的發展趨勢，矽谷的發展尤其對世界各地的創投都有啟發作用。

本書以獨角獸作結，探討獨角獸的成因。獨角獸是在一個特定金融環境下所醞釀出來的產物，人類近代金融史中，未曾出現過如此長時間的超低利率環境，我們何其有幸恭逢其盛。

政府部門雖然念茲在茲要創造出台灣的獨角獸公司。台灣能夠有獨角獸當然是好事，但是我們認為健全的新創生態系，遠比獨角獸的數字重要。美國或中國的創業環境與台灣不同，台灣的新創公司不見得能夠複製美國或中國的成功經驗。

台灣科技業的發展有其歷史背景與地理局限，美國或中國的發展模式不一定適合我們，獨角獸的誕生就是很好的例子。

本書是為了台灣的創業家而寫的，期待台灣創業家都能找到適合自己特色的創業模式，創業家與創投家能夠共生合作，創造健康的創業生態系，讓台灣的產業生生不息。

## 什麼是「獨角獸」？

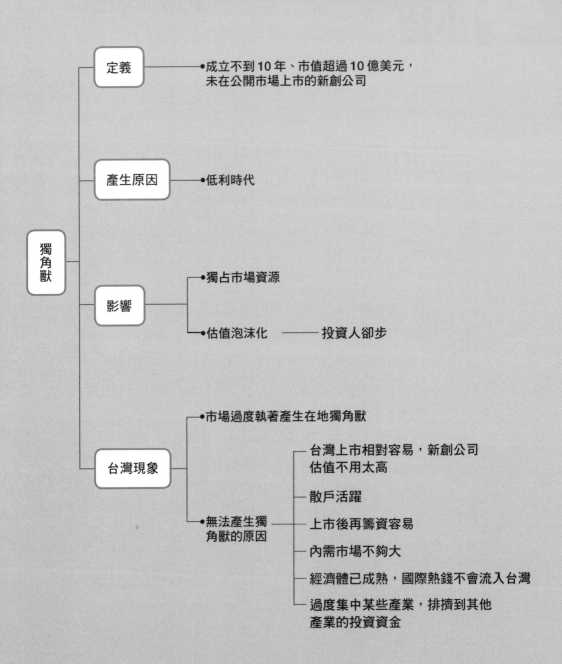

- **定義** ── • 成立不到 10 年、市值超過 10 億美元，未在公開市場上市的新創公司
- **產生原因** ── • 低利時代
- **影響**
  - • 獨占市場資源
  - • 估值泡沫化 ── 投資人卻步
- **台灣現象**
  - • 市場過度執著產生在地獨角獸
  - • 無法產生獨角獸的原因
    - ── 台灣上市相對容易，新創公司估值不用太高
    - ── 散戶活躍
    - ── 上市後再籌資容易
    - ── 內需市場不夠大
    - ── 經濟體已成熟，國際熱錢不會流入台灣
    - ── 過度集中某些產業，排擠到其他產業的投資資金

獨角獸

※ 達盈管理顧問製表整理

APPENDIX

附錄

## SHAREHOLDERS AGREEMENT

This Shareholders Agreement (the "**Agreement**") is made as of November 8, 2019, by and among A-Company, a corporation organized and existing under the laws of the British Virgin Islands ("**BVI**"), (the **"Company"**), all Shareholders of the Company, including the purchaser and the holder of the Series A Preferred Shares of the Company (the "**Series A Preferred Shares**") as set forth on Exhibit A hereto (the "**Series A Shareholders**"), and the holders of Ordinary Shares of the Company (the "**Ordinary Shares**") as set forth on Exhibit B hereto (the "**Ordinary Shareholders**"). The Series A Shareholders, and Ordinary Shareholders are referred to herein collectively as the "**Shareholders**" and each a "**Shareholder**." The Company, Series A Shareholders, and Ordinary Shareholders are referred to herein collectively as the "**Parties**" and each a "**Party**."

## R E C I T A L S

A.    Concurrently herewith, the Company, A-VC Venture Corporation (hereinafter "A-VC Venture"; a purchaser of Series A Preferred Shares of the Company) and B-VC, LLC ("B-VC"; a purchaser of Series A Preferred Shares of the Company) each desire to enter into a Series A Preferred Shares Purchase Agreement (the "**Series A Agreements**") pursuant to which A-VC Venture and B-VC will subscribe and purchase Series A Preferred Shares to be issued by the Company.

B.    Pursuant to the Series A Agreements, it is a condition to the Closing (defined below) of the transactions contemplated by the Series A Agreements that the Parties enter into this Agreement.

C.    In order to induce the Company to enter into the Series A Agreements and to induce A-VC Venture and B-VC to invest funds in the Company pursuant to the Series A Agreements, the Company, A-VC Venture, and B-VC, the Series A Shareholders and the Ordinary Shareholders hereby agree that this Agreement shall supersede and replace any Prior Shareholders Agreement and govern certain shareholder rights and other matters as set forth in this Agreement.

**NOW THEREFORE**, in consideration of the mutual covenants herein contained, and for other valuable consideration, the receipt and sufficiency of which are hereby acknowledged, the Parties agree as follows:

1.    **Definitions and Interpretation.**

1.1    **Certain Definitions.**    Unless otherwise defined in this Agreement, the following terms used in this Agreement shall be construed to have the meanings set forth or referenced below.

(a)  **"Acquisition Transaction"** means any reorganization, merger, consolidation, or similar transaction in which shareholders immediately prior to such reorganization, merger or consolidation, sale or transfer of shares or similar transaction(s) do not (by virtue of their ownership of securities of the Company immediately prior to such transaction(s)) beneficially own shares possessing a majority of the voting power of the surviving company or companies immediately following such transaction(s) in the same proportion as their respective ownership of the shares immediately prior to such transaction.

(b)  **"Affiliate"** means, with respect to any individual, corporation, partnership, association, trust, or any other entity (in each case, a **"Person"**), any Person who, directly or indirectly, controls, is controlled by, or is under common control with such Person, including, without limitation, any general partner, managing member, officer or director of such Person or any venture capital fund now or hereafter existing that is controlled by one or more general partners or managing members of, or shares the same management company with, such Person; provided that any operating company whose business directly or indirectly competes with the business of the Company, but not any fund or holding vehicle which holds a minority investment in such operating company, shall not be deemed an Affiliate.

(c)  **"Articles"** shall mean the memorandum and articles of association, articles of incorporation, bylaws or other equivalent constituent documents of the Company amended from time to time.

(d)  **"Board"** or **"Board of Directors"** shall mean the board of directors of the Company.

(e)  **"Closing"** shall mean the Closing as defined in the Series A Agreements.

(f)  **"Conversion Price"** shall mean the price at which each Ordinary Share shall be issued upon conversion of the Preferred Share without the payment of any additional consideration by the holders thereof.

(g)  **"Commission"** shall mean the Securities and Exchange Commission or any other federal agency at the time administering the Securities Act.

(h)  **"Conversion Shares"** means the Ordinary Shares issued or issuable pursuant to conversion of the Preferred Shares.

(i)  **"Competitors"** means [fill in, if any], and the Affiliates of the above named companies; the **"Competitor"** means any one of the Competitors. After approval from Majority of the Board of Directors, the list of Competitors herein may change from time to time.

(j)  **"Founder"** means The-Founder.

(k)  **"Founder's Shares"** means the Ordinary Shares owned by the Founder.

(l)  "**Group Members**" means, collectively, the Company, Subsidiaries and each Person (other than a natural person) that is, directly or indirectly, controlled by any of the foregoing, and the "**Group Member**" means any one of the Group Members.

(m)  "**Initial Purchase Price**" shall mean the initial purchase price per share of Series A Preferred Shares purchased by such **Series A Shareholder** as described in Exhibit A.

(n)  "**Ordinary Shares**" shall mean ordinary shares of the Company.

(o)  "**Person**" means any individual, corporation, partnership, trust, limited liability company, association, or other entity.

(p)  "**Proposed Shareholder Transfer**" means any proposed assignment, sale, offer to sell, pledge, mortgage, hypothecation, encumbrance, disposition of or any other like transfer or encumbering of any Shares (or any interest therein) to any third party proposed by any of the Shareholders.

(q)  "**Prospective Transferee**" means any person to whom a Selling Shareholder proposes to make a Proposed Shareholder Transfer.

(r)  "**IPO**" means an underwritten initial public offering by the Company of its Ordinary Shares and Preferred Shares on a recognized international securities exchange approved by the Board of Directors.

(s)  "**Sale of Assets**" means (i) any sale of all of the Group Members' assets, or (ii) any sale or exclusive licensing of all of the Group Members Intellectual Property, in a transaction or series of related transactions.

(t)  "**Selling Expenses**" shall mean all underwriting discounts, selling commissions and share transfer taxes applicable to the securities registered by the Shareholders and, except as set forth above, all reasonable fees and disbursements of counsel for any Shareholder.

(u)  "**Shares**" shall mean Ordinary Shares or/and Preferred Shares.

(v)  "**Secondary Notice**" means written notice from the Company notifying the Eligible Shareholder (defined below) that the Company does not intend to exercise its Right of First Refusal as to all shares of Transfer Shares with respect to any Proposed Shareholder Transfer, and setting out the material terms and conditions of the Proposed Shareholder Transfer including, without limitation, the number of Shares comprising the Transfer Shares, the nature of such sale or transfer, the bona fide cash price or other consideration to be paid, and the name and address of each prospective purchaser or transferee.

(w)  "**Transfer Shares**" means Shares subject to a Proposed Shareholder Transfer.

**1.2** **Construction of References.** In this Agreement, unless the context requires otherwise, any reference:

(a) to an Article, Section, Schedule or Exhibit is a reference to an Article, Sections, Schedule or Exhibit of/to this Agreement;

(b) to this Agreement, any other document or any provision of this Agreement or that document is a reference to this Agreement, that document or that provision as in force for the time being or from time to time amended in accordance with the terms of this Agreement or that document;

(c) to a person includes an individual, a body corporate, a partnership, any other unincorporated body or association of persons and any state or state agency;

(d) to a time of day is a reference to the time in the Republic of China (Taiwan), unless expressly indicated otherwise;

(e) to an enactment/legislation includes that enactment/legislation as it may be amended, replaced or re-enacted at any time, whether before or after the date of this Agreement, and any subordinate legislation made under it; and

(f) to a "right" includes a power, a remedy and discretion.

**1.3** **Interpretation.** Unless otherwise provided in this Agreement, words denoting persons shall include bodies, corporations and incorporated and unincorporated associations and references to any gender shall include references to any other gender. Words importing the singular include the plural and vice versa. The headings in this Agreement are for convenience only and do not affect its interpretation.

**2.** **Liquidation Preference.**

(a) Unless otherwise prescribed herein, in the event of any liquidation or winding up of the Company, the owners of Preferred Shares shall be entitled to receive, on a *pari passu* basis, in preference to all the holders of any other class or series of share capital of the Company, a per share amount equal to USD$xxxxxx (the "**Series A Purchase Price**"), plus any declared but unpaid dividends (the "**Series A Liquidation Preference**").

(b) After the payment of the Series A Liquidation Preference according to above Subsection (a) of this Section, any remaining funds or assets of the Company legally available for distribution to shareholders shall be distributed to all Shareholders in proportion to the number of shares then held by all Shareholders on an as converted basis.

(c) **Deemed Liquidation Event** (defined below) shall be deemed to be a liquidation for purposes of the foregoing Liquidation Preference unless waived in writing by the holders of no less than seventy-five percent (75%) of the then issued and outstanding Preferred Shares, voting as a single class. Upon any such event, any proceeds resulting to the Shareholders of the Company or such Group Members therefrom shall be distributed in accordance with the terms of Section 2 Liquidation Preference. Each of the following events shall be considered a "Deemed Liquidation Event": (i) a merger, reorganization, share purchase (including, without limitation, the sale or transfer of any Group Member's outstanding shares, share-for-share exchange) or consolidation of such Group Member with or into any other company or companies or other entity or entities or transaction or any other corporate reorganization in which the holders of such Group Member's voting securities prior to such transaction beneficially own or control less than a majority of the outstanding voting securities of the surviving company or other entity after such transaction on account of shares held by such holders immediately prior to such transaction, or (ii) the sale, lease, transfer, exclusive license or other disposition, in a single transaction or series of related transactions, by any Group Member of all or substantially all the assets of the Group Members taken as a whole, or the sale or disposition (whether by merger or otherwise) of one or more subsidiaries of the Company if substantially all of the assets of the Group Members taken as a whole are held by such subsidiary or subsidiaries, except where such sale, lease, transfer, exclusive license or other disposition is to a wholly-owned Affiliate of the Company.

(d)     Written notice will be given by the Company to Shareholders at least ten (10) business days prior to a voluntary winding-up or liquidation.

3.     **Conversion.**

**3.1     Optional Conversion.** The initial "**Series A Conversion Price**" in respect of a Series A Preferred Share shall be the Initial Purchase Price of such Series A Preferred Shares, and the initial Series A Conversion Ratio shall be 1:1. The Series A Conversion Price will be subject to adjustments as hereinafter provided.

**3.2     Automatic Conversion.**     All of the Series A Preferred Shares shall automatically be converted into Ordinary Shares at the then-effective Series A Conversion Price upon the Company's sale of its Ordinary Shares in a firm commitment underwritten IPO pursuant to a registration statement in any jurisdiction upon (1) the vote or written consent of the Shareholders of fifty percent (50%) of then outstanding Series A Preferred Share, voting as a single class, or (2) the consummation of an underwritten public offering aggregate proceeds in excess of USD$xxxxxx.

**3.3     Recapitalizations**. Series A Conversion Price will be adjusted to reflect any shares split, combination, shares dividend or similar recapitalization.

4.     **Board of Directors.**

**4.1     General Power**. Unless otherwise prescribed herein or for the powers reserved to the Shareholders under the Articles and the applicable law (including, without limitation, the Company Law), the management of the Company and other Group Members shall be entrusted to the Board.

**4.2     Board Structure**.

(a)     Unless otherwise provided in the Articles, the Board shall comprise of three (3) directors after the Closing (as defined in the Series A Agreements). The members of the Board immediately following the Closing shall be two (2) member designated/nominated by the Founder, one of the two (2) directors shall be initially The-Founder, the CEO. A-VC Venture shall have right to designate one (1) director.

(b)     The initial chairman of the Company shall be The-Founder.

### 4.3     **Board of Directors' Meetings**.

(a)     The Board meetings will be held at intervals of not more than three (3) months.

(b)     The Company shall send to the directors (in electronic form if so required):

(i)     reasonable advance notice of each meeting of the Board (being, save where urgent business is to be discussed, not fewer than five (5) business days) and each committee of the Board, such notice to be accompanied by a written agenda specifying the business to be discussed at such meeting together with all relevant papers; and

(ii)     as soon as practicable after each meeting of the Board (or committee of the Board) a copy of the minutes.

(c)     All acts of the Board of Directors and all questions coming or arising before the Board of Directors may be done and decided by the majority of such members of the Board of Directors and, whenever a vote is considered necessary, vote at a Board of Directors' Meeting. In the case of an equality of votes on any question at a Board of Directors' Meeting, the Chairman of the Company shall have a second or casting vote.

(d) The Company shall not without first obtaining approval of the Board of Directors, take any of the actions listed hereunder:

(i)     approving any compensation package exceeding US$xxxxxx per annum for any employee, director or consultant of the Company;

(ii)     approving the exercising of the Company's Right of First Refusal as per Sections 7.3(a) and 7.3(b).

## 5.     **ESOP.**

**5.1**     The Company holds ten (10) Ordinary Shares in its treasury, reserved from previous financing events, for Employee Stock Option Pool ("ESOP").

**5.2**     The Company may reserve post-financing Ordinary Stocks with valuation equivalent to USD $xxxxxx, based on Purchase Price of Series A Preferred by A-VC

Venture, as ESOP for future issuance to the Founder, officers, directors, employees, advisors and consultants of the Company.

**5.3**     Milestone of ESOP: achieve monthly revenue of at least $xxxxxx USD for at least two (2) months.

## 6.     Operations of the Group Members.

**6.1**     **Voting Rights**. The Shareholders agree that, at all general meeting of the Company, each of Series A Shareholders will have the right to that number of votes equal to the whole number of shares of Ordinary Shares issuable upon conversion of such share of Preferred Shares. Subject to provisions to the contrary elsewhere in this Agreement, or as required by the statutes or required by law, the Preferred Shareholders shall vote together with the Ordinary Shareholders, and not as a separate class or series, on all matters put before the Shareholders.

**6.2**     **Business Operations**. Unless the Parties otherwise agree in writing or this Agreement provides otherwise, the Parties shall exercise all voting rights and other powers of control available to them in relation to the Group Members so as to ensure (to the extent that they are able to exercise such rights and powers) that at all times during the term of this Agreement the Group Members shall:

(a)  conduct its business and affairs in compliance with the terms of the authorized licenses and all relevant laws, rules and regulations, in proper and efficient manner and for its own benefit and in accordance with its annual business plan as approved by the Board;

(b)  transact all its business at arm's length terms;

(c)  prepare and regularly update management accounts, operating statistics and financial information;

(d)  protect all Confidential Information whether it belongs to the Group Members or to the Parties;

(e)  adequately insure and keep so insured against all risks usually insured against by companies carrying on the same or similar business for full replacement of reinstatement value and with a reputable insurance company, all the assets or activities of the Group Members of an insurable nature;

(f)  adopt and maintain bank mandates and change of authorized signatories in accordance with the Board resolutions; and

(g)  maintain all licenses and approvals from relevant governmental and regulatory bodies.

**6.3**     **Protective Provisions**

(a) Matters Requiring the Approval of Majority of Preferred Shares

Notwithstanding anything in this Agreement, so long as ten percent (10%) of Preferred Shares are outstanding, the Company shall not without first obtaining the approval of the Shareholders of majority of the then outstanding Preferred Shares, take any of the actions listed hereunder:

(i)  altering or changing the rights, preferences or privileges of the Preferred Shares, increasing or decreasing the authorized share capital or otherwise changing the capital structure of the Company except as set forth in Section 7; or

(ii)  purchasing or redeeming or paying any dividend on any capital shares prior to the Preferred Shares;

(b) Matters Requiring the Approval of Seventy-Five Percent (75%) of Preferred Shares

The Company shall not without first obtaining the approval of seventy-five percent (75%) of the then outstanding Preferred Shares, take any of the actions listed hereunder:

(i)  amending, revising, or changing the Articles;

(ii)  increasing or decreasing the size of the Board of Directors;

(iii)  initiating a public offering (including but not limited to the type and number of Shares to be issued, price, venue, underwriter and conditions thereof), or a Deemed Liquidation Event;

(iv)  approving liquidation, dissolution, winding up (voluntary or involuntary) or cessation of business of the Company or changing the form of any Group Members; or

(v)  effecting any of the foregoing, as applicable, with respect to any other Group Members.

(c) Matters Requiring the Approval of the Majority of Shareholder Directors

The Company shall not without first obtaining approval of the Shareholder Directors, take any of the actions listed hereunder:

(iii)  issuing new securities;

(iv)  changing the line of business of the Group Members;

(v)      making any investment or establishing any subsidiary, partnership or joint venture;

(vi)      conducting related party transactions, or any similar arrangement;

(vii)      appointing or removing the Chief Executive Officer, Chief Financial Officer or the Chief Operating Officer of the Company;

(viii)      appointing or removing the auditor of the Company, changing accounting policy;

(ix)      approving any resolutions or actions that may result in the distribution of profit or asset by the Company;

(x)      approving or amending the annual budget, business and financial plan of the Company;

(xi)      making any loan, guarantee or provide any financial assistance to any third party (except trade credit of no more than US$xxxxxx provided to customers in the ordinary course of business);

(xii)      borrowing any loan above line of credit approved by the Board of Directors, or providing any collateral for borrowing, unless otherwise approved by the annual business plan and budget;

(xiii)      adopting, approving or revising ESOP, share incentive plan or other incentive plan of any group company, and approving the option grant to employees, directors or consultants of any group company (provided that the approval shall not be unreasonably withheld); or

(xiv)      effecting any of the foregoing, as applicable, with respect to any other Group Members.

6.4      **Financial Information.**

(a)      The Company will provide the following reports to each Preferred Shareholder who, together with its Affiliates, related individuals or entities, continues to Shareholders representing five percent (5%) or more of the total issued and outstanding Preferred Shares of the Company (appropriately adjusted for share splits, recapitalizations and the like):

(i)      As soon as practicable, but in any event within ninety (90) days after the end of each fiscal year, audited financial statements of the Company and its subsidiaries, if any, as of the end of such fiscal year. Such year-end financial statements shall be prepared in reasonable detail and in accordance with generally accepted accounting principles by an accountant of international standing, and in any event shall be approved by the Board of Directors within one hundred and twenty (120) days thereafter.

(ii) As soon as practicable but in any event within forty-five (45) days after the end of the first, second and third quarterly accounting periods in each fiscal year of the Company, unaudited financial statements of the Company.

(iii) Thirty (30) days prior to the end of each fiscal year, a comprehensive operating budget forecasting the Company's revenues, expenses and cash position on a month-to-month basis for the upcoming fiscal year.

(iv) Any other financial information reasonably requested by such Preferred Shareholder.

(b) The rights granted pursuant to Section 6.4 may not be assigned or otherwise conveyed by the Preferred Shareholders or by any subsequent transferee of any such rights without the prior written consent of the Company except as authorized in this Section 6.4.

**6.5** **Inspection.** The Company will afford to each Preferred Shareholder, together with its Affiliates, related individuals or entities, continues to representing five percent (5%) or more of the total issued and outstanding Preferred Shares of the Company, and to such Preferred Shareholder's accountants, counsel and other representatives reasonably acceptable to the Company, reasonable access during normal business hours to all of the Group Members' respective properties, books, contracts, commitments and records, including shareholder lists along with any information distributed to the Board. The Company also will furnish promptly to such Preferred Shareholder (i) a copy of each report, schedule, registration statement and other document filed or received by it pursuant to the requirements of federal and state securities laws, and (ii) all other information concerning its business, properties and personnel as such shareholder may reasonably request. Each of such Preferred Shareholders shall have such other access to management and information as is necessary for it to comply with applicable laws and regulations and reporting obligations. The Company shall not be required to disclose details of contracts with or work performed for specific customers and other business partners where to do so would violate confidentiality obligations to those parties. Each of such Preferred Shareholders may exercise its rights under this Section 6.5 only for purposes reasonably related to its interests under this Agreement and related agreements. Each of such shareholders' rights under this Section 6.5 may not be transferred.

(i) **Termination of Information and Inspection Rights.** The covenants set forth in Section 6.4 and Section 6.5 shall terminate and be of no further force or effect immediately prior to (i) the consummation of the Company's IPO, or (ii) upon a Deemed Liquidation Event, whichever event shall first occur.

7. **Transfer of Shares.**

**7.1** **Restrictions on Transfer of Shares.** Subject to Section 7.3 and 7.4, any Founder may Transfer (as hereinafter defined) not more than ten percent (10%) of his shareholding of the Company calculated as of the Closing to Persons differently than the Company ("**Transfer Limit**"). Any Transfer of Shares by a Founder beyond the Transfer Limit to Persons differently than the Company shall be prohibited and null unless otherwise approved by Preferred Shareholders representing at least seventy-five percent (75%) of the then issued and outstanding Preferred Shares, voting as a single class, provided said Transfer beyond Transfer Limit is still subject to the restrictions set forth in Section 7.3 and 7.4. For purposes of this Agreement. "**Transfer**" herein shall mean any sale, gift, conveyance in trust, transfer by request, assignment, pledge, mortgage, exchange, hypothecation, grant of a security interest or other direct or indirect disposition or encumbrance of an interest (whether with or without consideration, whether voluntarily, involuntarily or by operation of law). Any Transfer of Shares in violation of the terms and conditions set forth in this Agreement shall be null and void.

**7.2** **Pre-emptive Right.** Each Shareholder shall have a right of first refusal (pro rata to their ownership based upon all outstanding Ordinary Shares and Preferred Shares on an as-converted to Ordinary Shares basis, and all outstanding warrants and options on an as-exercised basis) on any future issuance of shares or other equity securities. This right shall terminate immediately following the closing of the Company's IPO or a Liquidation Event.

**7.3** **Right of First Refusal**

(a) Each Shareholder hereby unconditionally and irrevocably grants to the Company a Right of First Refusal to purchase all or any portion of Shares that any Shareholder of the Company ("**Selling Shareholder**") proposes to transfer in a Proposed Shareholder Transfer, at the same price and on the same terms and conditions as those offered to the Prospective Transferee. This right of first refusal shall be subject to the exemptions set forth in Section 7.5, and shall terminate immediately before the Company's IPO or a Deemed Liquidation Event.

(b) Selling Shareholder must promptly deliver a notice ("**Proposed Transfer Notice**") to the Company not later than nighty (90) days prior to the consummation of such Proposed Shareholder Transfer. Such Proposed Transfer Notice shall contain the material terms and conditions of the Proposed Shareholder Transfer including, without limitation, the number of shares comprising the Transfer Shares, the nature of such sale or transfer, the bona fide cash price or other consideration to be paid, and the name and address of each prospective purchaser or transferee. Upon receipt of a Proposed Transfer Notice, the Company as represented by the Board shall have the right to purchase all or a portion of the Transfer Shares described in the Proposed Transfer Notice subject to the same terms and conditions as set forth in the Proposed Transfer Notice (the "**Right of First Refusal**"). The Company may exercise its Right of First Refusal under this Section by giving a notice (a "**Company Notice**") to the Selling Shareholder within fifteen (15) days after receipt of the Proposed Transfer Notice.

(c) All Parties hereby unconditionally and irrevocably grant to each non-selling Founder and non-selling Preferred Shareholder (together with the non-selling Founder, the "**Eligible Shareholder(s)**") a right of secondary refusal (the "**Secondary**

**Refusal Right**") to purchase all or any portion of the Transfer Shares not purchased by the Company pursuant to the Right of First Refusal. If the Company does not intend to exercise its Right of First Refusal with respect to all Transfer Shares subject to a Proposed Shareholder Transfer, the Selling Shareholder(s) must deliver a Secondary Notice which contains the same material terms and conditions of the Proposed Shareholder Transfer as set forth in Proposed Transfer Notice to each Eligible Shareholder immediately after the receipt of the Company Notice or immediately after the end of the 15-day period specified in the last sentence of Section 7.3 (b), whichever is the earlier. Upon receipt of a Secondary Notice, each Eligible Shareholder shall have the right to purchase all or a portion of the Transfer Shares described in the Secondary Notice subject to the same terms and conditions as set forth in the Proposed Transfer Notice. The Eligible Shareholder that chooses to exercise such right ("**Exercising Shareholder**") shall do so on a pro rata basis based on the Company's fully diluted capitalization, assuming full conversion and exercise of all convertible or exercisable securities (with over-allotment rights), with respect to the Proposed Shareholder Transfer. Each Exercising Shareholder's pro rata share of the Transfer Shares shall be a fraction, the numerator of which shall be the total number of the Shares and other equity securities of the Company (calculated on fully-diluted and as-converted basis) owned by such Exercising Shareholder on the date of the Proposed Transfer Notice and the denominator of which shall be the total number of the Shares and other equity securities of the Company (calculated on fully-diluted and as-converted basis) held by all the Exercising Shareholders on such date. To exercise its Secondary Refusal Right, an Exercising Shareholder may deliver a notice ("**Exercising Notice**") to the Selling Shareholder and the Company within fifteen (15) days after the date of delivery of the Secondary Notice (the "**Refusal Notice Period**").

(d)    Undersubscription of Transfer Shares. If options to purchase in accordance with any rights of refusal have been exercised by the Company or the Exercising Shareholders with respect to some but not all of the Transfer Shares by the end of the Refusal Notice Period, then the Selling Shareholder shall, immediately after the expiration of the Refusal Notice Period, send a written notice ("**Third Notice**") to any Exercising Shareholder that has fully exercised its right of first refusal ("Fully Exercising Shareholder") within the Refusal Notice Period. Each Fully Exercising Shareholder shall have an option to purchase all or any part of the balance of any such remaining unsubscribed shares of Transfer Shares on the terms and conditions set forth in the Proposed Transfer Notice. To exercise such option, a Fully Exercising Shareholder may deliver an Undersubscription Notice to the Selling Shareholder and the Company within fifteen (15) days ("**Undersubscription Period**") after receipt of the Third Notice. In the event there are two or more such Fully Exercising Shareholders that choose to exercise the last-mentioned option for a total number of remaining shares in excess of the number available, the remaining shares available for purchase under this Section 7.3 (d) shall be allocated to such Fully Exercising Shareholder on a pro rata basis among all Fully Exercising Shareholders.

(e)    In the event that not all of the Transfer Shares are purchased by the Company and Exercising Shareholders in accordance with the above Sections 7.3 (a) to (d), then the Selling Shareholder shall, immediately after the expiration of the Undersubscription Period, send a written notice ('Fourth Notice") to each Founder. Each

Founder is entitled to nominate any Persons to purchase the remaining unpurchased shares. If any Person designated by the Founder and approved by the Board (the "**Designated Purchaser**") chooses to purchase all or part of the remaining unpurchased shares on the terms and conditions set forth in the Proposed Transfer Notice, the Designated Purchaser shall deliver a notice (the "**Purchase Notice**") to the Selling Shareholder and Company within ten (10) days after the delivery of the Fourth Notice by the Selling Shareholder.

(f)　　If the consideration proposed to be paid for the Transfer Shares is in property, services or other non-cash consideration, the fair market value of such consideration shall be determined in good faith by the Company's Board. If the Company or any Exercising Shareholder or any Designated Purchaser **cannot** for any reason pay for the Transfer Shares in the same form of non-cash consideration, the Company, any Exercising Shareholder or such Designated Purchaser may pay the cash value equivalent thereof, as determined by the Board.

(g)　　After receipt by the Selling Shareholder(s) of the notice expressing willingness to purchase the Transfer Shares pursuant to this Section 7.3 (including Company Notice, Exercising Notice, Undersubscription Notice and Purchase Notice, hereinafter collectively called as the "**Buying Notices**"), the Selling Shareholder(s) shall be bound to sell the Transfer Shares to the Company or Exercising Shareholder or Designated Purchaser who has indicated in the Buying Notices that it wishes to purchase the Transfer Shares at such price and on such terms as contained in the Proposed Transfer Notice and the Company or Exercising Shareholder or Designated Person who was indicated in the Buying Notices shall be bound to purchase the Transfer Shares on the conditions stated in the Proposed Transfer Notice. The closing of the purchase of Transfer Shares by the Company, the Exercising Shareholder and/or the Designated Purchaser shall take place, and all payments from the Company, the Exercising Shareholder, and/or the Designated Purchaser shall have been delivered to the Selling Shareholder, by the later of (i) the date specified in the Proposed Transfer Notice as the intended date of the Proposed Shareholder Transfer and (ii) sixty (60) days after delivery of the Proposed Transfer Notice.

### 7.4　Right of Co-Sale.

(a)　　If any Transfer Shares are not fully purchased pursuant to Section 7.3 above, and thereafter is to be sold to a Prospective Transferee, each respective Eligible Shareholder who is not Exercising Shareholder may elect to exercise its Right of Co-Sale and participate on a pro rata basis in the Proposed Shareholder Transfer on the same terms and conditions specified in the Proposed Transfer Notice. Each Eligible Shareholder who desires to exercise its Right of Co-Sale (a "**Co-Sale Shareholder**") must give the Selling Shareholder written notice to that effect within twenty (20) days after the end of the Refusal Notice Period, and upon giving such notice such Co-Sale Shareholder shall be deemed to have effectively exercised the Right of Co-Sale.

(b)　　Each Co-Sale Shareholder who timely exercises his, her or its Right of Co-Sale by delivering the written notice provided for above in Section 7.4 (a) may include in the Proposed Shareholder Transfer all or any part of his, her or its Shares up to the product obtained by multiplying (i) the aggregate number of shares of Transfer Shares subject to the Proposed Shareholder Transfer deducting the Shares purchased by the Company, Exercising Shareholders, and Designated Purchaser according to Section 7.3 by (ii) a fraction, the numerator of which is the number of Shares owned by such Co-Sale Shareholder (calculated on an as-converted basis) immediately prior to the consummation of the Proposed Shareholder Transfer and the denominator of which is the total number of Shares owned, in the aggregate, by all Co-Sale Shareholders immediately prior to the consummation of the Proposed Shareholder Transfer (including any shares purchased by such time pursuant to the Secondary Refusal Right) plus the number of Shares held by the Selling Shareholder.

(c)　　Each Co-Sale Shareholder shall effect its participation in the Proposed Shareholder Transfer by promptly delivering to the Selling Shareholder, no later than ten (10) days after such Co-Sale Shareholder's exercise of the Right of Co-Sale, a duly executed instrument of transfer and one or more share certificates, properly endorsed for transfer to the Prospective Transferee, representing: (i) the number of Ordinary Shares that such Co-Sale Shareholder elects to include in the Proposed Shareholder Transfer; or (ii) the number of Preferred Shares that is at such time convertible into the number of Ordinary Shares that such Co-Sale Shareholder elects to include in the Proposed Shareholder Transfer; provided, however, that if the Prospective Transferee objects to the delivery of convertible Preferred Shares in lieu of Ordinary Shares, such Co-Sale Shareholder shall first convert the Preferred Shares into Ordinary Shares in accordance with the conversion provisions of the Company's Articles and deliver Ordinary Shares as provided above. The Company agrees to make any such conversion in accordance with the conversion provisions of the Company's Articles concurrent with and contingent upon the actual transfer of such shares to the Prospective Transferee.

(d)　　Each instrument of transfer and share certificate a Co-Sale Shareholder delivers to the Selling Shareholder pursuant to subparagraph (c) above will be delivered to the Prospective Transferee against payment therefor in consummation of the sale of the Transfer Shares pursuant to the terms and conditions specified in the Proposed Transfer Notice, and the Selling Shareholder shall concurrently therewith remit to each Co-Sale Shareholder the portion of the sale proceeds to which such Co-Sale Shareholder is entitled by reason of its participation in such sale. If any Prospective Transferee or Transferees refuse(s) to purchase securities subject to the Right of Co-Sale from any Co-Sale Shareholder exercising its Right of Co-Sale hereunder, no Selling Shareholder may sell any Transfer Shares to such Prospective Transferee or Transferees unless and until, simultaneously with such sale, such Selling Shareholder purchases all securities subject to the Right of Co-Sale from such Co-Sale Shareholder on the same terms and conditions (including the proposed transfer price) as set forth in the Proposed Transfer Notice.

(e)　　If any Proposed Shareholder Transfer is not consummated within nighty (90) days after receipt of the Proposed Transfer Notice by the Company, each Selling Shareholder proposing the Proposed Shareholder Transfer may not sell any Transfer Shares unless they first comply in full with each provision of this Section 7.4. The exercise or election not to exercise any right by any Co-Sale Shareholder hereunder shall not adversely affect its right to participate in any other sales of Transfer Shares subject to this Sections 7.3 and 7.4.

(f) The rights provided under this <u>Section 7.4</u> shall terminate immediately prior to the consummation of the Company's IPO or upon the closing of a Deemed Liquidation Event.

**7.5** **Exempted Transfers of Shares**. Notwithstanding the foregoing or anything to the contrary herein, the Right of First Refusal and Right of Co-Sale set forth in Sections 7.3 and 7.4 shall not apply to (a) any Transfer of Shares by (i) the Selling Shareholder to the Selling Shareholder's ancestors, descendants, spouse or siblings, or to any personal holding company, custodian or trusts for the benefit of such persons or the Selling Shareholder or to the Selling Shareholder's Affiliate(s) (each such transferee a "Permitted Transferee", and collectively, the "Permitted Transferees"); provided that the Selling Shareholder shall remain liable for any breach by such Permitted Transferee of any provision of the Restated Articles and the applicable restriction agreements; or (ii) by any such personal holding company, custodian or trust to the Selling Shareholder or the Selling Shareholder's ancestors, descendants, spouse or siblings; (b) any Transfer of Shares by way of bequest or inheritance upon death; (c) any sale of Shares pursuant to Deemed Liquidated Event; or (d) the Transfer of Shares pursuant to the Drag-Along under Section 7.6; provided that with respect to (a) and (b) above, the Selling Shareholder shall describe in reasonable detail the basis for its/his/her determination that such Transfer of Shares is exempt from the obligations of Sections 7.3 and 7.4 pursuant to this Section 7.5. Any Shares transferred pursuant to this Section 7.5 shall remain Shares that are subject to the restrictions set forth in Sections 7.3 and 7.4.

**7.6** **Drag Along Right.** If the majority of the Board approve an Acquisition Transaction, all holders of voting shares in the Company shall vote in favor of, or sell their shares of Company shares in, such proposed Acquisition Transaction.

**7.7** **Prohibition on Transfer to a Competitor**. Notwithstanding anything herein to the contrary, each Party understands and agrees that, without the prior written consent of the Board, it will not transfer all or any portion of its Shares to any Competitor.

**7.8** **Effect of Failure to Comply.** Any Proposed Transfer not made in compliance with the requirements of this Agreement (including without limitation this Section 7) shall be null and void ab initio, shall not be recorded on the books or register of the Company or its transfer agent and shall not be recognized by the Company. Each Party hereto acknowledges and agrees that any breach of this Agreement would result in substantial harm to the other parties hereto for which monetary damages alone could not adequately compensate. Therefore, the Parties hereto unconditionally and irrevocably agree that any non-breaching party hereto shall be entitled to seek protective orders, injunctive relief and other remedies available at law or in equity (including, without limitation, seeking specific performance or the rescission of purchases, sales and other transfers of Shares not made in strict compliance with this Agreement).

## 8.   Restrictive Legend.

(a)    Each certificate representing (i) Ordinary Shares, (ii) Preferred Shares, (ii) the Conversion Shares and (iii) any other **securities** issued in respect of the Ordinary Shares, Preferred Shares or the Conversion Shares upon any share split, share dividend, recapitalization, merger, consolidation or similar event, shall be stamped or otherwise imprinted with one or all of the legends substantially in the following forms:

> THE SALE, PLEDGE, HYPOTHECATION OR TRANSFER OF THE SECURITIES REPRESENTED BY THIS CERTIFICATE IS SUBJECT TO, AND IN CERTAIN CASES PROHIBITED BY, THE TERMS AND CONDITIONS OF A CERTAIN SHAREHOLDERS' AGREEMENT BY AND AMONG THE SHAREHOLDER, THE COMPANY AND CERTAIN OTHER HOLDERS OF SHARES OF THE COMPANY. COPIES OF SUCH AGREEMENT MAY BE OBTAINED UPON WRITTEN REQUEST TO THE SECRETARY OF THE COMPANY.

(b)    Each Shareholder consents to the Company making a notation on its records and giving instructions to any transfer agent of the Preferred Shares or the Ordinary Shares in order to implement the restrictions on transfer established in this Section 6. The legend shall be removed upon termination of this Agreement at the request of the Shareholders.

## 9.   Miscellaneous.

### 9.1   Binding Effect; Assignment.

(a)  This Agreement shall be binding on and shall inure for the benefit of the successors, heirs, executors and administrators and permitted transferees and assignees of the Parties but shall not be capable of being assigned by any Party other than the Preferred Shareholders without the prior consent in writing of the holders of no less than seventy-five percent (75%) of the then issued and outstanding Preferred Shares, and this Agreement and the rights and obligations herein may be assigned and transferred by the Preferred Shareholders to any Person.

(b)  Each permitted transferee or assignee of the shares of the Company shall continue to be subject to the terms hereof, and, as a condition to the Company's recognizing such transfer, the transferor shall procure that the permitted transferee or assignee shall agree in writing to be subject to each of the terms of this Agreement.  The Company shall not permit the transfer of the shares of the Company on its books, update its register of members or issue a new certificate representing any such shares unless and until such transferee has complied with the terms of this Section 9.1(b).

(c)  Nothing in this Agreement, express or implied, is intended to confer upon any party other than the Parties or their respective executors, administrators, heirs, successors and permitted transferees and assigns any rights, remedies, obligations, or liabilities under or by reason of this Agreement, except as expressly provided in this Agreement.

 9.2 **Term and Termination.** This Agreement shall become effective to the Ordinary Shareholders, including each of the Founder, and to Series A Shareholders, upon execution of this Agreement and the Series A Agreements. The covenants set forth in this Agreement shall terminate and be of no further force or effect on the earliest to occur of: (i) the time of effectiveness of the Company's IPO (a) registered under the Securities Act of the United States, or (b) pursuant to the securities laws applicable to an offering of securities in the Republic of China (Taiwan), or (c) pursuant to the securities laws applicable to an offering of securities in any other jurisdiction (besides the United States); (ii) at such time when the Company becomes subject to the reporting provisions of the Exchange Act of 1934; and (iii) the closing of an acquisition of the Company by merger, consolidation, sale of substantially all of the assets thereof or other reorganization whereby the Company or its shareholders own less than a majority of the voting power of the surviving or successor corporation.

 9.3 **Waivers and Amendments.** With the written consent of the Shareholders holding more than sixty percent (60%) of the then outstanding Shares, the obligations of the Company and the rights of the Shareholders under this Agreement may be waived (either generally or in a particular instance, either retroactively or prospectively and either for a specified period of time or indefinitely), and with the same consent of the Company, when authorized by resolution of its Board of Directors with the affirmative vote of Shareholder Directors, may amend this Agreement or enter into a supplementary agreement for the purpose of adding any provisions to or changing in any manner or eliminating any of the provisions of this Agreement, provided however, that any amendment, waiver, discharge or termination of any provision under Section 6 which would have the effect of altering the rights of the holders of the Founder's Shares in relation to the rights of holders of other Registrable Securities shall not be effective unless approved by the holders of a majority interest of the Founder's Shares. Upon the effectuation of each such waiver, consent, agreement, amendment or modification the Company shall promptly give written notice thereof to the record holders of the Preferred Shares or Conversion Shares who have not previously consented thereto in writing. Neither this Agreement nor any provisions hereof may be changed, waived, discharged or terminated orally, but only by a signed statement in writing.

 9.4 **Governing Law.** This Agreement shall be governed by, and construed and enforced in accordance with, the laws of Taiwan without regard to its principles of conflicts of laws. Each of the Parties hereto irrevocably agrees that (i) any dispute, legal action or proceeding arising out of or relating to this Agreement (an "**Arbitrable Dispute**") brought by any party or its successors or assigns shall be brought and determined to be settled by a binding arbitration resolved by the Chinese Arbitration Association, Taipei (the "**CAA**") in Taipei in accordance with the CAA Arbitration Rules ; (ii) each Party waives, to the fullest extent it may effectively do so, any objection which it may now or hereafter have to the laying of venue of any such arbitration, and (iii) each Party submits to the exclusive jurisdiction of the CAA in any such arbitration. There shall be one (1) arbitrator, selected in accordance with the CAA Arbitration Rules. The decision of the arbitrator shall be final, conclusive and binding on the parties to the arbitration. Judgment may be entered on the arbitrator's decision in any court having jurisdiction. The costs of arbitration shall be borne by the losing Party, unless otherwise determined by the arbitration tribunal.

**9.5** **Entire Agreement.** This Agreement constitutes the full and entire understanding and agreement among the Parties with regard to the subjects contained hereof. In the event of any ambiguity or discrepancy between the provisions of this Agreement and the Articles, unless otherwise provided in this Agreement, the provisions of this Agreement shall prevail and accordingly the Parties shall exercise all voting and other rights and powers available to them to give effect to the provisions of this Agreement and cause such necessary alterations to be made to the Articles as are required to remove such ambiguity or discrepancy.

**9.6** **Notices, etc.** All notices and other communications required or permitted hereunder shall be in writing and shall be sent by electronic mail, registered or certified mail or by overnight courier or otherwise delivered by hand or by messenger, addressed:

(a) if to a Shareholder, at the Shareholder's address, as shown on Exhibit A, Exhibit B, Exhibit C, or at such other address as the Shareholders shall have furnished to the Company in writing, or

(b) if to any other holder of any shares subject to this Agreement, including the Founder, at such address as such holder shall have furnished the Company in writing, or, until any such holder so furnishes an address to the Company, then to and at the address of the last holder of such shares who has so furnished an address to the Company, or

(c) if to the Company, at the address of its principal corporate offices (attention: President), or at such other address as the Company shall have furnished to the Shareholders.

Where a notice is sent by mail, service of the notice shall be deemed to be effected by properly addressing, pre-paying and mailing a letter containing the notice, and to have been effected at the expiration of three (3) business days after the letter containing the same is mailed as aforesaid.

Where a notice is sent by overnight courier, service of the notice shall be deemed to be effected by properly addressing, and sending such notice through an internationally recognized express courier service, delivery fees pre-paid, and to have been effected three (3) business days following the day the same is sent as aforesaid. Notwithstanding anything to the contrary in this Agreement, notices sent to Shareholders (and their permitted assigns) shall only be delivered by internationally recognized express courier service pursuant to this paragraph.

Where a notice is delivered by electronic mail, by hand or by messenger, service of the notice shall be deemed to be effected upon delivery.

**9.7** **Severability of this Agreement.** If any provision of this Agreement shall be judicially determined to be invalid, illegal or unenforceable, the validity, legality and enforceability of the remaining provisions shall not in any way be affected or impaired thereby.

**9.8** **Confidentiality.** Each Shareholder will hold in strict confidence and will not use, except for purposes of enforcing their rights under and making investment decisions relating to this Agreement, any confidential information about the Company (which shall include, but is not limited to, any information provided to Shareholders pursuant to Section 4.3 and Section 6.4 hereof) or its business received from the Company except information (i) which the Company authorizes the Shareholders to use or disclose, (ii) which is known to the Shareholders prior to its disclosure by the Company, (iii) which is disclosed to the Shareholders by a third party without breach of any confidentiality obligation, (iv) which becomes generally known in the industry through no fault of the Shareholders, or (v) which Shareholders are compelled by law or the rules of any relevant stock exchange to reveal. Shareholder will not use such information in violation of the Exchange Act or reproduce, disclose or disseminate such information to any person, except as permitted herein.

**9.9** **Titles and Subtitles.** The titles of the paragraphs and subparagraphs of this Agreement are for convenience of reference only and are not to be considered in construing this Agreement.

**9.10** **Counterparts.** This Agreement may be executed in any number of counterparts, each of which shall be an original, but all of which together shall constitute one instrument.

**9.11** **Delays or Omissions.** It is agreed that no delay or omission to exercise any right, power or remedy accruing to the Shareholder, upon any breach or default of the Company under this Agreement, shall impair any such right, power or remedy, nor shall it be construed to be a waiver of any such breach or default, or any acquiescence therein, or of any similar breach or default thereafter occurring; nor shall any waiver of any single breach or default be deemed a waiver of any other breach or default theretofore or thereafter occurring. It is further agreed that any waiver, permit, consent or approval of any kind or character by the Shareholder of any breach or default under this Agreement, or any waiver by the Shareholder of any provisions or conditions of this Agreement must be in writing and shall be effective only to the extent specifically set forth in writing and that all remedies, either under this Agreement, or by law or otherwise afforded to the Shareholder, shall be cumulative and not alternative.

**9.12** **Share Splits.** All references to the number of shares in this Agreement shall be appropriately adjusted to reflect any share split, share dividend or other change in the Company's capital which may be made by the Company after the Closing.

**9.13** **Aggregation of Shares.** All Preferred Shares and any Ordinary Shares issued upon conversion of the Preferred Shares held or acquired by Affiliates or persons shall be aggregated together for the purpose of determining the availability of any rights under this Agreement.

**9.14    Termination of Prior Shareholders Agreement.**  This    Agreement supersedes and terminates, in its entirety, the Prior Shareholders Agreement, which shall be null and void and have no further force or effect whatsoever as of the date hereof.

**9.15    Additional Shareholders.**    Notwithstanding anything to the contrary contained herein, if the Company issues additional Preferred Shares after the date hereof pursuant to the Purchase Agreement, as such agreement may be amended from time to time, any purchaser of such Preferred Shares may become a party to this Agreement by executing and delivering to the Company an additional counterpart signature page to this Agreement and thereafter shall be deemed a holder of Preferred Shares for all purposes hereunder.

[REMAINDER OF PAGE INTENTIONALLY LEFT BLANK]

**IN WITNESS WHEREOF**, the Parties have executed this Shareholders Agreement as of the date first written above.


**"COMPANY"**

A-Company


By: _____
        Name: The-Founder
        Title:  CEO

**IN WITNESS WHEREOF**, the Parties have executed this Shareholders Agreement as of the date first written above.


**"FOUNDER"**
The-Founder


_____
(Signature)

**IN WITNESS WHEREOF**, the Parties have executed this Shareholders Agreement as of the date first written above.


**"SHAREHOLDER"**
OOO


_____

(Signature)

**IN WITNESS WHEREOF**, the Parties have executed this Shareholders Agreement as of the date first written above.


**"SHAREHOLDER"**
An-angel


_____
(Signature)

**IN WITNESS WHEREOF**, the Parties have executed this Shareholders Agreement as of the date first written above.

**"SHAREHOLDER"**

A-VC Venture Corporation

By: _____

    Name:
    Title: President

**IN WITNESS WHEREOF**, the Parties have executed this Shareholders Agreement as of the date first written above.
**"SHAREHOLDER"**

B-VC LLC
By: B-VC GP LLC, its Manager


By: _____
Name:
Title: Managing Partner

**Exhibit A –List of Ordinary shares Post Series A**

| Name | Country of Incorporation / Nationality | Registered Address and Contact Information | Ordinary Shares |
|---|---|---|---|
|  |  |  |  |
|  |  |  |  |
|  |  |  |  |
|  |  |  |  |
|  |  |  |  |
|  |  |  |  |
|  |  |  |  |
|  |  |  |  |
|  |  |  |  |
|  |  |  |  |
|  |  |  |  |
|  |  |  |  |

The parties acknowledge that the actual Shares may be subject to minor adjustments upon execution of the Transaction Agreements.

**Exhibit B – List of Preferred Shares Post Series A**

| Name | Country of Incorporation / Nationality | Registered Address and Contact Information | Number of Series A Preferred Shares |
|------|----------------------------------------|--------------------------------------------|-------------------------------------|
|      |                                        |                                            |                                     |
|      |                                        |                                            |                                     |
|      |                                        |                                            |                                     |
|      |                                        |                                            |                                     |
|      |                                        |                                            |                                     |
|      |                                        |                                            |                                     |
|      |                                        |                                            |                                     |
|      |                                        |                                            |                                     |
|      |                                        |                                            |                                     |
|      |                                        |                                            |                                     |
|      |                                        |                                            |                                     |

The parties acknowledge that the actual Shares may be subject to minor adjustments upon execution of the Transaction Agreements.

## SERIES A PREFERRED SHARES PURCHASE AGREEMENT

This Series A Preferred Shares Purchase Agreement (this "**Agreement**"), is made as of [Month, Date, Year], by and among A-Company , a corporation organized and existing under the laws of the British Virgin Islands ("**BVI**"), (the "**Company**"), The-Founder-Name (**"Founder"**), and A-VC Venture Corporation (hereinafter **"A-VC Venture"** or referred to as the "**Purchaser**"), and An-Angel (hereinafter **"An-Angel"** or referred to as the "**Purchaser**").

### R E C I T A L S

**WHEREAS**, the Purchaser wishes to subscribe and purchase the Series A Preferred Shares to be issued by the Company and the Company wishes to issue and sell the Series A Preferred Shares to the Purchaser on the terms and conditions set forth in this Agreement.

**NOW THEREFORE,** in consideration of the mutual covenants herein contained, and for other valuable consideration, the receipt and sufficiency of which are hereby acknowledged, the parties hereto agree as follows:

1. **Definitions and Interpretation.**

    1.1 **Certain Definitions.** Unless otherwise defined in this Agreement, the following terms used in this Agreement shall be construed to have the meanings set forth or referenced below.

    (a) "**Affiliate**" means, with respect to any individual, corporation, partnership, association, trust, or any other entity (in each case, a "**Person**"), any Person who, directly or indirectly, Controls, is Controlled by, or is under common Control with such Person, including, without limitation, any general partner, managing member, officer or director of such Person or any venture capital fund now or hereafter existing that is Controlled by one or more general partners or managing members of, or shares the same management company with, such Person.

    (b) "**Control**" (including the correlative meanings of the terms "**Controlling**", "**Controlled by**" and "**under common Control with**") means, with respect to any Person, direct or indirect possession of the power to direct or cause the direction of the management or policies (with respect to operational or financial control or otherwise) of such Person, whether through the ownership of the simple majority of the voting securities, by contract or otherwise.

    (c) **"A-VC Venture"** means A-VC Venture Corporation, a company incorporated and validly existing under the laws of Taiwan with its registered office address at [Address].

    (d) "**Group Members**" means, collectively, the Company, Subsidiaries, and each Person (other than a natural person) that is, directly or indirectly, Controlled by any of the foregoing, and the "**Group Member**" means any of the Group Member.

(e) "**Group Members Intellectual Property**" means all patents, patent applications, trademarks, trademark applications, service marks, service mark applications, tradenames, copyrights, trade secrets, domain names, mask works, information and proprietary rights and processes, similar or other intellectual property rights, subject matter of any of the foregoing, tangible embodiments of any of the foregoing, licenses in, to and under any of the foregoing, and any and all such cases that are owned or used by, as are necessary to, the Group Members in the conduct of its business as now conducted and as presently proposed to be conducted.

(f) "**Key Employees**" means the Founder.

(g) "**Knowledge**" including the phrase "**to the Company's Knowledge**" shall mean the actual knowledge of Founder, the officers and directors of the Group Members, and the knowledge that the Founder, and the officers and directors of the Group Members should have had after reasonable inquiry or investigation, whether or not such inquiry or investigation has actually occurred. For the avoidance of doubt, such officers and directors shall not include those officers or directors appointed or nominated by Purchaser.

(h) "**Losses**" means any and all damages, fines, penalties, deficiencies, liabilities, claims, losses (including loss of value), judgments, awards, settlements, taxes, actions, obligations and costs and expenses in connection therewith (including, without limitation, interest, court costs and fees and expenses of attorneys, accountants and other experts, and any other expenses of litigation or other proceedings (including costs of investigation, preparation and travel) or of any default or assessment).

(i) "**Material Adverse Effect**" means any (i) change, effect, event, occurrence, state of facts or development that, individually or in the aggregate, has had or could reasonably be expected to result, either in any case or in the aggregate, in any material adverse effect on the business, assets (including intangible assets), liabilities, financial condition, property, prospects or results of operations of the Group Members taken as a whole, (ii) material impairment of the ability of any Group Member to perform the material obligations of such Person hereunder or under any other Transaction Agreements, as applicable, or (iii) material impairment of the validity or enforceability of this Agreement or any other Transaction Agreements against any Group Member. For the purpose of this Agreement, "material" or "material aspects" shall mean, unless otherwise expressly provided herein, any event, occurrence, fact, condition, change or development that has had, has, or could reasonably be expected to (i) have an aggregate value, cost, liability or amount of US$xxxxxx or more to any Group Member, or (ii) have an effect on the proper existence and/or lawful operation of any Group Member, or (iii) have an effect on the ability of any Group Member to perform the material obligations of such Person hereunder or under any other Transaction Agreements, as applicable, or (iv) have an effect on the validity or enforceability of this Agreement or any other Transaction Agreements against any Group Member.

(j) "**Person**" means any individual, corporation, partnership, trust, limited liability company, association or other entity.

(k)  "**Shareholders Agreement**" means the agreement entered into by and among the Company, the Purchaser and the other shareholders of the Company named as parties thereto, dated as of the date hereof, in the form of Exhibit B attached to this Agreement.

(l)  "**Subsidiaries**" means AA 科技有限公司 , a Taiwanese registered company with a Tax Id No.: 123456, ("A-Company Taiwan") and each Person (other than a natural person) that is, directly or indirectly, controlled by the Company; and the "**Subsidiary**" means any of the Subsidiaries.

(m)  "**Transaction Agreements**" means this Agreement, the Shareholders Agreement and any other documents that are necessary for the transactions contemplated by this Agreement.

**1.2**  **Interpretation.**  Unless otherwise provided in this Agreement, words denoting persons shall include bodies, corporations and incorporated and unincorporated associations and references to any gender shall include references to any other gender.  Words importing the singular include the plural and vice versa.  Capitalized terms used and not defined in this Agreement shall have the same meaning as used and defined in the Shareholders Agreement.  The headings in this Agreement are for convenience only and do not affect its interpretation.

**2.**  **Issuance of Series A Preferred Shares.**

**2.1**  **Sale and Issuance of Series A Preferred Shares.**
(a)  Upon signing of this Agreement, the Company shall have authorized the sale and issuance of up to an aggregate of xxxxx shares of the Series A Preferred Shares (the "**Series A Preferred Shares**"). The Series A Preferred Shares shall have the rights, preferences, privileges and restrictions set forth in this Agreement, Shareholders Agreement, and amendments thereof from time to time.

(b)  Subject to the terms and conditions of this Agreement, A-VC Venture agrees to purchase, and the Company agrees to sell and issue to A-VC Venture xxxxx shares of the Series A Preferred Shares, at the Closing (as defined below), at a cash purchase price of US$xxxxxx per share (the **"Purchase Price"**) and the aggregate purchase price equal to US$xxxxxx payable as set forth below in Section 2.2 (*Closing; Delivery*).

Subject to the terms and conditions of this Agreement, An-Angel agrees to purchase, and the Company agrees to sell and issue to An-Angel xxxx shares of the Series A Preferred Shares, at the Closing (as defined below), at a cash purchase price of US$xxxxxx per share (the **"Purchase Price"**) and the aggregate purchase price equal to US$xxxxxx payable as set forth below in Section 2.2 (*Closing; Delivery*).  The purchase and sale of the Purchased Shares is referred to herein as the "**Transactions**".

(c)  The Purchaser agrees that the Company may reserve Ordinary Stocks with valuation equivalent to USD $xxxxxx, based on Purchase Price of Series A Preferred, as employee stock option pool for future issuance to the Founder, officers, directors, employees, advisors and consultants of the Company (the "Series A ESOP").

(d)   Immediately after the Closing Date and receipt of payment for subscription of the Series A Preferred Shares, the capital structure of the Company shall be as below:

| | Numbers of Shares | Purchase Price (USD) |
|---|---|---|
| Ordinary Shares | | |
| Series A Preferred Shares [X], including: | | |
| A-VC Venture | | |
| An-Angel | | |

## 2.2   Closing; Delivery.

(a)   **Closing Date.** The closing of the Transaction (the " **Closing**") shall take place on [Month, Date, Year] (" **Closing Date**") or such other day agreed by the Company and Purchaser.

(b)   **Transactions to Be Effected at the Closing.**

(i)      At the Closing, the Purchaser shall remit the Purchase Price as specified in Section 2.1 (*Sale and Issuance of Series A Preferred Shares.*) to the account designated by the Company in writing.   Once received the above payment, the Company shall immediately issue a receipt notice to the Purchaser representing the Company's receiving the payment of Purchase Price.

(ii)     Within sixty (60) days after the Closing, in addition to such items required under Section 5 (*Conditions to the Purchaser's Obligations at the Closing.*), the Company shall deliver the following items to the Purchaser:

A.      a copy of the updated register of members of the Company, certified by the Director or company secretary of the Company, reflecting the issuance of the number of the Purchased Shares to the Purchaser at the Closing;

B.      a share certificate registered in the Purchaser's name representing the Purchased Shares being purchased by the Purchaser at the Closing against payment of the Purchase Price therefore; and a certified true copy of updated register of directors of the Company reflecting the Board re-composition in accordance with the Shareholders Agreement, if applicable.

3.   **Representations and Warranties of the Warrantors.**  The Company and the Subsidiaries (collectively as the "**Warrantors**") hereby, jointly and severally, represents and warrants to the Purchaser that the following representations and warranties are true and complete as of the date of this Agreement and the Closing, except as otherwise indicated. The Founder shall be responsible for exercising such warrants.

3.1     **Organization, Good Standing, Corporate Power and Qualification.**

(a)  Each of the Group Members is a corporation duly organized, validly existing and in good standing under the laws of the jurisdiction where it is incorporated and has all requisite corporate power and authority to carry on its business as presently conducted and as proposed to be conducted.  Each of the Group Members has obtained all necessary licenses and is duly qualified to transact business and is in good standing in each jurisdiction. The Memorandum of Articles of Association, registers and/or other organizational documents of each of the Group Members, in each case, as amended to the date hereof are complete and correct copies.

(b)  The Founder is a citizen of Italy who has all legal right, power, authority and capacity to execute, deliver and perform this Agreement and the Transaction Agreements. This Agreement and Transaction Agreements, when executed and delivered by the Founder, shall constitute valid and legally binding obligations of such Company, enforceable against such Company in accordance with the respective terms except (i) as limited by applicable bankruptcy, insolvency, moratorium, fraudulent conveyance, or other laws of general application relating to or affecting the enforcement of creditors' rights generally, or (ii) as limited by laws relating to the availability of specific performance, injunctive relief, or other equitable remedies.

**3.2**　　**Capitalization.**

(a)  The authorized capital of the Company consists, immediately prior to the Closing, of:

(i)　　xxxxxx shares of Ordinary Shares (the "**Ordinary Shares**") issued and outstanding.  All of the issued and outstanding Ordinary Shares have been duly authorized, are fully paid and non-assessable and were issued in compliance with all applicable securities laws.  The Company holds no Ordinary Shares in its treasury except ten (10) shares reserved for ESOP purpose.

(ii)　　Except the Common Share Purchase Warrant signed between the Company and [oooooo] on June, 2013 which [oooooo] is entitled to purchase from the Company up to USD$xxxxxx worth of common shares, there are no other outstanding options, warrants, call, commitment, conversion rights, agreements, understandings, restrictions, arrangements, or right of any character to which the Company is a party or by which the Company may be bound obligating the Company to issue, deliver, or sell or cause to be issued, delivered, or sold any shares of capital stock or any securities convertible into or exchangeable for any shares of capital stock of the Company, or obligating the Company to grant, extend, or enter into any such options, warrants, call, commitment, conversion rights, agreements, understandings, restrictions, arrangements, or right.  No voting or similar agreements exist related to any securities issued by the Company that are presently outstanding.

(iii)　　Except as set forth in the Memorandum of  Articles of Association, the Company is not obligated to declare or pay dividends with respect to, or repurchase or redeem, any of its issued and outstanding shares.

(iv)     The Company does not have any outstanding bonds, debentures, notes or other indebtedness the holders of which have the right to vote with holders of shares on any matter.

**3.3      Authorization.** All corporate action required to be taken by the Group Members' Board of Directors and shareholders in order to authorize the Group Members to enter into the Transaction Agreements, to perform the obligations thereunder and to complete the transactions contemplated thereby, has been taken or will be taken prior to the Closing. All action on the part of the officers of the Group Members necessary for the execution and delivery of the Transaction Agreements, and the performance of all obligations of the Group Members under the Transaction Agreements to be performed as of the Closing, has been taken or will be taken prior to the Closing. The Transaction Agreements, when executed and delivered by the Group Members, shall constitute valid and legally binding obligations of the Group Members, enforceable against the Group Members in accordance with their respective terms except (i) as limited by applicable bankruptcy, insolvency, reorganization, moratorium, fraudulent conveyance, or other laws of general application relating to or affecting the enforcement of creditors' rights generally, or (ii) as limited by laws relating to the availability of specific performance, injunctive relief, or other equitable remedies.

**3.4      Valid Issuance of the Shares.** The Series A Preferred Shares, when issued, sold and delivered in accordance with the terms and for the consideration set forth in this Agreement, will be validly issued, fully paid and non-assessable and free of restrictions on transfer other than restrictions on transfer under the Transaction Agreements, applicable securities laws and liens or encumbrances created by or imposed by the Purchaser. Assuming the accuracy of the representations of the Purchaser in Section 4 (*Representations and Warranties of the Purchaser.*) of this Agreement, the Series A Preferred Shares will be issued in compliance with all applicable securities laws. The Ordinary Shares issuable upon conversion of the Series A Preferred Shares have been duly reserved for issuance, and upon issuance in accordance with the terms of the Memorandum of Articles of Association, will be validly issued, fully paid and non-assessable and free of restrictions on transfer other than restrictions on transfer under the Transaction Agreements, the Memorandum of Articles of Association, applicable securities laws and liens or encumbrances created by or imposed by the Purchaser. Based in part upon the representations of the Purchaser in Section 4 (*Representations and Warranties of the Purchaser.*) of this Agreement, and subject to Section 3.5 (*Governmental Consents and Filings.*) below, the Ordinary Shares issuable upon conversion of the Series A Preferred Shares will be issued in compliance with all applicable securities laws.

**3.5      Governmental Consents and Filings.** Subject to the Section 3.6 (*Certain Regulatory Matters.*), no consent, approval, order or authorization of, or registration, qualification, designation, declaration or filing with, any governmental authority is required on the part of the Company in connection with the consummation of the transactions contemplated by this Agreement, except for the filing of the Memorandum of Articles of Association, which will be filed on or immediately after the Closing.

**3.6      Certain Regulatory Matters.** Except otherwise expressly required by this Agreement, prior to the Closing, each Group Member shall have obtained any and all government approvals required to be obtained on or prior to the Closing and have fulfilled any and all filings and registration requirements with applicable governmental authorities necessary in respect of its incorporation and operations and its valid execution, delivery, or performance of the transactions contemplated by this Agreement or the other Transaction Agreements. All such approvals, filings and registrations with applicable governmental authorities required in respect of the incorporation and operations of each Group Member have been duly completed in accordance with applicable law. No Group Member has received any letter or notice from any applicable governmental authorities notifying it of the revocation of any government approval issued to it or the need for compliance or remedial actions in respect of the activities carried out directly or indirectly by any Group Member. Each Group Member has been conducting its business activities within the permitted scope of business or is otherwise operating its businesses in full compliance with all relevant laws and governmental orders. No Group Member has reason to believe that any authorization of any governmental authority, license or permit requisite for the conduct of any part of its business which is subject to periodic renewal will not be granted or renewed by the relevant governmental authorities.

3.7    **Litigation.**    There is no claim, action, suit, proceeding, arbitration, complaint, charge or investigation pending or to the Company's Knowledge, currently threatened (i) against any Group Member or any officer or director of any Group Member; or (ii) that questions the validity of the Transaction Agreements or the right of the Group Members to enter into them, or to consummate the transactions contemplated by the Transaction Agreements; or (iii) to the Company's Knowledge, that would reasonably be expected to have, either individually or in the aggregate, a Material Adverse Effect; and to the Company's Knowledge, there is no reasonable basis for the foregoing. To the Company's Knowledge, there is no claim, action, suit, proceeding, arbitration, complaint, charge or investigation pending or currently threatened against the management staff of any Group Member that would reasonably be expected to have, either individually or in the aggregate, a Material Adverse Effect, and to the Company's Knowledge, there is no reasonable basis for the foregoing. Neither the Company nor, to the Company's Knowledge, any of its officers, directors or Key Employees, is a party or is named as subject to the provisions of any order, writ, injunction, judgment or decree of any court or government agency or instrumentality (in the case of officers, directors or Key Employees, such as would affect the Group Members). There is no action, suit, proceeding or investigation by any Group Member pending or which such Group Member intends to initiate. The foregoing includes, without limitation, actions, suits, proceedings or investigations pending or threatened in writing (or any basis therefor known to the Group Members) involving the prior employment of any of the Group Members' employees, their services provided in connection with the business of the Group Members, any information or techniques allegedly proprietary to any of their former employers, or their obligations under any agreements with prior employers.

3.8    **Compliance with Other Instruments.**    None of the Group Members is in violation or default (i) of any provisions of its Memorandum of Articles of Association, (ii) of any instrument, judgment, order, writ or decree, (iii) under any note, indenture or mortgage, (iv) under any lease, agreement, contract or purchase order to which it is a party or by which it is bound, or (v) of any provision of the statute, rule or regulation applicable to such Group Member. The execution, delivery and performance of the Transaction Agreements and the consummation of the transactions contemplated by the Transaction Agreements will not result in any such violation or be in conflict with or constitute, with or without the passage of time and giving of notice, either (i) a default under any such provision, instrument, judgment, order, writ, decree, contract or agreement; or (ii) an event which results in the creation of any lien, charge or encumbrance upon any assets of the Group Members or the suspension, revocation, forfeiture, or nonrenewal of any material permit or license applicable to the Group Members.

**3.9** **Certain Transactions.**

(a) Other than (i) standard employee benefits generally made available to all employees, and (ii) standard director and officer indemnification agreements approved by the Board of Directors, in each instance, approved in the written minutes of the Board of Directors (previously provided to the Purchaser or their counsel), there are no agreements, understandings or proposed transactions between any Group Member and any of its officers, directors, consultants or Key Employees, or any Affiliate thereof.

(b) Except for the loan identified in the Disclosure Schedules, none of the Group Members is indebted, directly or indirectly, to any of its directors, officers or employees or to their respective spouses or children or to any Affiliate of any of the foregoing, other than in connection with expenses or advances of expenses incurred in the ordinary course of business or employee relocation expenses and for other customary employee benefits made generally available to all employees. None of the Group Members' directors, officers or employees, or any members of their immediate families, or any Affiliate of the foregoing are, directly or indirectly, indebted to the Group Members or have any (i) material commercial, industrial, banking, consulting, legal, accounting, charitable or familial relationship with any of the Group Members' customers, suppliers, service providers, joint venture partners, licensees and competitors, (ii) direct or indirect ownership interest in any firm or corporation with which such Group Member is affiliated or with which such Group Member has a business relationship, or any firm or corporation which competes with the Group Members; or (iii) financial interest in any material contract with the Group Members.

**3.10** **Rights of Registration and Voting Rights.** None of the Group Members is under any obligation to register under the Securities Act any of its currently outstanding securities or any securities issuable upon exercise or conversion of its currently outstanding securities. To the Company's Knowledge, except as provided in the Shareholders Agreement, no shareholder of the Group Members has entered into any agreements with respect to the voting of capital shares of such Group Member.

**3.11** **Absence of Liens.** The property and assets that the Group Members own are free and clear of all mortgages, deeds of trust, liens, loans and encumbrances, except for statutory liens for the payment of current taxes that are not yet delinquent and encumbrances and liens that arise in the ordinary course of business and do not materially impair the Group Members' ownership or use of such property or assets. With respect to the property and assets it leases, each of the Group Members is in compliance with such leases and, to its Knowledge, holds a valid leasehold interest free of any liens, claims or encumbrances other than those of the lessors of such property or assets. None of the Group Members own any real property.

**3.12    Permits**.  Each of the Group Members has all franchises, permits, licenses and any similar authority necessary for the conduct of its business, the lack of which could reasonably be expected to have a Material Adverse Effect.  None of the Group Members is in default in any material respect under any of such franchises, permits, licenses or other similar authority.

**3.13    Corporate Documents.**  The Memorandum of Articles of Association of the Company are in the form provided to the Purchaser.  The copy of the minute books of the Group Members provided to the Purchaser contains minutes of all meetings of directors and shareholders and all actions by written consent without a meeting by the directors and shareholders since the date of incorporation and accurately reflects in all material respects all actions by the directors (and any committee of directors) and shareholders with respect to all transactions referred to in such minutes.

**3.14    Subsidiaries.**  The Company owns 100% of the capital shares of A-Company Taiwan. Except for the Subsidiaries, the Company does not currently own or Control, directly or indirectly, any interest in any other corporation, partnership, trust, joint venture, limited liability company, association, or other business entity.  The Company is not a participant in any joint venture, partnership or similar arrangement.

**3.15    Intellectual Property.**  Each of the Group Members owns or possesses or can acquire on commercially reasonable terms sufficient legal rights to all Group Members Intellectual Property without any known conflict with, or infringement of, the rights of others.  To the Company's Knowledge, no product or service marketed or sold (or proposed to be marketed or sold) by the Group Members violates or will violate any license or infringes or will infringe upon any intellectual property rights of any other party.  Other than with respect to commercially available software products under standard end-user object code license agreements, there are no outstanding options, licenses, agreements, claims, encumbrances or shared ownership interests of any kind relating to the Group Members Intellectual Property, nor is any Group Member bound by or a party to any options, licenses or agreements of any kind with respect to the patents, trademarks, service marks, trade names, copyrights, trade secrets, licenses, information, proprietary rights and processes of any other Person.  None of the Group Members has received any communications alleging that it has violated, or by conducting its business, would violate any of the patents, trademarks, service marks, tradenames, copyrights, trade secrets, mask works or other proprietary rights or processes of any other Person.  Each of the Group Members has obtained and possesses valid licenses to use all of the software programs present on the computers and other software-enabled electronic devices that it owns or leases or that it has otherwise provided to its employees for their use in connection with its business.  To the Company's Knowledge, it will not be necessary to use any inventions of any of its employees or consultants (or Persons it currently intends to hire) made prior to their employment by the Group Members.  Each employee and consultant has assigned to the Group Members all intellectual property rights he or she owns that are related to the Group Member's business as now conducted and as presently proposed to be conducted.  If each of the Group Members has embedded any open source, copyleft or community source code ("Open Source Materials") in any of its products generally available, including but not limited to any libraries or code licensed under any General Public License, Lesser General Public License or similar license arrangement, the Group Members are in compliance with the terms and conditions of all licenses for the Open Sources Materials.

Further, the Group Members warrant that by using the Open Source Materials, the operation of the Company shall not be restricted or affected in bad manner, and the ownership of Intellectual Property owned by the Company will not be affected or changed.

**3.16     Financial Statements.**  The Company has delivered to the Purchaser the unaudited consolidated financial statements of the Company and A-Company Taiwan for and as of June 2019 ("Record Date") (the "**Financial Statements**"). The Financial Statements fairly present in all material respects the financial condition and operating results of the Taiwan Sub as of the dates, and for the periods, indicated therein, subject in the case of the unaudited Financial Statements to normal year-end audit adjustments.   Except as set forth in the Financial Statements, Group Members has no material liabilities or obligations, contingent or otherwise, other than (i) liabilities incurred in the ordinary course of business subsequent to Record Date (ii) obligations under contracts and commitments incurred in the ordinary course of business; and (iii) liabilities and obligations of a type or nature not required under IFRS to be reflected in the Financial Statements, which, in all such cases, individually and in the aggregate would not have a Material Adverse Effect.  Each of the Group Members maintains and will continue to maintain a standard system of accounting established and administered in accordance with IFRS.

**3.17     Changes.**  Since Record Date, there has not been:

(a)   any change in the assets, liabilities, financial condition or operating results of the Group Members from that reflected in the Financial Statements, except changes in the ordinary course of business that have not caused, in the aggregate, a Material Adverse Effect;

(b)   any damage, destruction or Loss, whether or not covered by insurance, that would have a Material Adverse Effect;

(c)   any waiver or compromise by the Group Members of a valuable right or of a material debt owed to it;

(d)   any satisfaction or discharge of any lien, claim, or encumbrance or payment of any obligation by the Group Members, except in the ordinary course of business and the satisfaction or discharge of which would not have a Material Adverse Effect;

(e)   any material changes to a material contract or agreement by which the Group Members or any of its assets is bound or subject;

(f)   any material changes in any compensation arrangement or agreement with any employee, officer, director or shareholder;

(g)   any resignation or termination of employment of any officer or Key Employee of the Group Members;

(h)   any mortgage, pledge, transfer of a security interest in, or lien, created by the Group Members, with respect to any of its material properties or assets, except liens for taxes not yet due or payable and liens that arise in the ordinary course of business and do not materially impair the Group Members' ownership or use of such property or assets;

(i)  any loans or guarantees made by the Group Members to or for the benefit of its employees, officers or directors, or any members of their immediate families, other than travel advances and other advances made in the ordinary course of its business;

(j)  any declaration, setting aside or payment or other distribution in respect of any of the Group Members' capital shares, or any direct or indirect redemption, purchase, or other acquisition of any of such shares by the Group Members;

(k)  any sale, assignment or transfer of any Group Members Intellectual Property that could reasonably be expected to result in a Material Adverse Effect;

(l)  receipt of notice that there has been a loss of, or material order cancellation by, any major customer of the Group Members;

(m)  to the Company's Knowledge, any other event or condition of any character, other than events affecting the economy or the Group Members' industry generally, that could reasonably be expected to result in a Material Adverse Effect;

(n)  any arrangement or commitment by the Group Members to do any of the things described in this Section; or

(o)  any other matter that could reasonably be expected to result in a Material Adverse Effect to the Group Members.

**3.18**     **Employee Matters.**

(a)  To the Company's Knowledge, none of its employees is obligated under any contract (including licenses, covenants or commitments of any nature) or other agreement, or subject to any judgment, decree or order of any court or administrative agency, that would materially interfere with such employee's ability to promote the interest of the Group Members or that would conflict with the Group Members' business.  Neither the execution or delivery of the Transaction Agreements, nor the carrying on of the Group Members's business by the employees of the Group Members nor the conduct of the Group Members' business as now conducted and as presently proposed to be conducted, will, to the Company's Knowledge, conflict with or result in a breach of the terms, conditions, or provisions of, or constitute a default under, any contract, covenant or instrument under which any such employee is now obligated.

(b)  None of the Group Members is delinquent in payments to any of its employees, consultants, or independent contractors for any wages, salaries, commissions, bonuses, or other direct compensation for any service performed for it to the date hereof or amounts required to be reimbursed to such employees, consultants or independent contractors. Each of the Group Members has complied in all material respects with all applicable equal employment opportunity laws and with other laws related to employment, including those related to wages, hours, worker classification and collective bargaining.  Each of Group Members has withheld and paid to the appropriate governmental entity or is holding for payment not yet due to such governmental entity all amounts required to be withheld from employees of such a Group Member and is not liable for any arrears of wages, taxes, penalties or other sums for failure to comply with any of the foregoing.

(c) No Founder intends to terminate employment with any of the Group Members or is otherwise likely to become unavailable to continue as a Key Employee, nor does any of the Group Members have a present intention to terminate the employment of any of the foregoing. The employment of each employee of any of the Group Members is terminable at the will of such a Group Member. Except as required by law, upon termination of the employment of any such employees, no severance or other payments will become due. None of the Group Members has any policy, practice, plan or program of paying severance pay or any form of severance compensation in connection with the termination of employment services.

(d) None of the Group Members has made any representations regarding equity incentives to any officer, employee, director or consultant that are inconsistent with the share amounts and terms set forth in the minutes of meetings of any Group Members' board of directors.

(e) Each of the Group Members has made all required contributions and has no liability to any such employee benefit plan, and has complied in all material respects with all applicable laws for any such employee benefit plan.

(f) None of the Group Members is bound by or subject to (and none of its assets or properties is bound by or subject to) any written or oral, express or implied, contract, commitment or arrangement with any labor union, and no labor union has requested or, to the Knowledge of the Company, has sought to represent any of the employees, representatives or agents of the Group Members. There is no strike or other labor dispute involving the Group Members pending, or to the Company's Knowledge, threatened, which could have a Material Adverse Effect, nor is any of the Group Members aware of any labor organization activity involving its employees.

(g) To the Company's Knowledge, none of the Key Employees or the directors of the Group Members has been (i) subject to voluntary or involuntary petition under the bankruptcy laws or insolvency laws or the appointment of a receiver, fiscal agent or similar officer by a court for his business or property; (ii) convicted in a criminal proceeding or named as a subject of a pending criminal proceeding (excluding traffic violations and other minor offenses); (iii) subject to any order, judgment or decree (not subsequently reversed, suspended, or vacated) of any court of competent jurisdiction permanently or temporarily enjoining him from engaging, or otherwise imposing limits or conditions on his engagement in any securities, investment advisory, banking, insurance, or other type of business or acting as an officer or director of a public company; or (iv) found by a court of competent jurisdiction in a civil action or by a regulatory body similar to the U.S. Securities and Exchange Commission or the U.S. Commodity Futures Trading Commission to have violated any securities, commodities, or unfair trade practices law, which such judgment or finding has not been subsequently reversed, suspended, or vacated.

**3.19** **Tax Returns and Payments.** There are no local or foreign taxes due and payable by the Group Members which have not been timely paid. There are no accrued and unpaid local or foreign taxes of the Group Members which are due, whether or not assessed or disputed. There have been no examinations or audits of any tax returns or reports by any applicable local or foreign governmental agency. Each of the Group Members has duly and timely filed all local and foreign tax returns required to have been filed by it and there are in effect no waivers of applicable statutes of limitations with respect to taxes for any year.

**3.20** **Employee Agreements**. Each current and former employee, consultant and officer of the Group Members has executed an agreement with such a Group Member regarding confidentiality and proprietary information substantially in the form or forms delivered to the counsel for the Purchaser (the "**Confidential Information Agreements**"). No current or former Key Employee has excluded works or inventions from his or her assignment of inventions pursuant to such Key Employee's Confidential Information Agreement. None of the Group Members is aware that any of its Key Employees is in violation of any agreement covered by this Section.

**3.21** **Disclosure.** Each of the Group Members has made available to the Purchaser all the information reasonably available to such a Group Member that the Purchaser has requested for deciding whether to acquire the Shares. No representation or warranty of the Group Members contained in this Agreement and no certificate furnished or to be furnished to the Purchaser at the Closing contains any untrue statement of a material fact or, to the Company's Knowledge, omits to state a material fact necessary in order to make the statements contained herein or therein not misleading in light of the circumstances under which they were made.

**3.22** **Good Faith.** Each of the Group Members warrants that it shall enter into the Transaction Agreements in good faith and shall in the spirit of the parties herein complete and cooperate with the Purchaser for all objectives stated herein this Agreement.

4. **Representations and Warranties of the Purchaser.** The Purchaser hereby represents and warrants to the Company that:

    **4.1.** **Authorization.** The Purchaser has full power and authority to enter into the Transaction Agreement. The Transaction Agreement, when executed and delivered by the Purchaser, will constitute valid and legally binding obligations of the Purchaser, enforceable in accordance with their terms, except as limited by applicable bankruptcy, insolvency, reorganization, moratorium, fraudulent conveyance and any other laws of general application affecting enforcement of creditors' rights generally, and as limited by laws relating to the availability of specific performance, injunctive relief or other equitable remedies.

    **4.2.** **Compliance with other Instruments.** The execution, delivery and performance by the Purchaser of the Transaction Agreements does not and will not contravene, breach or violate the terms of any agreement, document or instrument to which the Purchaser is a party or by which any of the Purchaser's assets or properties are bound.

**4.3. Purchase for Own Account.** The Series A Preferred Shares to be acquired by the Purchaser will be acquired for investment for the Purchaser's own account and not with a view to the resale or distribution of any part thereof.

**4.4. No Public Market.** The Purchaser understands that no public market now exists for the Series A Preferred Shares.

**4.5. No Breach.** Except otherwise disclosed, the execution, delivery and performance of the Transaction Agreements by the Purchaser and the consummation of the transactions contemplated hereby do not (a) result in any breach of, constitute a default under, result in a violation of, or result in the creation of any lien, security interest, charge or encumbrance upon any asset or property of the Purchaser, or give rise to any third-party rights of termination or amendment under (i) the provisions of the Purchaser's articles of incorporations or bylaws, or the equivalents thereof, (ii) any Contract to which the Purchaser is bound, (iii) any order, judgment or decree to which the Purchaser is subject; or (b) require any permit, authorization, consent or approval by, filing with or notice or declaration to any governmental entity or other Person.

**4.6. Litigation.** There are no material actions, suits or proceedings pending or, to the Purchaser's knowledge, threatened against or affecting the Purchaser at law or in equity, or before or by any governmental entity, which would adversely affect the Purchaser's performance under this Agreement or the consummation of the transactions contemplated hereby and thereby. The Purchaser is not subject to any material outstanding judgment, order or decree of any governmental entity.

**4.7. Good Faith.** The Purchaser warrants that it shall enter into the Transaction Agreements in good faith and shall in the spirit of the parties herein complete and cooperate with the Company for all objectives stated in this Agreement.

5. **Conditions to the Purchaser's Obligations at the Closing.** The obligations of the Purchaser to purchase Series A Preferred Shares at the Closing are subject to the fulfillment, on or before the Closing, of each of the following conditions, unless otherwise waived:

**5.1 Representations and Warranties.** The representations and warranties of the Warrantors contained in Section 3 (*Representations and Warranties of the Warrantors.* ) shall be true and correct in all respects as of the Closing.

**5.2 Performance.** Each of the Group Members and the Founder shall have performed and complied with all covenants, agreements, obligations and conditions contained in the Transaction Agreements that are required to be performed or complied with by it or him on or before the Closing.

**5.3 Shareholders Agreement.** The Company, the Purchaser, and the other shareholders of the Company named as parties thereto shall have executed and delivered the Shareholders Agreement.

**5.4 Proceedings and Documents.** All corporate and other proceedings in connection with the transactions contemplated hereby and all documents incidental thereto shall be reasonably satisfactory in form and substance to the Purchaser, and the Purchaser (or its legal counsel) requesting it shall have received all such counterpart copies of such documents as reasonably requested. The Group Members shall have performed and complied in all material respects with all covenants, agreements, obligations and conditions contained in this Subsection that are required to be performed or complied with by such Group Member on or before the Closing.

**5.5  No Indebtedness.**  Otherwise provided herein, each Group Member shall be excluded from any of the repayment obligations of any indebtedness which occurs, directly or indirectly, to the Founder or its nominee, agent or the Persons directly or indirectly Controlled by the Founder or any Affiliates of any of them prior to the Closing.  The Founder shall, or cause the shareholders of the Group Members to, settle any and all outstanding credit facilities or loans extended by each of the Group Members to such Founder or shareholder in full. Except any debt up to USD$100,000 occurred from the operation of the Company **prior to** the Closing, the Founder hereby further expressly waive and shall procure relevant parties to waive, any and all rights contemplated thereunder if any of such indebtedness exists.

**5.6  No Material Adverse Events.**  Since the date hereof and as of the Closing, there shall not have occurred a Material Adverse Effect on the Group Members.

**5.7**  The Company shall deliver to each of the Purchaser at the Closing a certificate certifying that the conditions specified in Section 5 have been fulfilled.

**5.8  Approvals, Consents and Waivers.**  This Agreement and the other Transaction Agreements, and the transactions contemplated hereby and thereby, shall not be prohibited by any applicable laws.  All government approvals of any governmental authority or of any other third Person that are required to be obtained by any Group Member or Founder on or prior to the Closing in connection with the consummation of the transactions contemplated by the Transaction Agreements (including but not limited to those related to the lawful issuance and sale of the Shares, and all waivers for any rights of first refusal, preemptive rights, put or call rights, or other rights triggered by the Transaction Agreements) shall have been duly obtained and effective as of the Closing.

**5.9  Reservation of Shares for ESOP.**  The Company shall have duly reserved the Ordinary Shares for issuance under the ESOP, by all necessary corporate actions of the Board of Directors of the Company.

**5.10  Employment Agreement and Non-Compete.**  Prior to the Closing, each Key Employee shall have entered into an Employment Agreement. The Founder undertakes to the Purchaser that he or she shall devote his or her full time and attention to the business of the Group Members and shall use his or her best efforts to develop the business and interests of the Group Members, and that he shall procure that each of the Key Employees shall devote his or her full time and attention to the business of the Group Members and shall use his best efforts to develop the business and interests of the Group Members.

**5.11 Due Diligence.** The Purchaser shall have completed all business, legal and financial due diligence on the Group Members and all issues identified in the course of such due diligence review have been resolved to the Purchaser.

6. **Conditions to the Company's Obligations at the Closing.** The obligations of the Company to sell Shares to the Purchaser at the Closing are subject to the fulfillment, on or before the Closing, of each of the following conditions, unless otherwise waived:

   **6.1.    Representations and Warranties.** The representations and warranties of the Purchaser contained in <u>Section 4</u> (*Representations and Warranties of the Purchaser.* ) shall be true and correct in all respects as of the Closing.

   **6.2.    Performance.** The Purchaser shall have performed and complied with all covenants, agreements, obligations and conditions contained in this Agreement that are required to be performed or complied with by them on or before the Closing.

   **6.3.    Qualifications.** All authorizations, approvals or permits, if any, of any governmental authority or regulatory body of any place that are required in connection with the lawful issuance and sale of the Shares pursuant to this Agreement, and consents from existing shareholders and relevant parties shall be obtained and effective as of the Closing.

7. **Covenants.**

   **7.1.    Employee Stock Option Plan.** The Company shall duly adopt a scheme in connection with the ESOP on terms and conditions to be resolved by the meeting of the Board of Directors of the Company.

   **7.2.    Use of Proceeds.** The Company shall utilize the proceeds from the sale of Series A Preferred Shares for working capital, capital expenditure and marketing purpose approved by the Company's Board of Directors. For avoidance of doubt, subject to the restrictions imposed by all applicable laws, the Company shall apply the said proceedings to provide the working capital to its Subsidiaries in the form of the capital injection and/or the loan facility. No proceeds shall be used in the payment of the repurchase or cancellation of any securities held by any shareholder of any Group Member without the prior written consent of the Purchaser.

   **7.3.    Compliance with Applicable Laws.** Each Group Member shall, and the Founder shall cause each Group Member to, continue to exist and operate in a manner in compliance with any and all applicable laws.

   **7.4.    Governance of the Group Members**. As soon as practicable before the Closing, each Group Member shall, and the Founder shall cause each Group Member to, amend their respective articles of association by all necessary actions of the Board of Directors and/or the shareholders of the Group Members.

   **7.5.    Business Operation Prior to the Closing**. Between the date of execution hereof and the Closing Date, unless (i) otherwise stated in this Agreement; or (ii) the Purchaser shall otherwise agree in writing, the Company shall, and the Founder shall cause the Company to, conduct its business only in the ordinary course of business in all material aspects.

**7.6 Board of Directors.** The Board of Directors of the Company shall have been constituted in accordance with the Shareholders Agreement no later than December 31, 2019, 60 days after the Closing.

## 8. **Indemnification.**

**8.1.** In the event of: (a) any breach or violation of, or inaccuracy or misrepresentation in, any representation or warranty made by the Warrantors contained herein or any of the other Transaction Agreements or (b) any breach or violation of any covenant or agreement contained herein or any of the other Transaction Agreements (each of (a) or (b), a "Breach"), the Warrantors shall, jointly and severally, use their reasonable best efforts to cure such Breach (to the extent that such Breach is curable) to the satisfaction of the Purchaser (it being understood that any cure shall be without recourse to cash or assets of any of the Group Members). Notwithstanding the foregoing, subject to the limitations set forth in this Section 8 (*Indemnification.* ), the Warrantors shall also, jointly and severally, indemnify the Purchaser and its Affiliates, limited partners, members, stockholders, employees, agents and representatives (each, an ·"Indemnitee") for any and all out-of-pocket losses, Liabilities, damages, liens, claims, obligations, penalties, settlements, deficiencies, costs and expenses, including without limitation other reasonable expenses of investigation, defense and resolution of any Breach paid, suffered, sustained or incurred by the Indemnitees (each, an "Indemnifiable Loss"), resulting from, or arising out of, or due to, directly or indirectly, any Breach. Any claim by any Indemnitee for Breach giving rise to indemnification for Indemnifiable Losses hereunder shall require the consent of the Purchaser.

**8.2.** If the Purchaser or other Indemnitee believes that it has a claim that may give rise to an obligation of any Warrantor pursuant to this Section 8 (*Indemnification.* ) it shall give prompt notice thereof to the Warrantors stating specifically the basis on which such claim is being made, the material facts related thereto, and the amount of the claim asserted. In the event of a third party claim against an Indemnitee for which such Indemnitee seeks indemnification from the Warrantors pursuant to this Section 8 (*Indemnification.* ), no settlement shall be deemed conclusive with respect to whether there was an Indemnifiable Loss or the amount of such Indemnifiable Loss unless such settlement is consented to by the Company, which shall not be unreasonably withheld. Any dispute related to this Section 8 (*Indemnification.*) shall be resolved pursuant to Section 9. 53 (*Governing Law; Dispute Resolution.*).

**8.3.** Notwithstanding any other provision contained herein, absent fraud, gross negligence or willful misconduct by any of the Warrantors, this Section 8 (*Indemnification.*) shall be the sole and exclusive remedy of the Indemnitees for any claim against the Warrantors for any Breach or otherwise for any Indemnifiable Loss hereunder.

**8.4** The total joint and several liability of the Warrantors towards the Indemnitees for any claims in respect of Indemnifiable Losses pursuant to Section 8 (*Indemnification.*) shall be limited to the aggregate Purchase Price paid by the Purchaser. The Warrantors are not liable in respect of any claim brought by any Indemnitee unless the amount of such claim exceeds US$xxxxxx (or its equivalent in foreign currency) at which time the Warrantors shall indemnify the Indemnified Party for the amount of the Indemnifiable Loss (from the first dollar) in accordance with Section 8 (*Indemnification.*). For this purpose, a number of claims arising out of the same, related, or similar matters, facts, or circumstances shall be aggregated and form a single claim.

**8.5.**   No claim arising out of Section 8.1(a) shall be brought by any Indemnitee against the Warrantors unless notice in writing of such a claim (specifying in reasonable detail the nature of the claim, an estimate of the amount claimed in respect thereof and all matters relied upon together with supporting documentary evidence) has been given to the Company on or prior to a date falling within eighteen (18) months from the Closing (the "**Warranties Expiry Date**"). Any claim arising out of Section 8.1(a) which has been made or shall be made before the Warranties Expiry Date shall, if it has not been previously satisfied, settled or withdrawn, be deemed to have been withdrawn and shall become fully barred and unenforceable on a date falling one (1) year after the Warranties Expiry Date unless proceedings in respect thereof shall have been commenced, and for this purpose proceedings shall not be deemed to have been commenced unless they have been issued and served upon the Company.

**8.6.**   An Indemnitee shall have no claim whatsoever against the Warrantors in respect of any Breach:

(a) if and to the extent that such Breach or claim occurs as a result of any legislation not in force at the date hereof which takes effect retrospectively;

(b) if and to the extent such Breach or claim arises from any retrospective changes in the Company's accounting principles, procedures and practices, if the accounting principles, procedures and practices adopted by the Company prior to the date hereof comply with the applicable laws, regulations, rules and/or accounting standard; or

(c) if and to the extent that specific allowance, provision or reserve has been made in the Financial Statements (and not subsequently released) in respect of the matter to which such liability relates or such matter was taken into account in computing the amount of any such allowance, provision or reserve or such matter was specifically referred to in the notes to the accounts of the Company.

9. **Miscellaneous.**

**9.1.   Survival of Warranties.**   Unless otherwise set forth in this Agreement, the representations and warranties of the Warrantors and the Purchaser contained in or made pursuant to this Agreement shall survive the execution and delivery of this Agreement and the Closing and shall in no way be affected by any investigation or knowledge of the subject matter thereof made by or on behalf of the Purchaser or the Company.

**9.2.   Successors and Assigns**.   The terms and conditions of this Agreement shall inure to the benefit of and be binding upon the respective successors and assigns of the parties (including assigns, successors and transferees of the Purchaser).  Nothing in this Agreement, express or implied, is intended to confer upon any party other than the parties hereto or their respective successors and assigns any rights, remedies, obligations or liabilities under or by reason of this Agreement, except as expressly provided in this Agreement. This Agreement and the rights and obligations herein may be assigned by the Purchaser to any of its Affiliates. No Warrantor may assign its rights or delegate its obligations under this Agreement without obtaining the prior written consent of the Purchaser.

**9.3.  Governing Law; Dispute Resolution.** This Agreement shall be governed by, and construed and enforced in accordance with the laws of Taiwan without regard to its principles of conflicts of laws. Any dispute, controversy, difference or claim arising out of, relating to or in connection with this Agreement, or the breach, termination or invalidity thereof, shall be finally settled by arbitration referred to the Chinese Arbitration Association, Taipei (the "CAA") in accordance with the CAA Arbitration Rules. The place of arbitration shall be in Taipei, Taiwan. The language of arbitration shall be English. The arbitral award shall be final and binding upon the parties thereto.

**9.4.  Counterparts; Facsimile.** This Agreement may be executed and delivered by facsimile signature and in two or more counterparts, each of which shall be deemed an original, but all of which together shall constitute one and the same instrument.

**9.5.  Titles and Subtitles.** The titles and subtitles used in this Agreement are used for convenience only and are not to be considered in construing or interpreting this Agreement.

**9.6.  Notices, etc.** All notices and other communications required or permitted hereunder shall be in writing and shall be sent by electronic mail registered or certified mail or by overnight courier or otherwise delivered by hand or by messenger, addressed:

*If to the Purchaser A-VC Venture, as below:*
*Name*
*Email*
*Address*

*If to the Purchaser An-Angel, as below:*
*Name*
*Email*
*Address*

*If to Warrantors, as below:*
*The-Founder-Name*
*xxx@xxxx*
*Address*

*If to the Founder, addresses as below:*
*The-Founder-Name*
*xxx@xxxx*
*Address*

Where a notice is sent by mail, service of the notice shall be deemed to be effected by properly addressing, pre-paying and mailing a letter containing the notice, and to have been effected at the expiration of three (3) business days after the letter containing the same is mailed as aforesaid.

Where a notice is sent by overnight courier, service of the notice shall be deemed to be effected by properly addressing, and sending such notice through an internationally recognized express courier service, delivery fees pre-paid, and to have been effected three (3) business days following the day the same is sent as aforesaid. Notwithstanding anything to the contrary in this Agreement, notices sent to the Purchaser (and their permitted assigns) shall only be delivered by internationally recognized express courier service pursuant to this paragraph.

Where a notice is delivered by electronic mail, by hand or by messenger, service of the notice shall be deemed to be effected upon delivery.

**9.7.** **Expenses.** The Company, shall pay all of the costs and expenses incurred by it, the Group Members and the Founder in connection with the negotiation, execution, delivery and performance of this Agreement and the other Transaction Agreements and the transactions contemplated hereby and thereby. The Company shall reimburse the Purchaser all the costs and expenses incurred by the Purchaser in relation to the Transaction. The reimbursement is capped at US$xxxxxx in total. If the non-occurrence of the Closing is due to the failure of the Purchaser, the Company will be under no obligation to reimburse the Purchaser any costs and expenses incurred by the Purchaser in relation to the Transaction. However, if the non-occurrence of the Closing is due to the reasons other than the failure of the Purchaser, all the costs and expenses incurred by the Purchaser shall be equally split by the Company and the Purchaser.

**9.8.** **Amendments and Waivers**. Any term of this Agreement may be amended only with the written consent of the Company and the Purchaser. Any right of a party pursuant to this Agreement may be waived only in a writing signed by such party.

**9.9.** **Severability.** The invalidity or unenforceability of any provision hereof shall in no way affect the validity or enforceability of any other provision.

**9.10.** **Delays or Omissions.** It is agreed that no delay or omission to exercise any right, power or remedy accruing to each of the Parties, upon any breach or default under this Agreement, shall impair any such right, power or remedy, nor shall it be construed to be a waiver of any such breach or default, or any acquiescence therein, or of any similar breach or default thereafter occurring; nor shall any waiver of any single breach or default be deemed a waiver of any other breach or default theretofore or thereafter occurring. It is further agreed that any waiver, permit, consent or approval of any kind or character by the purchaser of any breach or default under this Agreement, or any waiver by any party of any provisions or conditions of this Agreement must be in writing and shall be effective only to the extent specifically set forth in writing and that all remedies, either under this Agreement, or by law or otherwise afforded to the Purchaser, shall be cumulative and not alternative.

**9.11. Entire Agreement.** This Agreement (including the Exhibits hereto), the Memorandum of Articles of Association and the Shareholders Agreement constitute the full and entire understanding and agreement between the parties with respect to the subject matter hereof, and any other written or oral agreement relating to the subject matter hereof existing between the parties are expressly canceled.

**9.12. No Commitment for Additional Financing.** The Company acknowledges and agrees that Purchaser has not made any representation, undertaking, commitment or agreement to provide or assist the Company in obtaining any financing, investment or other assistance, other than the purchase of the Shares as set forth herein and subject to the conditions set forth herein. In addition, the Company acknowledges and agrees that (i) no statements, whether written or oral, made by the Purchaser or its representatives on or after the date of this Agreement shall create an obligation, commitment or agreement to provide or assist the Company in obtaining any financing or investment, (ii) the Company shall not rely on any such statement by the Purchaser or its representatives, and (iii) an obligation, commitment or agreement to provide or assist the Company in obtaining any financing or investment may only be created by a written agreement, signed by the Purchaser and the Company, setting forth the terms and conditions of such financing or investment and stating that the parties intend for such writing to be a binding obligation or agreement. The Purchaser shall have the right, in its sole and absolute discretion, to refuse or decline to participate in any other financing of or investment in the Company, and shall have no obligation to assist or cooperate with the Company in obtaining any financing, investment or other assistance.

**9.13. Schedules and Exhibits.** The Exhibit to this Agreement constitute a part of this Agreement and are incorporated into this Agreement for all purposes as if fully set forth herein. Exceptions to a particular representation or warranty shall not be construed as exceptions to any other representation or warranty, except to this extent.

[REMAINDER OF PAGE INTENTIONALLY LEFT BLANK]

**IN WITNESS WHEREOF**, the parties have executed this Series A Preferred Shares Purchase Agreement as of the date first written above.


**"COMPANY"**
**A-Company**

By: _____
       Name: The-Founder-Name
       Title: CEO
       Address:


**"FOUNDER"**

By: _____
       Name: The-Founder-Name
       Address:

**IN WITNESS WHEREOF**, the party has executed this Series A Preferred Shares Purchase Agreement as of the date first written above.

**"PURCHASER"**

**A-VC Venture Corporation**

By: _____

    Name:
    Title:
    Address:

**IN WITNESS WHEREOF**, the party has executed this Series A Preferred Shares Purchase Agreement as of the date first written above.

**"PURCHASER"**

[Name]

By: _____

**IN WITNESS WHEREOF**, the party has executed this Series A Preferred Shares Purchase Agreement as of the date first written above.

**"PURCHASER"**

An-Angel

By: _____

## EXHIBIT A
## SCHEDULE OF PURCHASER[1]

| Name | Country of Incorporation / Nationality | Registered Address and Contact Information | Number of Series A Preferred Shares | Series A Purchase Price |
|---|---|---|---|---|
| A-VC Venture Corporation | Taiwan | | | |
| An-Angel | Taiwan | | | |
| | USA | | | |

# Exhibit B - Shareholders Agreement

**Exhibit C- Amended and Restated Memorandum and Articles of Association**

# 甲科技股份有限公司

西元年／月／日

# 投資協議書

本投資協議書（下稱「本協議書」）係由下列當事人本於誠意及善意，於民國 107 年 1 月 ＿＿日（下稱「簽約日」）簽訂，以昭誠信。

1.  甲科技股份有限公司（下稱「甲方」）係中華民國台灣登記之法人、統一編號 123456、設址於地址。
2.  XX 管理顧問有限公司係依中華民國法律設立之法人、統一編號 1234567、設址於地址（下稱「XX」）。
3.  OO LP，係依開曼群島法律設立之有限合夥，其聯絡地址為地址（下稱「OO 基金」，與 XX 以下合稱「乙方」，甲方與乙方以下合稱「締約當事人」）。

緣甲方為充實營運資金、加強財務結構並引進策略合作夥伴，擬辦理現金增資案，而 XX 及 OO 基金有意投資甲方，締約當事人乃簽訂本協議書，就乙方投資甲方等事項予以規定。於本協議書簽約時，甲方及甲方主要股東（包含但不限於甲方董事長[姓名]，下稱「主要股東」）應同時與乙方簽署內容使乙方合理滿意之股東協議（下稱「股東協議」）。

因此，基於上述說明和下述之承諾、保證、約定和協議，締約當事人茲同意條款如後：

## 一、發行新股及認購

1.  甲方於本協議書簽訂時之授權資本額為新台幣 xxxxxx 元，實收資本額為 xxxxxx 元，每股面額 10 元，共已發行記名普通股 xxxxxx 股，本協議書簽約日甲方之章程及股東名簿如附件一所示。

2.  甲方將辦理民國 107 年第一次現金增資，共將發行新股計＿＿＿＿＿＿＿股，以每股新台幣 X 元溢價發行，部分為普通股，部分為特別股，本次增資後實收資本額為＿＿＿＿＿＿＿＿元，（下稱「本次現增案」），特別股之權利義務如附件二所示。

3.  甲方擬依本協議書及股東協議之條款及條件，協調其全體股東及/或員工放棄本次現金增資認購權，並由乙方及附件三所示之其他投資人以特定人身分，以每股新台幣 40 元之價格，認購本次現增案發行之[普通股或特別股]新股，認購股數及認購價款如附件三所示（下稱「本交易」）。本交易交割後甲方之股東名簿應如附件四所示。

4.  公司應將本交易認購價金作為[擴展公司營運]用，非經乙方同意，不得用於償還任何借款或關係人交易。

## 二、交割

1.  本交易之交割，以本協議書第三條第 1 項所約定之先決條件已完全成就為前提要件下，於本協議書締約當事人同意之日期及地點以一次交割發行之（以下簡稱「交割」，交割發生之日為「交割日」）。

2. 甲方應於本協議簽約日後儘速交付下列文件影本（應加蓋大小章）予 OO 基金，以便 OO 基金向中華民國經濟部投資審議委員會申請外人投資許可（以下簡稱「投審會許可」）：

(1) 甲方之股東會（如有適用）及董事會決議發行本交易認購股數之會議紀錄、全體股東及員工放棄優先認購權之證明文件、且董事長洽 OO 基金以特定人身分認購相關文件；

(2) 甲方最新章程；及

(3) 投審會所要求之所有甲方資訊及文件。

3. 下列事項應於交割前或交割時進行：

(1) 乙方應於交割時分別將<u>附件三</u>所示認購價款以電匯方式匯入甲方以下帳戶，OO 基金並應交付 OO 基金就本交易取得之投審會許可影本予甲方：
銀行：銀行 分行
戶名：甲科技股份有限公司
帳號：1234567

(2) 甲方應於交割前或交割時交付下列文件予乙方：

(a) 主要股東出具確認函，確認本協議書第三條第 1 項所列交割先決條件均已成就；

(b) 交割日甲方之股東名簿（如<u>附件四</u>所示），須蓋印公司大小章；及

(c) 所有其他甲方依照本協議書或合理之要求，應於交割前或交割日交付之文件、證明、文書及資料。

## 三、交割先決條件

1. 交割先決條件：乙方於交割時認購股份之義務，應以下列先決條件已成就為前提，但乙方得事前以書面同意放棄任一先決條件：

(1) 其他投資人認購甲方新股之交割（如<u>附件三</u>所示）應先於或與乙方本交易之交割同時發生；

(2) 主要股東已與乙方簽署股東協議；

(3) 甲方於本協議書第五條所為之聲明與保證事項，至交割日當天，皆屬真實無誤；甲方已履行其於本協議書下所有義務、約定、承諾及擔保；主要股東已履行其於股東協議下所有義務、約定、承諾及擔保；

(4) 本次現增案及本交易，於應適用之所有相關法令下均為合法，且締約當事人或其他投資人均未接獲任何政府主管機關有關本協議書約定之交易係違法之通知；

(5) 甲方已取得進行本次現增案、本交易及履行本協議書及股東協議下之義務所須之一切政府核准、許可或豁免；

(6) 除為履行本協議書所載義務者外，截至交割日時，甲方之財務及營運狀況，並未發生任何重大之負面改變；

(7) 甲方之董事會及股東會（如有適用）已決議通過本次現增案及本交易案之新股發行，且已洽乙方以特定人身分認購股份，且甲方章程已經修訂以反映<u>附件二</u>之特別股權利義務，且其內容使乙方合理滿意；

(8) 乙方對甲方之法律、財務、稅務及其他盡職調查已達乙方滿意之程度；

(9) 甲方應交付經乙方審閱並同意之甲方於本交易完成後兩年內之財務預算計畫予乙方；

(10) OO 基金就本交易已取得投審會許可；及

(11) OO 基金之投資委員會已核准本交易。

2. 甲方應於本交易交割日後二週內提供甲方會計師出具之驗資證明、本交易交割日後儘速完成經濟部之變更登記，並於本交易交割日後二個月內完成印製股票作業且交付乙方。

## 四、其他約定

1. 乙方同意於本交易完成後，倘甲方達成業務目標（定義如<u>附件五</u>），經甲方之董事會同意分發細節後，另行發行本交易交割日甲方已發行總股數之 X% 之普通股，以認股權或其他方式授予甲方重要團隊，以達激勵與留才之目的。該等股份之認購價格應以本交易之認購價格每股價格 X 元新台幣為基礎。

## 五、甲方保證

1. 甲方保證其係一依據中華民國法律合法設立之股份有限公司，且具有完整之權利及能力訂立本協議書，本協議書之簽訂及本交易認購股份之發行業經合法授權並構成拘束甲方之義務，其有履行本協議書義務之能力，乙方可據以執行本協議書之條款。簽訂本協議書及完成本交易，絕不違反法令、甲方章程、其對第三人之義務或任何甲方之契約，或構成甲方既有之義務或權利的終止或變更，致影響本協議書書之履行或效力。甲方已取得所有為其營運於法律下需取得之執照及核准。

2. 甲方保證截至本協議書簽約日止，甲方並無未經揭露之任何足以影響甲方公司營運或財務狀況之重大負債或有負債。除會計師查核簽證或核閱之財務報表及其附註揭露者外，甲方所簽訂或承諾之任何形式之契約、聲明、保證、擔保或其他義務皆已提供或告知乙方，無任何虛偽或隱匿之情事。

3. 甲方保證截至本協議書簽約日止，甲方並無違法、違約、侵害第三人之情事、接獲通知有侵害第三人權益之虞，亦無對甲方權益有重大不利影響正在進行之訴訟或就乙方所知將進行之訴訟。

4. 甲方保證截至本協議書簽約日止，甲方並無積欠稅款之情事，亦無對他人為背書保證之情事甲方並無違反法令或有任何未結爭訟。

5. 甲方保證乙方於本協議書及股東協議之投資條件，不劣於<u>附件三</u>所示本交易其他投資人之投資條件。

## 六、乙方保證

乙方分別保證其有履行本協議書書義務之能力，其向甲方承購新股股份之行為，絕不違反法令或其對第三人之義務，致影響本協議書之履行或效力。

## 七、公司治理

1. 甲方目前設有董事【五】席，由 <u>AA, BB, CC, DD, EE</u> 擔任，監事【一】席，由 <u>FF</u> 擔任；本交易交割日後，甲方承諾儘速將董事變更為【五】席、監事【二】席，甲方並應使其中一席董事由 OO 基金指派之代表人當選，並使 XX 指派之代表人當選為監察人。

2. 甲方同意至少每季召開一次董事會，並於該次董事會前提供自行決算之財務報表、營運狀況報告予乙方。甲方並同意年度財務報表（含分公司、子公司及關係企業）需由締約當事人同意之會計師事務所完成查核程序後，提交董事會決議。甲方應於每年 5 月底前提交其前一年

度之財務報表供締約當事人認可之會計師事務所查核並交付該會計師事務所出具之審計報告予乙方。

3. 甲方同意於本交易交割日後，乙方得隨時於十個工作日前以書面或電子郵件通知甲方，對甲方業務狀況取得更新及帳務表冊進行稽查。

# 八、承諾事項

1. 締約當事人同意，本協議書簽署後，甲方及其關係企業應以符合過去慣行之通常營運方法經營甲方及其關係企業事業。

2. 於本交易交割完成前，非經乙方書面同意，甲方及其關係企業不得：

   (1) 修改或提案修改甲方或其關係企業之公司章程，但甲方為辦理本次現增案所必須不在此限。

   (2) 出售、讓與、出租、專屬授權或以任何方式處分甲方或其關係企業資產（無論有形或無形）；惟若處分資產係維持過去慣行之通常營運所必需且金額低於美金 2 萬以下者，不在此限。

   (3) 在其任何資產（無論有形或無形）上設定抵押、質押、留置或任何權利負擔。

   (4) 宣布、保留或給付任何股利或現金、股票、財產或其他方式之分配。

   (5) 訂定或修改任何紅利、盈餘分享、報酬、股票選擇權、退休金、退休計劃、遞延報酬、健康保險、勞工福利計劃、合約、信託、基金或其他為員工或退休人員福利所為之安排。

   (6) 進行任何投資或資本開支；惟若投資或資本開支係維持過去慣行之通常營運所必需且金額低於美金 2 萬 以下者，不在此限。

   (7) 訂立或進行不符合公平交易原則或營業常規之重大交易；或在通常業務運作外發生的關係人為重大交易。

   (8) 訂立或締結任何協議而產生保證責任。

3. 甲方及其關係企業應盡最大努力維持經營組織，維護與經銷商、客戶或其他有生意往來之關係之人，並不得直接或間接從事任何可能對本次現增案、本交易、甲方或其關係企業不利之行為。

4. 甲方若與第三人間發生訴訟或有違反法令或違約情事，有損害乙方權益之虞時，甲方應於事實發生之日起十五日將該項情事之內容以書面通知乙方。

5. 如獲知有以甲方、主要股東或直接或間接持有甲方已發行股份總數 10%以上股東為被告之重大訴訟、仲裁、司法調查或行政爭訟，或有發生訴訟、仲裁或行政爭訟之虞者，甲方應於獲悉前述事件之日起七天內將詳細情形以書面方式通知乙方。

6. 甲方應盡最大努力，以便及時完成本交易，包括但不限於執行為交付第二條第 2 項所列文件予 OO 基金所必須進行之行為，及完成或協助乙方完成、並提供乙方相關資訊及文件以滿足所有第三條第 1 項所列之先決條件。

7. 本交易交割後，甲方應提供 OO 基金必要文件以向投審會辦理投資額審定。

# 九、保密義務

締約當事人將促使並確保己方之受僱人、受任人、代理人、董事、監察人、顧問或以任何名義對己方提供服務之人，同意就本協議書之存在、內容及其他與本次現增案、本交易有關之非公開資訊，負保密義務。但依法另有公開義務者，不再此限。

## 十、終止

1. 本協議書經締約當事人書面同意時，得隨時終止。
2. 有下列任一情形者，任一乙方得以書面通知甲方及其他乙方立即終止本協議書：
   (1) 甲方違反本協議書之承諾與保證，且未於收到任一乙方書面事前通知時起 30 日內補正者。甲方並應賠償乙方所受之損害。
   (2) 法院以確定終局判決或命令禁止或限制本次現增案或本交易之完成者。
   (3) 本協議書第三條第 1 項所訂交割前提條件於本契約簽署後[三]個月內仍未完成。
3. 於本協議書解除或終止後，任一方因違反本協議書所應負之債務或責任不因而免除。

## 十一、其他

1. 本協議書得依締約當事人合意加以修改。本協議書之修改應由各方授權之人以書面為之。
2. 除本協議書另有規定外，本協議書之各項通知或締約當事人間之通知應以書面為之並以掛號函件寄送至下列地址：

   甲方：甲科技股份有限公司
   地址：
   聯絡人：
   聯絡電話：


   乙方：XX 管理顧問股份有限公司
   地址：
   聯絡人：
   聯絡電話：


   乙方：OO LP
   地址：
   聯絡人：
   聯絡電話：


   以上地址如有變更，變更之一方應立即以書面通知他方，否則不得以其地址變更對抗他方。

3. 本協議書、附件及其他任一方向他方之書面揭露文件構成本協議書之全部。
4. 本協議書之標題僅供參考，於解釋本協議書時不受其拘束。
5. 除法律另有規定或他方當事人事前書面同意外，任一方不得全部或一部讓與本協議書或本協議書之權利、利益或義務。
6. 若本協議書之部分條款因違反法令或因其他原因致無效或不能執行時，不影響本協議書其他條款之效力。
7. 本協議書構成締約當事人依本協議書所擬進行交易之完整的合意內容。除本協議書明定者外，別無其他限制、承諾、聲明、保證、約定或許諾。本協議書就擬進行之本交易取代一切締約當事人先前之協議、條款清單與條件書，不論口頭或書面。

8. 不論本次現增案或本交易是否完成，締約任一方因溝通、準備、簽署、交付及履行本協議書及股東協議之費用，包括但不限於律師費、會計師費及其他專家之費用，均應由各締約當事人自行負擔，惟 OO 基金因溝通、準備、簽署、交付及履行本協議書及股東協議之費用，於美金[-]之範圍內，應由甲方負擔之。

9. 本協議書之解釋悉依中華民國法律規定。

10. 締約當事人同意，對於本協議書所訂條件，應本最大善意及誠信原則履行。如有爭訟，締約當事人同意由台灣台北地方法院為第一審管轄法院。

11. 本協議書得由各締約當事人於不同地點各自單獨簽署正本，並於各方均將各自單獨簽署之正本乙份以傳真、電子傳輸或其他方式交付他方時，視為各方已完成本協議書的有效簽署。

12. 本協議書第九條至第十一條，於本協議書所訂交易執行完畢或本協議書屆期或終止後，仍應繼續有效。

13. 本協議書正本一式三份，由甲方執一份、乙方各執一份為憑。

立協議書人

| | |
|---|---|
| 甲方: 甲科技股份有限公司<br>授權簽約人: xxx 董事長<br>地址:<br><br>簽名: | |

立協議書人

乙方: XX 管理顧問股份有限公司
授權簽約人: xx 董事長
地址:
簽名:

立協議書人

乙方: OO LP
授權簽約人:
地址:
簽名:

**附件一、甲方截至簽約日之章程及股東名冊**

| | 股東 | 持有股數 | 持股比例 |
|---|---|---|---|
| 1. | | | |
| 2. | | | |
| 3. | | | |
| 4. | | | |
| 5. | | | |
| 6. | | | |
| 7. | | | |
| 8. | | | |
| 9. | | | |
| 10. | | | |
| 11. | | | |
| 12. | | | |
| 13. | | | |
| 14. | | | |
| 15. | | | |
| 16. | | | |
| 17. | | | |
| 18. | | | |
| 19. | | | |
| 20. | | | |
| 21. | | | |
| 22. | | | |
| 23. | | | |
| 24. | | | |
| | 小計 | | 100% |

### 附件二：特別股之權利義務

1、 股利分派

特別股股東每年應保證分派年息[X]%之現金股利，並優先於普通股股東分派之。

2、 轉換權

特別股股東有權於任何時候自行選擇以每股特別股轉換為一股普通股之比例，將其持有之特別股之全部或一部轉換為普通股。

於公司股份於證券交易所進行首次公開發行前夕，特別股股東所持有之特別股應自動以每股特別股轉換為一股普通股之比例轉換為普通股。

3、 剩餘財產優先分配權

如公司發生解散、清算，特別股股東對公司剩餘財產之分派順序應優先於普通股股東，其每股優先清償金額相當於特別股股東每股特別股原始認購價額之[-]倍[並加計累計保證分派股利]之金額；如公司剩餘財產依前述條款優先分配予特別股股東後仍有剩餘，剩餘部分財產應按照全體股東（含特別股及普通股）之持股比例分配之。

4、 保留事項

公司進行下列事項，應有代表已發行特別股股份總數過半數之特別股股東出席，以出席特別股股東表決權過半數之同意，方得行之：

1. 本公司章程之修訂或其他變更；
2. 授權、制訂、發行或配發本公司的任何類別之股份、債券、債權證、可換股憑證、權益、認股權計畫或其他得認購本公司股份或有價證券之權利；
3. 任何將改變或變更任何股東的權利、義務或責任，或稀釋任何股東的股權比例的事項；
4. 分派任何股息或紅利；
5. 增加、減少或改變本公司之資本或已發行股份、發行甲種特別股以外之其他特別股、提出破產申請；
6. 與他公司合併、被他公司收購、與他公司進行百分之百之股份轉換或任何其他導致本公

458

司控制權變更之交易、組織調整或其他任何安排；

7. 除公司章程另有規定外，直接或間接購回、贖回或買回本公司之股份；

8. 變更、新增或終止本公司主要營業項目或營業活動；及

9. 涉入單筆或數筆相關之超過美金[-]萬元或等值之其他幣別之借款、債務、義務、交易、訴訟、和解或投資。

5、 贖回權

特別股股東於交割日滿[X]年後，如公司尚未完成上市或上櫃，則有權要求公司以每股特別股原始認購價額之[X]倍之金額贖回其所持有之特別股之全部或一部。

### 附件三、本交易各投資人認購股數及認購價金

|    | 投資人 | 認購股數 | 認購股份類別 | 認購價款（新台幣） |
|----|--------|----------|--------------|--------------------|
| 1. | XX 管理顧問有限公司 |  | [特別股] |  |
| 2. | OO LP |  | [特別股] |  |
| 3. |  |  |  |  |
| 4. |  |  |  |  |
|    |  |  |  |  |

**附件四、本交易交割後甲方股東名簿**

|  | 股東 | 持有股數 | 持股比例 |
|---|---|---|---|
| 1. |  |  |  |
| 2. |  |  |  |
| 3. |  |  |  |
| 4. |  |  |  |
| 5. |  |  |  |
| 6. |  |  |  |
| 7. |  |  |  |
| 8. |  |  |  |
| 9. |  |  |  |
| 10. |  |  |  |
| 11. |  |  |  |
| 12. |  |  |  |
| 13. |  |  |  |
| 14. |  |  |  |
| 15. |  |  |  |
| 16. |  |  |  |
| 17. |  |  |  |
| 18. |  |  |  |
| 19. |  |  |  |
| 20. |  |  |  |
| 21. |  |  |  |
| 22. |  |  |  |
| 23. |  |  |  |
| 24. |  |  |  |
| 25. |  |  |  |
| 26. |  |  |  |
| 27. |  |  |  |
| 28. |  |  |  |
|  | 小計 |  | 100% |

**附件五、業務目標定義**

1. xxxx 年前當年合併營收達 xxxx 萬以上，；
或
2. xxxx 年整年度 10 件以上 B2B 企業大量授權收入。

＊大量授權係指單家公司購買 50 個以上的授權帳號。

＊指標客戶係指具有指標意義之該業界領導單位，該案導入具有策略意義於造成附和效應於該產業。
　如台積電（影響至全台半導體產業）、教育部（影響至全台公立教育單位）、中央政府採購
　（影響至全台行政單位之採購）等。指標客戶之認定應由董事會溝通以同意。

# 投資條件書

此投資條件書，為 XX 股份有限公司（以下簡稱「投資人」）欲投資 OO 科技股份有限公司（為一依據中華民國公司法所設立登記之股份有限公司，以下簡稱「OO」）之意向說明。

| 投資標的 | OO 科技股份有限公司（下稱「OO」） |
|---|---|
| 投資人 | 以下個人/公司或其指定之相關企業，欲認購 OO 將發行之特別股：<br>XX 股份有限公司（下稱「投資人」） |
| 有效期間 | 本意向書有效期間自西元 2018 年 9 月 21 日起，至下列任一事件發生時止：<br>1. 雙方合意終止本意向書。<br>2. 自有效期間起 4 個月，雙方未簽署最終投資協議合約。<br>3. 雙方簽訂最終投資協議合約。 |
| 投資架構及具體內容 | 1. OO 科技股份有限公司，為一依據中華民國公司法所設立登記之閉鎖型股份有限公司。現行登記授權資本額為新台幣 xxxxxx 元，分為 xxxxxx 股，實收資本額為新台幣 xxxxxx 元。<br>2. 投資人同意於 OO「股權架構轉換完畢」（定義如附件一）時，以現金增資認購 OO 甲種特別股，每股價格為 XXX 元新台幣（投前估值為新台幣 xxxxxx 元）。甲種特別股之具體權利義務以本意向書為範圍雙方另以甲種特別股投資協議合約定之。總投資金額為新台幣 xxxxxx 元（下稱「投資金額」）、共 xxxxxx 股，佔已發行股份總數之 XX%。<br>3. 投資金額除了由投資人部分或全部認購外，投資人有權申請國發基金天使投資計畫，使其認購部分投資金額。<br>4. 投資人同意於本投資案完成後，依目標達成程度(目標另定義於甲種特別股投資協議合約)，經 OO 之董事會同意後，另行發行 XX% 技術股，以期權或其他方式授予重要團隊與全職執行長，以達激勵與留才之目的。（投後預計股東結構如附件二） |

| | |
|---|---|
| | 5. OO 承諾於確認收受每次增資匯款後 30 日內完成投資人之股東變更登記，並由公司提供股權證明書。 |
| 甲種特別股權利義務事項 | 1. 受分配股息紅利權<br>甲種特別股於當年度有盈餘且董事會決議發放股息紅利時，有按其認購金額之 6%優先於普通股之前受分配之權。<br><br>2. 表決權及被選舉權<br>股東會享有表決權及選舉權，並有被選舉為董事之權利。<br><br>3. 優先增資權<br>如 OO 日後發行新股、可轉換公司債或任何可能影響 OO 公司發行股份數額之有價證券時，OO 公司應於六十日前以書面通知投資人，投資人得按當時持有 OO 公司股份之比例優先認購。<br><br>4. 若 OO 因股票上市或其他資本市場操作需求，需將投資人本次認購之 OO 公司甲種特別股轉換為普通股，締約雙方同意轉換比率為一股甲種特別股換一股普通股。<br><br>5. 優先清算權<br>倘 OO 破產、重整、或清算，於 OO 依適用法律規定之優先順序支付清算費用和償還公司債務後，剩餘資產應依下列方式進行分配。<br><br>  (1) 甲種特別股將優先於甲種特別股及普通股股東獲得一定數額之優先分配額(下稱「優先分配額」)，該優先分配額等於投資人投資金額之 100%以及經 OO 股東會同意、已宣布但尚未支付或尚未分配之紅利之總和。<br><br>  (2) 甲種特別股依上開約定取得其應得之優先分配額後，由甲種特別股取得其應得之優先分配額，甲種特別股得再依當時持股比例及章程規定之順序參與 OO 其餘剩餘資產之分配。 |
| 財報資訊權及公司治理 | 1. 資訊權：OO 公司每年應提供經會計師簽證之財報；每季提供自結財報及營業數字予投資人。<br><br>2. OO 董事將於本投資案完成後變更為 3 人。<br><br>3. 投資人得指定一人擔任監察人。OO 監察人將於本投資案完成後變更為 1 人。 |

| | |
|---|---|
| 保密條款<br>及其他 | 1. 雙方同意，配合投資人進行實地查核工作之進行。投資人得於一定期間內開始對標的公司進行財務、稅務、營業及法律等方面之實地查核工作。於法令許可及進行本案之合理目的範圍內，OO 應依投資人之要求配合實地查核工作之進行。<br><br>2. 雙方同意，就本投資案及參與本投資案所知悉相關資料以及使用權利仍屬於各方所有，不因本投資案而有所變更。雙方均應就資訊互負保密義務，僅得於執行本投資案之業務目的範圍內使用其所知悉或持有之機密資訊。<br><br>3. 本保密條款永久有效，有效期間不受本意向書拘束。<br><br>4. 本約所生爭議，適用中華民國法律，台灣台北地方法院有專屬管轄權。<br><br>5. 本合約一式二份，由雙方自行保管。 |

附件一、投資前股權架構

(1) OO 科技股份有限公司應變更為中華民國公司法定義之閉鎖性股份有限公司，股份轉讓限制為「已發行股份總數 20 %之同意」。

(2) 股東全體直接或間接持有 OO 科技股份有限公司普通股共 xxxxxx 股。原始每股面額為新台幣 _10 元新台幣/股。

(3) 原始股東已全體同意通過創始團隊勞務出資 普通股共 xxxxxx 股。

(4) OO 科技股份有限公司與 B 大學已完成簽訂智慧財產與技術授權轉讓合約。B 大學所得股份亦已完全授予。

(5) OO 科技股份有限公司於投資前所有股東明細如下（含勞務技術出資）。

(6) 部分創辦團隊以勞務技術出資者，將由四年分年授與執行權。惟起始日可早於本意向書簽訂時間，即追溯至本案開始日。詳細發放方式與起始日認定，可於投資協議中詳述。

| [投前結構] | | | |
|---|---|---|---|
| | 每股 | 10 | 元新台幣 |
| | 出資方式（萬元） | 股數（萬股） | 比例 |
| A 先生 | 600 | | |
| 創始團隊(*) | 勞務技術 | | |
| B 大 | 技轉 | | |
| 總計 | 600 | | |
| | | | |
| (*) 以四年分年授與執行權 | | | |

466

附件二、投資後股權架構(預估)

(1) B 大學股份依據 OO 與 B 大的合約，在實收資本額未達一億前均佔 10%。

(2) 員工期池將保留至達成預設目標或條件時，由 OO 董事會決議授予。預設目標與條件將於投資協議書中明定。員工期池內含 10%股份（或當時董事會決議之數量）授與全職執行長。實際發放數量與方式將由 OO 董事會決議。

| [投後結構] | | | |
|---|---|---|---|
| | 每股 | X | 元新台幣 |
| | 出資(萬元) | 股數（萬股） | 比例 |
| A 先生 | | | |
| 創始團隊 | | | |
| B 大 | | | |
| OO 投資人 | | | |
| 本輪其他投資人 | | | |
| 員工期池(*) | | | |
| 總計 | | | |
| | 投後估值 | ＸＸＸＸＸＸ | 萬元新台幣 |
| | | | |
| (*) 預設於合約中之業務目標達成後授與。其中包含授與未來全職執行長之 10% 期池. | | | |

簽名頁：

OO科技股份有限公司：                             投資人：ＸＸ股份有限公司

代表人：                                     代表人：

統一編號：                                 統一編號：

簽署日期：                                 簽署日期：

## TERMS FOR EQUITY INVESTMENT IN
## A-Company Ltd.

These terms for equity investment (the "**Term Sheet**") reflect the joint intention of the Shareholders, the Investor and the Company in relation to the terms of a potential equity investment by the Investor in the Company. None of the provisions in this Term Sheet shall be legally binding for the Shareholders, the Investor or the Company, unless the contrary is specifically set out in the provision on "*Binding Terms*" in this Terms Sheet.

| General terms for the investment | |
|---|---|
| Company: | A-Company Ltd., a company incorporated under the laws of Cayman Islands with its registered address at [Address, Cayman Islands]. |
| Founders: | [Mr. A] and [Mr. B]. |
| Shareholders: | All current shareholders in the Company are set out in <u>Exhibit A</u>. |
| Investors: | [Series A Investors], [*address*]. |
| Capitalization: | The Company's capital structure after the Closing of the potential investment is set forth in <u>Exhibit B.</u> |
| Securities to be issued: | Common shares in the Company ("**Shares**"). |
| Investment and Investment amount: | USD[xxxxxx] to be invested in one tranche by the Investors in exchange for [xxxxxx], of new Shares to be issued by the Company. |
| Subscription price per share: | The subscription price per Share is USD[xxxxxx] (the "**Subscription Price**"), based on a pre-money valuation of the Company of USD[xxxxxx]. |
| Employee Option program: | The Company has established prior to Closing an employee option program under which [xxxxxx] Shares representing [xxxxxx%] of all outstanding Shares in the Company may be issued. Of these, [xxxxxx] Shares representing [xxxxxx%] of all outstanding Shares in the Company have already been issued. |
| Signing: | It is the intention of the parties hereto to complete any negotiations and sign the Documentation within [ x ] weeks following signing of this Term Sheet. |
| Closing: | The subscription and the purchase of Shares shall occur at the Signing Date. Payment of the Investment Amount shall take place no later than three (3) business days following Closing. |
| Documentation: | Definitive agreements (including a shareholders' agreement (the "**Shareholders' Agreement**") governing all shareholders' holding of Shares) on terms and conditions acceptable to the parties shall be negotiated. |

| **Provisions to be included in the Shareholders' Agreement** | |
|---|---|
| Preference: | 1.0x liquidation preference, with full-participation right afterwards. |
| Board of Directors: | The Board of Directors shall be composed by not less than three (3) and not more than five (5) directors. The Board of Directors shall be appointed by a majority vote at shareholders' meetings. |
| | Each of the Founders shall always have the right to appoint one board director. |
| Participation Right: | All shareholders will have the right, but not the obligation, to participate in subsequent issuances of any equity securities on a *pro rata* basis. |
| Consent for share transfers and Right of First Refusal for shareholders: | A shareholder is not entitled to transfer Shares to Competitors without prior approval from the Board of Directors. |
| | Transfer of shares is subject to other shareholders' right of first refusal, *pro rata* to their shareholding in the Company. |
| Drag-Along: | In the event a majority representing fifty percent (50%) of the shares, including the Founders, agree to carry out an exit through either (i) an initial public offering or (ii) sale of all shares in the Company to an independent *bona fide* third party, all other shareholders consent to sell or otherwise transfer their shares on the same terms and conditions as the majority shareholders, who have agreed to carry out such exit. |
| Co-Sale: | All shareholders will have the right, but not the obligation, to participate in any equity securities sales on a pro rata basis. |
| Anti-Dilution: | Weighted-average anti-dilution |
| Non-Compete: | All shareholders undertake to not directly or indirectly compete with the Company, or invest in businesses currently or in the future potentially competing with the Company, as long as they remain shareholders in the Company and for a period of two (2) years thereafter. |
| Redemption Rights: | The Shareholders' Agreement shall contain customary provisions under which the shareholders may redeem the shares held by a shareholder who (i) commits a material breach of or repeatedly breaches the Shareholders' Agreement, or (ii) becomes insolvent. |
| Information Rights: | Each shareholder shall, following a request from another shareholder, provide the board of directors of the Company with any material information regarding the Company that such shareholder has in its possession. |
| | Each shareholder shall be entitled to request a copy of the latest written financial reports of the Company. The board of directors shall resolve on the frequency for financial reporting. |
| **Binding terms in the Terms Sheet** | |
| Binding Terms: | The provisions of this Term Sheet express the parties mutual intent and shall be non-binding obligations, except for the below provisions of "*Confidentiality*", "*Confidential Information*" and "*Governing Law and Exclusivity*". Nothing in this Term Sheet shall be construed as a binding offer to or undertaking from the Investor to make an investment in the Company. |

470

| | |
|---|---|
| Confidentiality: | This Term Sheet and the contents hereof are strictly confidential and the Company, the Investor and the Shareholders undertake not to disclose this Term Sheet or the content hereof to any person. Notwithstanding the previous sentence each party hereto may disclose this Term Sheet to its representative, directors and its legal or financial advisors, provided that such persons undertake to keep the Term Sheet confidential. |
| Confidential Information: | The Investor undertakes to keep all Confidential Information (as defined below) which it receives from the Company, the Shareholders or any of their advisors as strictly confidential and not to disclose such information to any person. Notwithstanding the previous sentence the Investor may disclose Confidential Information to its representatives, directors and its legal or financial advisors, provided that such persons undertake to keep the Confidential Information confidential. |
| | Following a request from the Company, the Investor undertakes to promptly either return or destroy and Confidential Information it has received from the Company, the Shareholders or any of their advisors. |
| | "**Confidential Information**" shall mean all such information that relates to the potential Investment as such and the business and operation of the Company, including, without limitation, ideas, methods of business, financial position, pricing, market plan, customers, suppliers, computer systems, computer programs, know-how related to products and services and any other information which is of importance for the Group's business and operation. |
| Governing Law: | This Term Sheet and the final transaction documents shall be governed by the laws of the Cayman Islands, save for any of its provisions regarding choice of law. Any dispute arising out of or relating to this Term Sheet or final transaction documents shall be finally settled by arbitration in accordance with the Arbitration Law by the Grand Court of the Cayman Islands. All proceedings shall be conducted in English and the proceedings as well as the arbitral award shall be confidential. |

---

(*Separate signature page to follow*)

[*date*] year

**A-Company Ltd.**

_____     _____

[*name of investors*]

_____     _____

*On behalf of the Shareholders*

_____     _____

_____     _____

_____     _____

_____     _____

_____     _____

_____

(*Signature page for Term Sheet regarding a potential equity investment in A-Company Ltd.*)

**Capitalisation Table prior to Investment**

| Name | No. Shares | No. Votes | Percentage |
|---|---|---|---|
| | | | |
| | | | |
| | | | |
| | | | |
| | | | |
| | | | |
| | | | |
| | | | |
| | | | |
| | | | |
| | | | |
| | | | |
| | | | |
| **TOTAL NUMBER OF SHARES** | **xxx,xxx,xxx** | | **100.00%** |
| | | | |

**Capitalisation Table post- Investment**

| Name | No. Shares | No. Votes | Percentage |
|---|---|---|---|
| | | | |
| | | | |
| | | | |
| | | | |
| | | | |
| | | | |
| | | | |
| | | | |
| | | | |
| | | | |
| | | | |
| | | | |
| | | | |
| **TOTAL NUMBER OF SHARES** | **xxx,xxx,xxx** | | **100.00%** |
| | | | |

【F投資基金合夥企業】與【N】公司之
投資協議
2019 年【  】月【  】日

本投資條件書（Term Sheet）（以下簡稱“條件書”）由 F 投資基金合夥企業（有限合夥）（以下簡稱“投資方”）、【N】有限公司（以下簡稱“目標公司”）、由【ESOP 合夥企業】（【A先生】、【B先生】）（以下合稱“創始人”）代表于【2019】年【  】月【  】日在中國簽署。

| 投資當事人及現有股東 | |
|---|---|
| 投資方 | 指【F投資基金合夥企業】，和／或其後續確定的投資主體或其關聯機構。 |
| 被投資方 | 指【N】有限公司（擬，以下簡稱“目標公司”）。 |
| 現有股權結構 | 截至本條件書簽署之日，目標公司的股權結構見本條件書附件一。目標公司現有的股東合稱為“現有股東”。 |
| 投資意向方案 | |
| 公司估值／作價依據 | 公司的投資後估值為人民幣【xx,xxx】萬元：以公司【20xx】年預計之淨利潤人民幣【xxxx】萬元×【xx】倍市盈率。投資 IRR=xx% |
| 本輪投資金額及投資方式 | 投資方出資人民幣【xxxx】萬元，以向目標公司增資，對目標公司進行投資；投資完成後，投資人持有目標公司【xx】%的股權（增資行為稱為“本輪投資”）。 |
| 投資金額用途 | 投資金額應當用於【目標公司的各項經營活動，以及根據董事會批准的預算、商業計畫確定的其他用途】。 |
| 投資的前提條件 | |
| 企業價值完整性 | 為維持目標公司淨資產原狀以便於投資方對企業估值，在投資方對目標公司的投資完成之前，目標公司將不對未分配利潤進行分配，該等未分配利潤由投資完成後的目標公司全體股東按其持股比例共同享有。目標公司的淨資產和淨利潤需要經雙方認可的、具備證券從業資格的會計師事務所審計確認，該淨利潤以扣除各項非經常性損益（以證監會發佈的標準為準）前後孰低者為準。 |

| | |
|---|---|
| 保證與承諾 | 創始人和目標公司將共同向投資方作出同類交易中慣常的陳述和保證。就本輪投資，創始人和目標公司作出如下保證和承諾：<br><br>(1) 目標公司及創始人保證不違反簽訂的合同，以及其所提供的所有資訊資料是完整的、真實的、可靠的和沒有誤導性的，創始人以其持有的所有股權為上述責任提供保證；<br><br>(2) 目標公司及創始人承諾賠償投資方因任何陳述或保證的重大不實或違反或因違背任何承諾而產生的任何損失、損害和其它責任；<br><br>(3) 保證本輪投資後，目標公司擁有的所有資產（包括智慧財產權無形資產）能在正常營運狀況下運作；<br><br>(4) 目標公司及創始人承諾承擔本輪增資前目標公司的未披露給投資方的一切債務及民事訴訟責任<br><br>(5) 目標公司應將重大事項或可能對目標公司造成潛在責任的事項及時通知投資方，包括公司進行的法律訴訟和其它負債；<br><br>(6) 免除投資方對在投資前財務報表中未反映的稅收和負債承擔責任；<br><br>(7) 目標公司合法擁有並使用其生產經營所需的完整智慧財產權（包括但不限於電腦軟體著作權、商標、功能變數名稱和其他智慧財產權的權利）；如未來任何協力廠商對目標公司提出智慧財產權權屬異議或其他權利主張，創始人目標公司應採取補救措施並承擔全部責任，且投資方有權要求創始人根據回購條款予以股權補償。<br><br>(8) 其他同類交易通用的陳述、保證和承諾。 |
| 交割先決條件 | 本輪投資的交割應以如下條件全部滿足或經投資方書面豁免為前提：<br><br>(1) 投資方完成盡職調查（包括但不限於財務、會計及稅務、法律、市場以及環境等方面）且對盡職調查結果滿意；<br><br>(2) 各方已就本輪投資簽署最終交易檔，以及本輪投資所必須的其他法律檔；<br><br>(3) 目標公司及現有股東已經取得本輪投資完成所有必要的政府審批、登記和備案手續（如需），內部批准（包括股東會和/或董事會的批准）以及獲得協力廠商的同意（如需）；<br><br>(4) 投資方的投資決策委員會或者其他權力機構已經批准本輪投資；<br><br>(5) 目標公司及現有股東向投資方作出的陳述和保證在交割時是真實、準確且完整的；<br><br>(6) 目標公司不存在亦未發生任何重大不利影響或重大不利變化；<br><br>(7) 目標公司相關實體設立合法合規、有效存續；所擁有的資產權屬（特別是智慧財產權）清晰且不存在權益負擔、公司經營業務合法合規等方面；<br><br>(8) 目標公司高級管理人員（包括創始人和目標公司現任 CEO）、核心員工與目標公司簽署勞動合同、競業禁止協定、保密協定、智慧財產權歸屬協定，且形式和內容令投資方滿意；<br><br>(9) 其他慣常性的交割條件。 |

| 投資進度安排 | |
|---|---|
| 盡職調查 | 在目標公司積極配合的前提下，投資方於本條件書簽署之日起【30】個工作日內完成商務、技術、財務和法律盡職調查。 |
| 最終法律檔之簽署 | 雙方同意盡其最大努力促使最終法律檔的簽署不晚於【2020】年【2】月【28】日之前發生。<br>簽署最終法律檔的先決條件包括但不限於以下方面：<br>(1) 投資方的盡職調查已完成且投資方對於盡職調查結果表示滿意，或者是盡職調查發現的問題已經採取了令投資方滿意的補救措施；<br>(2) 目標公司的主要員工及關鍵員工已與目標公司簽署雇傭協定和競業禁止協定，其內容和形式令投資方滿意；<br>(3) 最終法律檔談判完成。 |

| 投資後：公司的經營目標 | |
|---|---|
| 業務規劃 | 創始人和目標公司承諾，業務規劃如下：<br>(1)【產品 A，2023 年量產】<br>(2)【產品 B，2023 年量產】<br>(3)【產品 C，2021 年量產】 |
| 合格首次公開發行（IPO） | 目標公司應在中國或投資方同意的其他地區的證券交易所，按照投資方同意的估值首次公開發行股票並上市 ( 以下簡稱 "合格首次公開發行" )。如目標公司在中國大陸以外的其他地區的證券交易所上市，則創始人和目標公司應在投資方提出後的六個月內贖回投資方所持有的目標公司股權並支付購買價格，目標公司對創始人支付回購價款的義務承擔連帶責任；投資方接受創始人或由創始人尋找的其他投資者以前述價格收購投資方對目標公司的全部投資。<br>購買價格按以下兩者最大者確定：<br>(1) 投資方投資總額 *(1+【10%】的年單利 *( 本次投資交割日至贖回價款實際支付日的天數 /365))+ 任何已經宣佈但未分配的利息；<br>(2) 回購時投資方持有的目標公司股權所對應的市場公允價值。 |
| 量產承諾 | 創始人和目標公司承諾，目標公司將於【2025】年【12】月【31】日前實現目標公司【產品 A】產品的量產。如未實現量產，投資方有權要求創始人和目標公司回購。創始人和目標公司應在投資方提出後的三個月內贖回投資方所持有的目標公司股權並支付購買價格，目標公司對創始人支付回購價款的義務承擔連帶責任；投資方接受創始人或由創始人尋找的其他投資者以前述價格收購投資方對目標公司的全部投資。<br>購買價格按以下兩者最大者確定：<br>(1) 投資方投資總額 *(1+【10%】的年單利 *( 本次投資交割日至贖回價款實際支付日的天數 /365))+ 任何已經宣佈但未分配的利息；<br>(2) 回購時投資方持有的目標公司股權所對應的市場公允價值。前述所說的 "量產"，是指就目標公司自主研發的【產品 A】產品累計出貨達到 5 萬套。 |

| | |
|---|---|
| 業績承諾 | 目標公司和創始人應盡最大努力確保公司的經營業績實現如下目標：<br>(1) 2025(含)年度前的至少有一年淨利潤（扣除非經常性損益後）不低於人民幣【1000】萬元；<br>如公司 2025 年度經審計之實際淨利潤（扣除非經常性損益後）低於前述業績目標的【70】%，目標公司和創始人承諾對目標公司估值進行調整：以前述經審計之實際淨利潤（扣除非經常性損益後）為基礎，按照市盈率【20】倍，並以內部 IRR 重新對目標公司進行估值；此時，投資方有權根據該新的估值計算出所持股權對應的應投入的資金，並據此有權要求目標公司和創始人：<br>（1）以股權轉讓方式補償投資方計算出的股權比例差額；或者<br>（2）以現金方式退還投資方已投資金額與新的估值計算出所持股權對應的應投入的資金的差額。 |
| **投資後：投資人的權利和義務** | |
| 知情權 | 投資方可以取得目標公司提供給董事會成員的財務或其它有關方面的、所有的資訊或材料。目標公司將按照下述要求提供給投資方如下資訊或資料：<br>(1) 每日曆月度最後一日起 20 個工作日內，提供符合基本會計要求的簡版財務報表，含利潤表、資產負債表和現金流量表。<br>(2) 每日曆季度最後一日起 20 個工作日內，提供季度合併管理帳。<br>(3) 每日曆年結束後 20 個工作日內，提供年度合併管理帳。<br>(4) 每日曆年結束後 90 個工作日內，提供年度合併審計帳。<br>(5) 每日曆年 / 財務年度結束前至少 30 個工作日，提供下一年度業務計畫、年度預算和預測的財務報表。<br>(6) 投資方收到管理帳後的 20 個工作日內，提供機會供投資方與目標公司間就管理帳進行討論及審核。<br>(7) 按照投資方要求的格式，提供其它統計資料、其它交易和財務資訊，以便投資被適時告知公司資訊及保護其自身權益。<br>(8) 合併管理帳指：利潤表、資產負債表和現金流量表。<br>(9) 合併審計帳指：經具備證券資格的會計師事務所審計確認的利潤表、資產負債表和現金流量表。<br>此外，投資方有權(i)查閱目標公司設備、會計帳簿和公司紀錄；及(ii)就目標公司業務和運營狀況與目標公司的董事、管理人員、財務人員及顧問進行討論。 |
| 最優惠待遇 | 除非經投資方事先書面同意，投資方的權利不得為次級的，且應在所有時間至少等同於賦予所有其他現有股東或將來的股東的權利。且投資方有權享受優先於目標公司其他現有股東的股東權利的優惠待遇。 |

| | |
|---|---|
| 限制處分權 | 合格首次公開發行之前，未經投資方事先書面同意，創始人不得直接或者間接轉讓其所持有的目標公司的股權或實質控制權，亦不得在該等股權上設定權益負擔。 |
| 優先認購權 | 合格首次公開發行之前，投資方有權按照其在目標公司的持股比例以同等條件認購目標公司未來發行的權益證券或潛在權益證券（包括擁有購買該等權益證券權利的證券、可轉換或交換為該等權益證券的證券等），但投資方許可的員工股權激勵及其他通常例外情況除外。<br>儘管有上述約定，就目標公司於本輪投資後進行的下一輪融資而言，投資方有權但無義務以目標公司該輪融資估值的價格按照其屆時持有的目標公司股權比例優先認購新增註冊資本。且投資方因該等優先認購所取得的目標公司股權不得超過投資方行權前持有的目標公司股權。 |
| 優先購買權和共同出售權 | 合格首次公開發行之前，如果目標公司的任何現有股東計畫向任何主體轉讓其直接或間接持有的目標公司股權，投資方享有在同等條件下有權（但無義務）優先于轉讓時公司股東及其他外部投資者的購買權利。<br>如果投資方決定不行使上述優先購買權利，投資方有權（但無義務）按照同等條件與擬轉讓目標公司股權的現有股東按股權比例共同向該受讓方出售部分或者全部股權。若該受讓方不接受購買投資方的股權，則擬轉讓目標公司股權的現有股東不得向該受讓方出讓其股權。 |
| 反稀釋 | 目標公司增資須經投資方與創始人一致同意後方可進行<br>若目標公司新增註冊資本（或可轉換為或可行權為股權的證券），且該等新增註冊資本的每百分比股權單價（以下簡稱"新發行單位價格"）低於投資方本輪投資的單位投資價格，則投資方有權享有"加權棘輪條款"反稀釋保護，投資方有權要求創始人和目標公司進行股權或者現金補償。 |
| 強制出售權 | 目標公司增資須經投資方與創始人一致同意後方可進行 在本輪投資完成後，如有購買方願意購買投資方在目標公司的全部或50%以上的股權或全部或實質性全部的資產或業務（此類事件統稱為"整體出售"），如果投資方批准該等整體出售，則目標公司及創始人應當確保目標公司屆時的所有股東均應同意採取一切措施和簽署一切必要的檔使得整體出售交易得以實現，股東均得相等對價補償。 |
| 優先清算權 | 目標公司進入清算程式資產分配時，投資方有權優先于所有其他股東，以現金方式獲得其全部投資本金加上所有已累積應得但未支付的分紅金額。在支付投資方前述金額後，剩餘財產由公司所有的股東按照各自的持股比例參與分配。 |

| 變現權 | 投資方可在目標公司合格首次公開發行之後，根據法律法規的要求在禁售期後出售全部或部分股份，目標公司擁有優先購買權。 |
|---|---|
| 回購權 | 如（1）目標公司未在本輪投資完成後【6】年內，未曾完成單年審計之實際獲利；或（2）創始人和集團公司嚴重違反本輪投資交易檔的約定；則投資方有權要求目標公司在投資方提出後的【三】個月內贖回投資方所持有的目標公司股權並支付購買價格；投資方接受創始人或由創始人尋找的其他投資者收購投資方對目標公司的全部投資。<br>購買價格按以下兩者最大者確定：<br>(1) 投資方投資總額 \*(1+【10%】的年單利 \*( 本次投資交割日至贖回價款實際支付日的天數 /365))+ 任何已經宣佈但未分配的利息；<br>(2) 回購時投資方持有的目標公司股權所對應的市場公允價值。 |
| 協助義務 | 投資方應利用其經驗和資源，盡最大努力協助目標公司以下方面工作，以期協助目標公司實現前述設定的經營目標：<br>(1) 為目標公司產業資源整合及品牌建設提供建議；<br>(2) 參與目標公司戰略規劃的制定，為目標公司的運營管理提供建議；<br>(3) 提供併購及融資建議；<br>(4) 協助目標公司的團隊建設；<br>(5) 協助優化目標公司治理結構，健全財務管理制度；<br>(6) 協助挑選 / 推薦合適的仲介機構；<br>(7) 為實現經營目標過程中其他的重大決策提供建議和意見。 |
| **投資後：公司的經營管理** | |
| 公司治理 | 創始人和目標公司應遵守其他慣常性的交割後義務，包括但不限於完善公司財務、內部治理、人員等。投資完成後，目標公司應按照法律法規的規定健全公司法人治理：<br>(1) 公司設董事會，由【3】名董事組成，其中投資方有權提名並任命【2】名董事。ESOP 合夥企業有權提名並任命【1】名董事。投資方可指定一位董事對議案具一票否決權；<br>(2) 公司設監事會，由【1】名監事組成，其中投資方有權提名並任命【1】名監事；<br>(3) 董事會、監事會至少每半年各召開一次會議。相應會議通知均應至少提前 10 日發出，會議通知應列明擬審議的事項、開會日期和地點。 |
| 高級管理人員 | 投資完成後，目標公司的高級管理人員（包括但不限於總經理、財務總監、副總經理及核心部門負責人）暫時維持現狀不變。未來的變動調整需由董事會二分之一以上董事且投資方任命的董事同意。<br>高級管理人員非經董事會一致同意，不得在其他企業兼職。 |

| | |
|---|---|
| 特殊決議事項 | 目標公司及其各子公司（已設或將設，合稱為"集團公司"）的下列事項需在董事會上經投資方委派的董事同意方可通過：<br><br>(1) 決定目標公司的戰略規劃；<br><br>(2) 制訂目標公司的年度財務預算方案、決算方案；<br><br>(3) 制訂目標公司的利潤分配方案和彌補虧損方案；宣派或支付目標公司股息，及目標公司股息政策的任何改變；<br><br>(4) 制訂目標公司增加或減少註冊資本、發行公司債券的方案以及新的融資計畫；<br><br>(5) 決定聘任或者解聘或者變更目標公司高級管理人員（包括但不限於總經理、財務主管）及確定其報酬（包括但不限於工資及工資調整、獎金、利潤共用等）事項；對上述高層管理人員進行任命或設定任命條件；<br><br>(6) 制定及變更員工股權激勵方案；<br><br>(7) 對目標公司章程的修改，或修改任何其他集團公司的章程或組織性檔，或目標公司董事會結構的任何變化；<br><br>(8) 目標公司或任何其他集團公司主營業務發生重大變化；<br><br>(9) 破產、清算、終止、解散公司或延長目標公司經營期限或任一集團公司的營業期限；<br><br>(10) 目標公司或任一集團公司與其他經濟組織的合併、分立、或其他具有任何類似性質或經濟效果的交易，或進行任何其他形式的重組；<br><br>(11) 任何對外投資，設立子公司或任何併購交易；<br><br>(12) 處置、購買金額單筆達到或超過人民幣【100】萬元且目標公司上年度經審計後淨資產【10%】的任何集團目標公司資產，或者達到或超過目標公司淨資產【10%】的對外投資；或者任一集團公司作為擔保人或要求其擔保資產的交易或事件；<br><br>(13) 向金融機構單筆貸款超過人民幣【200】萬元或累計超過人民幣【500】萬元；<br><br>(14) 任何會計年度內發生預算外的債務單筆超過人民幣【100】萬元或累計超過人民幣【300】萬元；或者任何會計年度內發生預算外的單筆超過人民幣【100】萬元或累計超過人民幣【300】萬元的對外支出；或者提起或和解金額人民幣【50】萬元以上（含人民幣【50】萬元）的任何重大法律訴訟；<br><br>(15) 目標公司（或任一集團公司）與創始股東及其他股東，任何董事、高級職員或雇員或此類人員的關聯方進行的非常規性的業務交易或一系列交易，或總價值超過人民幣【100】萬元的交易或一系列業務交易，以及任何公司向任何股東、董事、高級職員或雇員發放貸款；<br><br>(16) 目標公司（或任一集團公司）簽署金額在人民幣【100】萬元以上的重大合同(不含銷售合同)； |

| | |
|---|---|
| | (17) 目標公司的上市計畫，包括但不限於上市方式、上市時間、地點、仲介機構的聘用等；<br>(18) 對外提供任何借款；<br>(19) 財務制度和重大會計政策的變更，審計師的選聘與更換；<br>(20) 任何關於集團公司智慧財產權的購買、出售、租賃及其他處置事宜（日常經營事項除外）；<br>(21) 任何可能導致投資方的權利受到任何實質性損害的事宜或安排；以及各方同意的其他重大事項；以及<br>(22) 其他同類交易通常設定的事項。 |
| 關聯交易 | 目標公司應逐步減少直至完全消除關聯交易，確有需要發生的關聯交易，應由相關方根據市場價格，按照公平、公允的原則簽署相關協議，並按照公司章程和相關制度規定執行股東及董事關聯方回避表決制度、履行內部決策程式。<br>如目標公司與創始人及其關聯方存在任何關聯交易，則創始人應促使目標公司以令投資方滿意的方式規範與關聯方之間現有的關聯交易，合理安排關聯交易業務的利潤分配。且確保關聯交易不應對目標公司合格首次公開發行造成障礙。 |
| 同業競爭 | 鑑於目標公司是擁有其全部技術、業務及從事相關活動的唯一實體，目標公司現有股東和創始人不得從事與目標公司相競爭的業務，對已存在的同業競爭，需要在最終法律檔簽署之前予以徹底解決或制定經投資方認可的解決方案。 |
| 競業禁止 | 創始人應在盡職調查過程中向投資方全面披露創始人及其關聯方以任何方式從事或投資的與目標公司存在競爭性業務的情況（如有）。<br>目標公司高級管理人員、核心技術人員（名單見附件二）須與目標公司簽訂經投資方認可的《競業禁止協議》，在任職期間內不得從事或明他人從事與目標公司形成競爭關係的任何其他業務經營活動，在離開目標公司後（以其離職或不再持有目標公司股權之日者中較晚者為準）的 2 年內，不能以本人名義或通過他人從事或投資與目標公司存在競爭性的業務，亦不得為從事該等競爭性業務的公司以任何方式提供服務。 |
| **其他條款** | |
| 保密條款 | 目標公司及現有股東應對本條件書條款的內容及其存在以及投資方身分保密。未經投資方書面許可，不得向任何協力廠商披露。 |

| | |
|---|---|
| 排他條款 | 自本條件書簽署之日至【xxxx】年【x】月【x】日（簡稱"排他期限"），目標公司和現有股東與投資方就擬進行的投資進行排他的獨家談判。經各方同意，排他期限可延期。<br>如目標公司和現有股東違反前述排他承諾，目標公司應向投資方賠償其因所擬進行的投資而合理產生的所有費用（包括審計費、律師費、盡職調查費用及其他費用）。 |
| 交易費用 | 投資方及目標公司應各自承擔因本輪投資行為發生的所有費用。 |
| 適用法律和管轄 | 本條件書中有約束效力的條款適用中華人民共和國法律（為本條件書之目的，不包括臺灣、香港和澳門地區的法律）。<br>管轄權約定和爭議處理方式：在中國國際經濟貿易仲裁委員會山東分會按照其屆時有效的仲裁規則在中國進行仲裁。仲裁裁決是終局的，對各方均有約束力。 |
| 有效期限 | 本條件書自簽署之日起【120】日內有效。若屆時各方尚未簽訂關於投資的進一步檔或最終法律檔，本條件書自動失效，但屆時另有約定的除外。 |
| 不具約束力 | 除了"保密條款"、"排他條款"、"適用法律和管轄"條款、"交易費用"條款與"有限期限"之外，本條件書的其他條款在投資相關的最終法律檔簽署之前不具有法律約束力。 |
| 簽署份數 | 本條件書正本一式【4】份，各方各執一份。每一份文本均視為正本，各文本均構成同一份相同之檔。 |

（本頁以下無正文，為簽署頁）

**Version 1.0**

## POST-MONEY VALUATION CAP WITH DISCOUNT

THIS INSTRUMENT AND ANY SECURITIES ISSUABLE PURSUANT HERETO HAVE NOT BEEN REGISTERED UNDER THE SECURITIES ACT OF 1933, AS AMENDED (THE "**SECURITIES ACT**"), OR UNDER THE SECURITIES LAWS OF CERTAIN STATES. THESE SECURITIES MAY NOT BE OFFERED, SOLD OR OTHERWISE TRANSFERRED, PLEDGED OR HYPOTHECATED EXCEPT AS PERMITTED IN THIS SAFE AND UNDER THE ACT AND APPLICABLE STATE SECURITIES LAWS PURSUANT TO AN EFFECTIVE REGISTRATION STATEMENT OR AN EXEMPTION THEREFROM.

### [COMPANY NAME]

### SAFE
### (Simple Agreement for Future Equity)

THIS CERTIFIES THAT in exchange for the payment by [Investor Name] (the "**Investor**") of $[_____] (the "**Purchase Amount**") on or about [Date of Safe], [Company Name], a [State of Incorporation] corporation (the "**Company**"), issues to the Investor the right to certain shares of the Company's Capital Stock, subject to the terms described below.

This Safe is one of the forms available at http://ycombinator.com/documents and the Company and the Investor agree that neither one has modified the form, except to fill in blanks and bracketed terms.

The "**Post-Money Valuation Cap**" is $[_____].

The "**Discount Rate**" is [*100 minus the discount*]%.

See **Section 2** for certain additional defined terms.

1.  *Events*

(a) **Equity Financing**. If there is an Equity Financing before the termination of this Safe, on the initial closing of such Equity Financing, this Safe will automatically convert into the number of shares of Safe Preferred Stock equal to the Purchase Amount divided by the Conversion Price.

In connection with the automatic conversion of this Safe into shares of Safe Preferred Stock, the Investor will execute and deliver to the Company all of the transaction documents related to the Equity Financing; *provided,* that such documents are the same documents to be entered into with the purchasers of Standard Preferred Stock, with appropriate variations for the Safe Preferred Stock if applicable, and *provided further,* that such documents have customary exceptions to any drag-along applicable to the Investor, including, without limitation, limited representations and warranties and limited liability and indemnification obligations on the part of the Investor.

(b) **Liquidity Event**. If there is a Liquidity Event before the termination of this Safe, this Safe will automatically be entitled to receive a portion of Proceeds, due and payable to the Investor immediately prior to, or concurrent with, the consummation of such Liquidity Event, equal to the greater of (i) the Purchase Amount (the "**Cash-Out Amount**") or (ii) the amount payable on the number of shares of Common Stock equal to the Purchase Amount divided by the Liquidity Price (the "**Conversion Amount**"). If any of the Company's securityholders are given a choice as to the form and amount of Proceeds to be received in a Liquidity Event, the Investor will be given the same choice, *provided* that the Investor may not choose to receive a form of consideration that the Investor would be ineligible to receive as a result of the Investor's failure to satisfy any requirement or limitation generally applicable to the Company's securityholders, or under any applicable laws.

Notwithstanding the foregoing, in connection with a Change of Control intended to qualify as a tax-free reorganization, the Company may reduce the cash portion of Proceeds payable to the Investor by the amount determined by its board of directors in good faith for such Change of Control to qualify as a tax-free reorganization for U.S. federal income tax purposes, provided that such reduction (A) does not reduce the total Proceeds payable to such Investor and (B) is applied in the same manner and on a pro rata basis to all securityholders who have equal priority to the Investor under Section 1(d).

(c) **Dissolution Event**. If there is a Dissolution Event before the termination of this Safe, the Investor will automatically be entitled to receive a portion of Proceeds equal to the Cash-Out Amount, due and payable to the Investor immediately prior to the consummation of the Dissolution Event.

(d) **Liquidation Priority**. In a Liquidity Event or Dissolution Event, this Safe is intended to operate like standard non-participating Preferred Stock. The Investor's right to receive its Cash-Out Amount is:

    (i)    Junior to payment of outstanding indebtedness and creditor claims, including contractual claims for payment and convertible promissory notes (to the extent such convertible promissory notes are not actually or notionally converted into Capital Stock);

    (ii)    On par with payments for other Safes and/or Preferred Stock, and if the applicable Proceeds are insufficient to permit full payments to the Investor and such other Safes and/or Preferred Stock, the applicable Proceeds will be distributed pro rata to the Investor and such other Safes and/or Preferred Stock in proportion to the full payments that would otherwise be due; and

    (iii)    Senior to payments for Common Stock.

The Investor's right to receive its Conversion Amount is (A) on par with payments for Common Stock and other Safes and/or Preferred Stock who are also receiving Conversion Amounts or Proceeds on a similar as-converted to Common Stock basis, and (B) junior to payments described in clauses (i) and (ii) above (in the latter case, to the extent such payments are Cash-Out Amounts or similar liquidation preferences).

(e) **Termination**. This Safe will automatically terminate (without relieving the Company of any obligations arising from a prior breach of or non-compliance with this Safe) immediately following the earliest to occur of: (i) the issuance of Capital Stock to the Investor pursuant to the automatic conversion of this Safe under Section 1(a); or (ii) the payment, or setting aside for payment, of amounts due the Investor pursuant to Section 1(b) or Section 1(c).

2. *Definitions*

"**Capital Stock**" means the capital stock of the Company, including, without limitation, the "**Common Stock**" and the "**Preferred Stock**."

"**Change of Control**" means (i) a transaction or series of related transactions in which any "person" or "group" (within the meaning of Section 13(d) and 14(d) of the Securities Exchange Act of 1934, as amended), becomes the "beneficial owner" (as defined in Rule 13d-3 under the Securities Exchange Act of 1934, as amended), directly or indirectly, of more than 50% of the outstanding voting securities of the Company having the right to vote for the election of members of the Company's board of directors, (ii) any reorganization, merger or consolidation of the Company, other than a transaction or series of related transactions in which the holders of the voting securities of the Company outstanding immediately prior to such transaction or series of related transactions retain, immediately after such transaction or series of related transactions, at least a majority of the total voting power represented by the outstanding voting securities of the Company or such other surviving or resulting entity or (iii) a sale, lease or other disposition of all or substantially all of the assets of the Company.

"**Company Capitalization**" is calculated as of immediately prior to the Equity Financing and (without double-counting):

- Includes all shares of Capital Stock issued and outstanding;
- Includes all Converting Securities;
- Includes all (i) issued and outstanding Options and (ii) Promised Options;
- Includes the Unissued Option Pool; and
- Excludes, notwithstanding the foregoing, any increases to the Unissued Option Pool (except to the extent necessary to cover Promised Options that exceed the Unissued Option Pool) in connection with the Equity Financing.

## POST-MONEY VALUATION CAP WITH DISCOUNT

"**Conversion Price**" means the either: (1) the Safe Price or (2) the Discount Price, whichever calculation results in a greater number of shares of Safe Preferred Stock.

"**Converting Securities**" includes this Safe and other convertible securities issued by the Company, including but not limited to: (i) other Safes; (ii) convertible promissory notes and other convertible debt instruments; and (iii) convertible securities that have the right to convert into shares of Capital Stock.

"**Discount Price**" means the price per share of the Standard Preferred Stock sold in the Equity Financing multiplied by the Discount Rate.

"**Dissolution Event**" means (i) a voluntary termination of operations, (ii) a general assignment for the benefit of the Company's creditors or (iii) any other liquidation, dissolution or winding up of the Company (**excluding** a Liquidity Event), whether voluntary or involuntary.

"**Dividend Amount**" means, with respect to any date on which the Company pays a dividend on its outstanding Common Stock, the amount of such dividend that is paid per share of Common Stock multiplied by (x) the Purchase Amount divided by (y) the Liquidity Price (treating the dividend date as a Liquidity Event solely for purposes of calculating such Liquidity Price).

"**Equity Financing**" means a bona fide transaction or series of transactions with the principal purpose of raising capital, pursuant to which the Company issues and sells Preferred Stock at a fixed valuation, including but not limited to, a pre-money or post-money valuation.

"**Initial Public Offering**" means the closing of the Company's first firm commitment underwritten initial public offering of Common Stock pursuant to a registration statement filed under the Securities Act.

"**Liquidity Capitalization**" is calculated as of immediately prior to the Liquidity Event, and (without double-counting):

- Includes all shares of Capital Stock issued and outstanding;
- Includes all (i) issued and outstanding Options and (ii) to the extent receiving Proceeds, Promised Options;
- Includes all Converting Securities, **other than** any Safes and other convertible securities (including without limitation shares of Preferred Stock) where the holders of such securities are receiving Cash-Out Amounts or similar liquidation preference payments in lieu of Conversion Amounts or similar "as-converted" payments; and
- Excludes the Unissued Option Pool.

"**Liquidity Event**" means a Change of Control or an Initial Public Offering.

"**Liquidity Price**" means the price per share equal to the Post-Money Valuation Cap divided by the Liquidity Capitalization.

"**Options**" includes options, restricted stock awards or purchases, RSUs, SARs, warrants or similar securities, vested or unvested.

"**Proceeds**" means cash and other assets (including without limitation stock consideration) that are proceeds from the Liquidity Event or the Dissolution Event, as applicable, and legally available for distribution.

"**Promised Options**" means promised but ungranted Options that are the greater of those (i) promised pursuant to agreements or understandings made prior to the execution of, or in connection with, the term sheet for the Equity Financing (or the initial closing of the Equity Financing, if there is no term sheet), or (ii) treated as outstanding Options in the calculation of the Standard Preferred Stock's price per share.

# POST-MONEY VALUATION CAP WITH DISCOUNT

"**Safe**" means an instrument containing a future right to shares of Capital Stock, similar in form and content to this instrument, purchased by investors for the purpose of funding the Company's business operations. References to "this Safe" mean this specific instrument.

"**Safe Preferred Stock**" means the shares of the series of Preferred Stock issued to the Investor in an Equity Financing, having the identical rights, privileges, preferences and restrictions as the shares of Standard Preferred Stock, other than with respect to: (i) the per share liquidation preference and the initial conversion price for purposes of price-based anti-dilution protection, which will equal the Conversion Price; and (ii) the basis for any dividend rights, which will be based on the Conversion Price.

"**Safe Price**" means the price per share equal to the Post-Money Valuation Cap divided by the Company Capitalization.

"**Standard Preferred Stock**" means the shares of the series of Preferred Stock issued to the investors investing new money in the Company in connection with the initial closing of the Equity Financing.

"**Unissued Option Pool**" means all shares of Capital Stock that are reserved, available for future grant and not subject to any outstanding Options or Promised Options (but in the case of a Liquidity Event, only to the extent Proceeds are payable on such Promised Options) under any equity incentive or similar Company plan.

3. *Company Representations*

(a) The Company is a corporation duly organized, validly existing and in good standing under the laws of its state of incorporation, and has the power and authority to own, lease and operate its properties and carry on its business as now conducted.

(b) The execution, delivery and performance by the Company of this Safe is within the power of the Company and has been duly authorized by all necessary actions on the part of the Company (subject to section 3(d)). This Safe constitutes a legal, valid and binding obligation of the Company, enforceable against the Company in accordance with its terms, except as limited by bankruptcy, insolvency or other laws of general application relating to or affecting the enforcement of creditors' rights generally and general principles of equity. To its knowledge, the Company is not in violation of (i) its current certificate of incorporation or bylaws, (ii) any material statute, rule or regulation applicable to the Company or (iii) any material debt or contract to which the Company is a party or by which it is bound, where, in each case, such violation or default, individually, or together with all such violations or defaults, could reasonably be expected to have a material adverse effect on the Company.

(c) The performance and consummation of the transactions contemplated by this Safe do not and will not: (i) violate any material judgment, statute, rule or regulation applicable to the Company; (ii) result in the acceleration of any material debt or contract to which the Company is a party or by which it is bound; or (iii) result in the creation or imposition of any lien on any property, asset or revenue of the Company or the suspension, forfeiture, or nonrenewal of any material permit, license or authorization applicable to the Company, its business or operations.

(d) No consents or approvals are required in connection with the performance of this Safe, other than: (i) the Company's corporate approvals; (ii) any qualifications or filings under applicable securities laws; and (iii) necessary corporate approvals for the authorization of Capital Stock issuable pursuant to Section 1.

(e) To its knowledge, the Company owns or possesses (or can obtain on commercially reasonable terms) sufficient legal rights to all patents, trademarks, service marks, trade names, copyrights, trade secrets, licenses, information, processes and other intellectual property rights necessary for its business as now conducted and as currently proposed to be conducted, without any conflict with, or infringement of the rights of, others.

4. *Investor Representations*

(a) The Investor has full legal capacity, power and authority to execute and deliver this Safe and to perform its obligations hereunder. This Safe constitutes valid and binding obligation of the Investor, enforceable in accordance with its terms, except as limited by bankruptcy, insolvency or other laws of general application relating to or affecting the enforcement of creditors' rights generally and general principles of equity.

(b) The Investor is an accredited investor as such term is defined in Rule 501 of Regulation D under the Securities Act, and acknowledges and agrees that if not an accredited investor at the time of an Equity Financing, the Company may void this Safe and return the Purchase Amount. The Investor has been advised that this Safe and the underlying securities have not been registered under the Securities Act, or any state securities laws and, therefore, cannot be resold unless they are registered under the Securities Act and applicable state securities laws or unless an exemption from such registration requirements is available. The Investor is purchasing this Safe and the securities to be acquired by the Investor hereunder for its own account for investment, not as a nominee or agent, and not with a view to, or for resale in connection with, the distribution thereof, and the Investor has no present intention of selling, granting any participation in, or otherwise distributing the same. The Investor has such knowledge and experience in financial and business matters that the Investor is capable of evaluating the merits and risks of such investment, is able to incur a complete loss of such investment without impairing the Investor's financial condition and is able to bear the economic risk of such investment for an indefinite period of time.

5. *Miscellaneous*

(a) Any provision of this Safe may be amended, waived or modified by written consent of the Company and either (i) the Investor or (ii) the majority-in-interest of all then-outstanding Safes with the same "Post-Money Valuation Cap" and "Discount Rate" as this Safe (and Safes lacking one or both of such terms will be considered to be the same with respect to such term(s)), *provided that* with respect to clause (ii): (A) the Purchase Amount may not be amended, waived or modified in this manner, (B) the consent of the Investor and each holder of such Safes must be solicited (even if not obtained), and (C) such amendment, waiver or modification treats all such holders in the same manner. "Majority-in-interest" refers to the holders of the applicable group of Safes whose Safes have a total Purchase Amount greater than 50% of the total Purchase Amount of all of such applicable group of Safes.

(b) Any notice required or permitted by this Safe will be deemed sufficient when delivered personally or by overnight courier or sent by email to the relevant address listed on the signature page, or 48 hours after being deposited in the U.S. mail as certified or registered mail with postage prepaid, addressed to the party to be notified at such party's address listed on the signature page, as subsequently modified by written notice.

(c) The Investor is not entitled, as a holder of this Safe, to vote or be deemed a holder of Capital Stock for any purpose other than tax purposes, nor will anything in this Safe be construed to confer on the Investor, as such, any rights of a Company stockholder or rights to vote for the election of directors or on any matter submitted to Company stockholders, or to give or withhold consent to any corporate action or to receive notice of meetings, until shares have been issued on the terms described in Section 1.  However, if the Company pays a dividend on outstanding shares of Common Stock (that is not payable in shares of Common Stock) while this Safe is outstanding, the Company will pay the Dividend Amount to the Investor at the same time.

(d) Neither this Safe nor the rights in this Safe are transferable or assignable, by operation of law or otherwise, by either party without the prior written consent of the other; *provided, however*, that this Safe and/or its rights may be assigned without the Company's consent by the Investor to any other entity who directly or indirectly, controls, is controlled by or is under common control with the Investor, including, without limitation, any general partner, managing member, officer or director of the Investor, or any venture capital fund now or hereafter existing which is controlled by one or more general partners or managing members of, or shares the same management company with, the Investor; and *provided, further*, that the Company may assign this Safe in whole, without the consent of the Investor, in connection with a reincorporation to change the Company's domicile.

(e) In the event any one or more of the provisions of this Safe is for any reason held to be invalid, illegal or unenforceable, in whole or in part or in any respect, or in the event that any one or more of the provisions of this Safe operate or would prospectively operate to invalidate this Safe, then and in any such event, such provision(s) only will be deemed null and void and will not affect any other provision of this Safe and the remaining provisions of this Safe will remain operative and in full force and effect and will not be affected, prejudiced, or disturbed thereby.

## POST-MONEY VALUATION CAP WITH DISCOUNT

(f) All rights and obligations hereunder will be governed by the laws of the State of [Governing Law Jurisdiction], without regard to the conflicts of law provisions of such jurisdiction.

(g) The parties acknowledge and agree that for United States federal and state income tax purposes this Safe is, and at all times has been, intended to be characterized as stock, and more particularly as common stock for purposes of Sections 304, 305, 306, 354, 368, 1036 and 1202 of the Internal Revenue Code of 1986, as amended. Accordingly, the parties agree to treat this Safe consistent with the foregoing intent for all United States federal and state income tax purposes (including, without limitation, on their respective tax returns or other informational statements).

*(Signature page follows)*

IN WITNESS WHEREOF, the undersigned have caused this Safe to be duly executed and delivered.

**[COMPANY]**

By:_____
       *[name]*
       *[title]*

Address:_____

_____

Email:_____

**INVESTOR:**

By: _____

Name:_____

Title:_____

Address:_____

_____

Email:_____

# 中英對照索引表

## 八劃

# 英中對照索引表

地球觀 61

# 台灣創投攻略

作　　者　方頌仁　林桂光　陳泰谷
整　　編　吳光俊

---

**野人文化股份有限公司**
社　　長　張瑩瑩
總 編 輯　蔡麗真
主　　編　鄭淑慧
責任編輯　徐子涵
專業校對　魏秋綢
行銷企劃　林麗紅
封面設計　萬勝安
版型設計　洪素貞

---

出　　版　野人文化股份有限公司
發　　行　遠足文化事業股份有限公司(讀書共和國出版集團)
　　　　　地址：231新北市新店區民權路108-2號9樓
　　　　　電話：（02）2218-1417　傳真：（02）8667-1065
　　　　　電子信箱：service@bookrep.com.tw
　　　　　網址：www.bookrep.com.tw
　　　　　郵撥帳號：19504465遠足文化事業股份有限公司
　　　　　客服專線：0800-221-029
法律顧問　華洋法律事務所　蘇文生律師
印　　製　成陽印刷股份有限公司
初版首刷　2021年3月
初版6刷　2023年10月

---

有著作權　侵害必究
特別聲明：有關本書中的言論內容，不代表本公司/出版集團之立場與意見，
文責由作者自行承擔
歡迎團體訂購，另有優惠，請洽業務部（02）22181417分機1124

國家圖書館出版品預行編目資料

台灣創投攻略 / 方頌仁，林桂光，陳泰谷作，吳
光俊整編. -- 初版 .-- 新北市：野人文化股份有
限公司出版：遠足文化事業股份有限公司發行，
2021.03
　　面；　　公分 . -- ( 地球觀；61)
ISBN 978-986-384-481-5( 平裝 )

1. 創業 2. 創業投資 3. 臺灣

494.1　　　　　　　　　　　　　110002823

ISBN 9789863844815( 平裝 )
ISBN 9789863845003(EPUB)
ISBN 9789863844938 (PDF)

野人文化
官方網頁

野人文化
讀者回函

**台灣創投攻略**

線上讀者回函專用 QR CODE，你的
寶貴意見，將是我們進步的最大動力。

 野人

23141
新北市新店區民權路108-2號9樓
野人文化股份有限公司 收

請沿線撕下對折寄回

 野人

書號：0NEV0061

書　名 _____

姓　名 _____ □女 □男　年齡 _____

地　址 _____

_____

電　話 _____　手機 _____

Email _____

□同意 □不同意　收到野人文化新書電子報

學　歷 □國中（含以下）□高中職　□大專　□研究所以上
職　業 □生產/製造　□金融/商業　□傳播/廣告　□軍警/公務員
　　　 □教育/文化　□旅遊/運輸　□醫療/保健　□仲介/服務
　　　 □學生　□自由/家管　□其他

◆你從何處知道此書？
　□書店：名稱 _____　□網路：名稱 _____
　□量販店：名稱 _____　□其他 _____

◆你以何種方式購買本書？
　□誠品書店　□誠品網路書店　□金石堂書店　□金石堂網路書店
　□博客來網路書店　□其他 _____

◆你的閱讀習慣：
　□親子教養　□文學　□翻譯小說　□日文小說　□華文小說　□藝術設計
　□人文社科　□自然科學　□商業理財　□宗教哲學　□心理勵志
　□休閒生活（旅遊、瘦身、美容、園藝等）　□手工藝／DIY　□飲食／食譜
　□健康養生　□兩性　□圖文書／漫畫　□其他 _____

◆你對本書的評價：（請填代號，1.非常滿意　2.滿意　3.尚可　4.待改進）
　書名 _____ 封面設計 _____ 版面編排 _____ 印刷 _____ 內容 _____
　整體評價 _____

◆你對本書的建議：
_____

_____

_____

_____

野人文化部落格 http://yeren.pixnet.net/blog
野人文化粉絲專頁 http://www.facebook.com/yerenpublish